# Elasticsearch
## 数据搜索与分析实战

王深湛 / 编著

人民邮电出版社

北京

### 图书在版编目（CIP）数据

Elasticsearch数据搜索与分析实战 / 王深湛编著. -- 北京：人民邮电出版社，2023.4
ISBN 978-7-115-60365-4

Ⅰ. ①E… Ⅱ. ①王… Ⅲ. ①搜索引擎-程序设计 Ⅳ. ①TP391.3

中国版本图书馆CIP数据核字(2022)第206259号

### 内 容 提 要

本书从Elasticsearch的功能和业务场景开始介绍，逐步深入讲解Elasticsearch在数据搜索和数据分析领域的实战应用，并详细介绍Elasticsearch的Java高级客户端编程方法和整个Elastic Stack技术生态体系。

本书共12章，第1章讲述Elasticsearch的业务场景和安装配置；第2章讲述Elasticsearch内部实现的各种原理；第3章讲述Elasticsearch索引的使用方法；第4章讲述文本分析的过程和文本分析器的使用；第5章讲述Elasticsearch支持的各种搜索方式；第6章讲述使用聚集统计进行数据分析的方法；第7章讲述索引之间存在父子关系时的解决方法；第8章讲述Elasticsearch的Java高级客户端编程方法；第9章讲述Elasticsearch集群的搭建、优化、备份方法；第10～12章讲述Elastic Stack各组件的配合使用。

本书内容通俗易懂，易于学习，既讲理论原理又侧重介绍开发实战，很适合Java后端开发工程师、大数据开发工程师、Elasticsearch技术讲师和学员及搜索引擎技术的爱好者阅读。另外，本书也可以作为培训机构的教材，用来指导Elasticsearch新手的入门学习。

---

◆ 编　著　王深湛
　　责任编辑　张天怡
　　责任印制　陈　犇

◆ 人民邮电出版社出版发行　北京市丰台区成寿寺路11号
　　邮编　100164　电子邮件　315@ptpress.com.cn
　　网址　https://www.ptpress.com.cn
　　北京七彩京通数码快印有限公司印刷

◆ 开本：787×1092　1/16
　　印张：24.75　　　　　　　2023年4月第1版
　　字数：506千字　　　　　　2025年1月北京第3次印刷

定价：99.80 元

读者服务热线：(010)81055410　印装质量热线：(010)81055316
反盗版热线：(010)81055315
广告经营许可证：京东市监广登字 20170147 号

# 前言 Foreword

**为什么要写这本书**

随着大数据和人工智能时代的到来，各行各业都在围绕海量数据开展智能化、信息化系统建设，例如智慧城市、智慧交通、智慧园区、智慧水务、智慧警务等。在此背景下，为了满足各种大数据场景的高性能实时搜索和分析的需要，Elastic Stack 提供了一套可靠的技术方案，该方案集大数据采集、转换、存储、搜索、分析、可视化技术于一体，能够有效解决传统关系数据库查询慢、检索方式单一、数据接入不及时、可视化效率低等诸多问题。其中的 Elasticsearch 已成为世界上非常受欢迎的开源搜索引擎技术，越来越多的企业和团队将它作为项目和产品中的大数据搜索和分析的解决方案。

为了给 Elasticsearch 的学习和开发人员提供全面的参考资料，帮助他们解决使用 Elasticsearch 过程中存在的一些困惑，笔者结合自身的实际项目经验，对各个知识点进行归纳、整理、研究，并将相关知识系统地组织起来编写成本书。希望本书能够为各位读者实际应用 Elasticsearch 提供帮助。

**笔者的使用体会**

笔者最初在项目中使用 Elasticsearch 是为了解决关系数据库在大数据场景下查询慢的问题，使用后查询速度有了显著提升，只要集群配置合理，即使索引的数据量达到几千万条，绝大多数查询请求也都能在 5s 内返回，再配合 Kafka 消息管道接入实时数据，能够有效满足实时或历史大数据搜索和分析的需要。本书的案例均经过笔者反复验证和测试，可供读者在实际开发中借鉴使用。

**本书的特色**

本书内容由浅入深、通俗易懂，既深入描述 Elasticsearch 的各种运行机制，又结合大量的实战案例进行功能讲解，能让读者既知其然，又知其所以然。本书使用的

Elasticsearch 是 7.9.1 版本，其功能稳定、强大，很多特性是低版本的 Elasticsearch 所不具备的。另外，本书的知识覆盖面很广，几乎包含除了 X-Pack 插件之外的所有常用功能，足以作为读者在实际开发中的参考指南。

### 本书主要内容

本书从 Elasticsearch 的功能和业务场景开始，完整地介绍了整个 Elastic Stack 技术体系，详细地讲解各个组件在生产环境中的搭建、使用和管理方案，可让读者熟悉大数据采集、存储、分析、可视化的完整实施步骤。

本书从逻辑上可分为以下三大部分，共 12 章，每章内容循序渐进。

- 原理篇（第 1～2 章）讲述 Elasticsearch 的功能、业务场景、安装和内部实现的重要原理。
- 应用篇（第 3～9 章）讲述 Elasticsearch 各个模块核心功能的使用。
- 发散篇（第 10～12 章）讲述 Elastic Stack 其他组件的使用，以及这些组件如何协调运作，构成完整的大数据分析架构。

### 读者对象

- Java 后端开发工程师：Elasticsearch 是后端使用的搜索引擎，并且提供了功能强大的 Java 客户端，如果你是一个 Java 后端开发工程师，并且需要在项目中引入 Elasticsearch，那么阅读本书对你会有很大的帮助。
- 大数据开发工程师：Elasticsearch 是为大数据而生的，它能够有效弥补 Hadoop 平台在搜索和分析方面的某些短板，与 HBase 一起使用更是能起到相得益彰的效果，因此阅读本书并引入 Elasticsearch 技术对完善大数据的架构体系很有好处。
- Elasticsearch 技术讲师和学员：本书从零基础的内容开始介绍，着重讲解 Elasticsearch 的功能、特点、架构和原理等，还发散讲解到整个 Elastic Stack，整体的知识结构很完善，包含大量实战案例，很适合培训机构作为教学用书。
- 搜索引擎技术的爱好者：如果你对搜索引擎技术很感兴趣，并且有志成为该领域的工程师，那么阅读本书可以让你快速掌握 Elasticsearch 的使用技巧、功能、特性，本书很适合作为入门学习指南。

## 获取资源

读者可通过 QQ：1743995008 获取本书配套资源。

## 勘误和支持

由于笔者水平的限制，书中难免会出现一些疏漏或不准确的地方，敬请广大读者批评指正。如果读者有意见或建议，可以发送邮件到 572353948@qq.com，期待得到你们的真挚反馈。

## 致谢

感谢我的大学导师彭智勇教授，是他教给了我专业知识和做学问需要的严谨、务实的态度和作风。

感谢我的家人和朋友，他们是我在工作中不断努力进步的坚强后盾。

感谢所有阅读本书的读者，你们的鼓励和建议会让我在未来的工作中表现得更好。

谨以此书献给开源社区，献给所有喜欢 Elasticsearch 技术的朋友们！

王深湛

2023 年 2 月于武汉

# 目录

## 原理篇

### 第1章 快速入门 ... 03
- 1.1 Elasticsearch 简介 ... 03
- 1.2 Elasticsearch 的典型接入方式 ... 04
  - 1.2.1 将 Elasticsearch 作为数据源 ... 04
  - 1.2.2 给已有系统添加 Elasticsearch ... 05
  - 1.2.3 使用 Elastic Stack ... 05
- 1.3 专有名词解释 ... 06
- 1.4 安装 Elasticsearch 7.9.1 ... 08
- 1.5 安装 Kibana 调试 Elasticsearch ... 09
- 1.6 Elasticsearch 节点的重要配置 ... 11
  - 1.6.1 集群节点的配置方法和优先级 ... 12
  - 1.6.2 elasticsearch.yml 的重要配置 ... 13
  - 1.6.3 配置 JVM 的堆内存大小 ... 15
- 1.7 本章小结 ... 16

### 第2章 深入原理 ... 17
- 2.1 搜索引擎的基本原理 ... 17
- 2.2 Elasticsearch 集群的形成机制 ... 19
  - 2.2.1 集群节点的发现、选举和引导过程 ... 20
  - 2.2.2 集群状态的发布过程 ... 20
- 2.3 索引分片的分配机制 ... 21
  - 2.3.1 分片的分配 ... 21
  - 2.3.2 分片分配的过程 ... 22
  - 2.3.3 分片分配的感知 ... 25
  - 2.3.4 分片分配的过滤 ... 27
- 2.4 索引分片的恢复机制 ... 28

            2.4.1　分片的恢复 ............................................................. 29
            2.4.2　分片恢复的过程 ..................................................... 29
            2.4.3　减少不必要的分片恢复 ........................................ 32
    2.5　索引数据的写入过程 ................................................................ 33
    2.6　索引数据的搜索过程 ................................................................ 35
    2.7　本章小结 ..................................................................................... 36

# 应用篇

## 第3章　索引数据 ........................................................................ 41

3.1　使用映射定义索引结构 ................................................................ 41
            3.1.1　映射的概念和使用 ..................................................... 41
            3.1.2　映射支持的常规字段类型 ........................................ 43
            3.1.3　忽略映射中不合法的数据 ........................................ 48
            3.1.4　字段复制和字段存储 ................................................. 51
            3.1.5　动态映射 ..................................................................... 54
3.2　索引中数据的增删改查 ................................................................ 60
            3.2.1　使用REST端点对索引映射中的数据
                        进行增删改查 ............................................................. 61
            3.2.2　使用乐观锁进行并发控制 ........................................ 63
            3.2.3　索引数据的批量写入 ................................................. 65
3.3　索引数据的路由规则 .................................................................... 68
            3.3.1　索引数据路由的原理 ................................................. 69
            3.3.2　使用自定义路由分发数据 ........................................ 69
3.4　索引的别名 ..................................................................................... 73
            3.4.1　别名的创建和删除 ..................................................... 73
            3.4.2　别名配合数据过滤 ..................................................... 74
            3.4.3　别名配合数据路由 ..................................................... 76
3.5　滚动索引 ......................................................................................... 77
3.6　索引的状态管理 ............................................................................ 80
            3.6.1　清空缓存 ..................................................................... 80

- 3.6.2 刷新索引 .................................................. 81
- 3.6.3 冲洗索引 .................................................. 81
- 3.6.4 强制合并 .................................................. 82
- 3.6.5 关闭索引 .................................................. 82
- 3.6.6 冻结索引 .................................................. 83
- 3.7 索引的块 ......................................................... 83
- 3.8 索引模板 ......................................................... 84
  - 3.8.1 使用索引模板定制索引结构 ............................ 84
  - 3.8.2 使用模板组件简化模板配置 ............................ 88
- 3.9 索引的监控 ...................................................... 90
  - 3.9.1 监控索引的健康状态 .................................... 90
  - 3.9.2 监控索引分片的段数据 ................................. 91
  - 3.9.3 监控索引分片的分配 .................................... 93
  - 3.9.4 监控索引分片的恢复 .................................... 93
  - 3.9.5 监控索引的统计指标 .................................... 95
- 3.10 控制索引分片的分配 ........................................ 97
- 3.11 本章小结 ....................................................... 98

# 第4章 文本分析 .................................................. 99

- 4.1 文本分析的原理 ................................................ 99
- 4.2 使用内置的分析器分析文本 ................................ 100
  - 4.2.1 标准分析器 ................................................ 100
  - 4.2.2 简单分析器 ................................................ 105
  - 4.2.3 空格分析器 ................................................ 106
- 4.3 使用 IK 分词器分析文本 .................................... 108
  - 4.3.1 安装 IK 分词器 ........................................... 108
  - 4.3.2 在索引中使用 IK 分词器 ............................... 108
- 4.4 自定义文本分析器分析文本 ............................... 112
  - 4.4.1 字符过滤器 ................................................ 112
  - 4.4.2 分词器 ...................................................... 115
  - 4.4.3 分词过滤器 ................................................ 119
  - 4.4.4 给索引添加自定义分析器 ............................. 124
- 4.5 查看文档的词条向量 ......................................... 127

4.6 keyword 类型字段的标准化 ............................. 131
4.7 本章小结 ....................................................... 134

# 第5章 搜索数据 ............................................. 135

## 5.1 精准级查询 ................................................ 136
### 5.1.1 术语查询 ............................................. 136
### 5.1.2 多术语查询 ......................................... 137
### 5.1.3 主键查询 ............................................. 139
### 5.1.4 范围查询 ............................................. 140
### 5.1.5 存在查询 ............................................. 142
### 5.1.6 前缀查询 ............................................. 143
### 5.1.7 正则查询 ............................................. 145
### 5.1.8 通配符查询 ......................................... 146

## 5.2 全文检索 ................................................... 147
### 5.2.1 匹配搜索 ............................................. 148
### 5.2.2 布尔前缀匹配搜索 ............................... 150
### 5.2.3 短语搜索 ............................................. 151
### 5.2.4 短语前缀匹配搜索 ............................... 152
### 5.2.5 多字段匹配搜索 ................................... 152
### 5.2.6 查询字符串搜索 ................................... 153

## 5.3 经纬度搜索 ................................................ 156
### 5.3.1 圆形搜索 ............................................. 156
### 5.3.2 矩形搜索 ............................................. 158
### 5.3.3 多边形搜索 ......................................... 160

## 5.4 复合搜索 ................................................... 161
### 5.4.1 布尔查询 ............................................. 161
### 5.4.2 常量得分查询 ....................................... 164
### 5.4.3 析取最大查询 ....................................... 165
### 5.4.4 相关度增强查询 ................................... 166

## 5.5 搜索结果的总数 .......................................... 166
## 5.6 搜索结果的分页 .......................................... 167
### 5.6.1 普通分页 ............................................. 168
### 5.6.2 滚动分页 ............................................. 168

- 5.6.3 Search after 分页 ............................................. 169
- 5.7 搜索结果的排序 ............................................. 171
- 5.8 筛选搜索结果返回的字段 ............................................. 172
- 5.9 高亮搜索结果中的关键词 ............................................. 174
- 5.10 折叠搜索结果 ............................................. 175
- 5.11 解释搜索结果 ............................................. 180
- 5.12 本章小结 ............................................. 181

# 第6章 聚集统计 ............................................. 183

- 6.1 度量聚集 ............................................. 183
  - 6.1.1 平均值聚集 ............................................. 184
  - 6.1.2 最大值和最小值聚集 ............................................. 185
  - 6.1.3 求和聚集 ............................................. 186
  - 6.1.4 统计聚集 ............................................. 186
  - 6.1.5 基数聚集 ............................................. 187
  - 6.1.6 百分比聚集 ............................................. 188
  - 6.1.7 百分比等级聚集 ............................................. 190
  - 6.1.8 头部命中聚集 ............................................. 191
  - 6.1.9 矩阵统计聚集 ............................................. 192
- 6.2 桶聚集 ............................................. 194
  - 6.2.1 词条聚集 ............................................. 194
  - 6.2.2 范围聚集 ............................................. 198
  - 6.2.3 日期范围聚集 ............................................. 200
  - 6.2.4 直方图聚集 ............................................. 202
  - 6.2.5 日期直方图聚集 ............................................. 204
  - 6.2.6 缺失聚集 ............................................. 207
  - 6.2.7 过滤器聚集 ............................................. 208
  - 6.2.8 多过滤器聚集 ............................................. 209
- 6.3 管道聚集 ............................................. 210
  - 6.3.1 平均桶聚集 ............................................. 211
  - 6.3.2 求和桶聚集 ............................................. 212
  - 6.3.3 最大桶和最小桶聚集 ............................................. 214
  - 6.3.4 累计求和桶聚集 ............................................. 216

6.3.5　差值聚集 ............................................................ 217
6.4　使用 fielddata 聚集 text 字段 .......................................... 219
6.5　使用全局有序编号加快聚集速度 ...................................... 221
6.6　给聚集请求添加后过滤器 ................................................ 222
6.7　本章小结 ............................................................................ 224

# 第7章　父子关联 ..................................................226

7.1　使用对象数组存在的问题 ................................................ 226
7.2　嵌套对象 ............................................................................ 229
　　7.2.1　在索引中使用嵌套对象 ........................................ 229
　　7.2.2　嵌套对象的搜索 .................................................... 231
　　7.2.3　嵌套对象的聚集 .................................................... 236
7.3　join 字段 ............................................................................ 240
　　7.3.1　在索引中使用 join 字段 ........................................ 240
　　7.3.2　join 字段的搜索 .................................................... 243
　　7.3.3　join 字段的聚集 .................................................... 248
7.4　在应用层关联数据 ............................................................ 253
7.5　本章小结 ............................................................................ 255

# 第8章　Java 高级客户端编程 .............................257

8.1　开发前的准备 .................................................................... 257
8.2　建立索引并写入数据 ........................................................ 259
　　8.2.1　创建映射 ................................................................ 259
　　8.2.2　写入、修改、删除数据 ........................................ 263
8.3　搜索数据 ............................................................................ 267
8.4　统计分析 ............................................................................ 274
8.5　为索引接入实时数据 ........................................................ 278
8.6　本章小结 ............................................................................ 279

# 第9章 集群扩展和性能优化 ............ 280

## 9.1 节点的角色类型 ............ 280
## 9.2 在 CentOS 7 上搭建 Elasticsearch 集群 ......... 282
### 9.2.1 准备工作 ............ 282
### 9.2.2 安装集群 ............ 284
### 9.2.3 验证安装 ............ 286
## 9.3 推荐的集群配置 ............ 288
## 9.4 监控集群 ............ 292
### 9.4.1 监控集群的状态信息 ............ 292
### 9.4.2 监控集群的健康状态 ............ 294
### 9.4.3 监控集群节点的统计指标 ............ 295
### 9.4.4 监控节点的热点线程 ............ 298
### 9.4.5 查看慢搜索日志 ............ 298
### 9.4.6 查看慢索引日志 ............ 299
## 9.5 索引分片数的设置与横向扩容 ............ 300
## 9.6 优化索引的写入速度 ............ 303
### 9.6.1 避免写入过大的文档 ............ 303
### 9.6.2 合并写入请求 ............ 304
### 9.6.3 适当增大写入的线程数和索引缓冲区 ............ 307
## 9.7 优化搜索的响应速度 ............ 307
### 9.7.1 避免深度分页 ............ 308
### 9.7.2 合并搜索请求 ............ 308
### 9.7.3 使用缓存加快搜索速度 ............ 311
### 9.7.4 控制搜索请求的路由 ............ 313
## 9.8 集群的重启 ............ 314
### 9.8.1 全集群重启 ............ 315
### 9.8.2 滚动重启 ............ 316
## 9.9 集群的备份和恢复 ............ 317
### 9.9.1 搭建共享文件目录 ............ 317
### 9.9.2 备份集群数据 ............ 319
### 9.9.3 恢复集群数据 ............ 322
### 9.9.4 删除备份数据 ............ 323
### 9.9.5 自动化备份 ............ 323
## 9.10 远程集群 ............ 325

9.10.1 配置远程集群 ..................................... 325
9.10.2 搜索远程集群的数据 .......................... 327
**9.11 本章小结** ............................................... 328

# 发散篇

## 第10章 Logstash：数据的源泉 ................... 333

**10.1 Logstash 的工作原理** ............................ 333
**10.2 Logstash 的安装和目录结构** ................ 334
**10.3 Logstash 的重要配置** ............................ 335
**10.4 Logstash 采集脚本的结构** .................... 336
**10.5 实战举例的执行** ................................... 337
  10.5.1 采集 Nginx 日志数据到索引中 .......... 338
  10.5.2 全量抽取表数据到索引中 .................. 340
  10.5.3 增量抽取表数据到索引中 .................. 345
  10.5.4 如何给敏感配置项加密 ...................... 347
**10.6 本章小结** ............................................... 347

## 第11章 Kibana：数据可视化利器 ............... 349

**11.1 在 CentOS 7 上安装 Kibana** ................ 349
**11.2 用 Kibana 可视化管理数据** .................. 350
  11.2.1 索引管理 .............................................. 350
  11.2.2 快照备份和恢复管理 .......................... 352
  11.2.3 远程集群管理 ...................................... 357
**11.3 开发工具** ............................................... 358
  11.3.1 REST 端点控制台 ............................... 358
  11.3.2 搜索调试器 .......................................... 359
  11.3.3 Grok 正则模式调试器 ......................... 360
**11.4 数据可视化分析** ................................... 360

11.4.1　Discover 发现 .................................. 360
　　11.4.2　Visualize 可视化组件 .................................. 362
　　11.4.3　Maps 地图 .................................. 363
　　11.4.4　Dashboard 大屏仪表盘 .................................. 364
　　11.4.5　Canvas 画布 .................................. 364
　　11.4.6　查看样例数据 .................................. 365
　11.5　本章小结 .................................. 367

# 第12章　Beats 家族：精细化数据采集 ................. 368

　12.1　Beats 家族在 Elastic Stack 中的职责 ............ 368
　12.2　Filebeat 的安装和工作原理 .................................. 369
　12.3　filebeat.yml 的重要配置 .................................. 370
　12.4　Filebeat 采集 Nginx 日志到 Elasticsearch 中 .................................. 372
　12.5　Filebeat 采集日志到 Logstash 中 .................................. 375
　12.6　本章小结 .................................. 378

原理篇

# 第1章 快速入门

本章是全书的"启蒙章",即使你没有学习过 Elasticsearch 或者搜索引擎相关的知识,也不用担心。本章会从零基础的内容开始介绍 Elasticsearch,主要包含以下内容。

- Elasticsearch 的定义、优点,以及典型的业务场景。
- Elasticsearch 中重要的概念。
- Elasticsearch 典型的接入方式。
- 安装 Elasticsearch。
- 使用 Kibana 调试 Elasticsearch。
- Elasticsearch 节点的重要配置。

## 1.1 Elasticsearch 简介

Elasticsearch 简称 ES,是世界上非常受欢迎的开源的分布式搜索引擎。它使用 Java 语言,基于 Apache Lucene 开发,从 2010 年发布第一个版本至今已有十余年的历史。Elastic 的中文含义是"有弹性的、可伸缩的",顾名思义,你可以很方便地使用 Elasticsearch 提供的可扩展的企业级搜索服务。Elasticsearch 的官方网站对它的解释是:Elasticsearch 是一个分布式、RESTful 的搜索和数据分析引擎。没错,它为我们提供的很重要的两大功能就是大数据搜索和分析服务。

如果你是软件开发人员,那么对关系数据库的使用应该不陌生。传统的关系数据库可以使用 SQL(Structured Query Language,结构化查询语言)对数据进行查询和统计分析,但是在"大数据时代",关系数据库在使用时存在明显的短板,导致它的应用存在一些缺点。

(1)性能差:当单表的数据量达到数百万条甚至数千万条时,即使采用一定的方法去优化 SQL,查询速度依然可能很慢,这在很多业务场景中是不允许的。

(2)扩展难:关系数据库的集群不太容易搭建,即使采用了分表分库的中间件将数据库集群化,查询性能在很多业务场景中依然没有保障。

较之于关系数据库,Elasticsearch 则存在几个明显的优点。

（1）高性能：由于 Elasticsearch 使用倒排索引（反向索引）作为存储结构并大量使用缓存机制，你可以非常快速地从海量的数据中查询出需要的结果。

（2）易扩展：如搭建多个 Elasticsearch 节点，使它们组成一个集群对外提供分布式的搜索服务，只需要简单地修改配置文件。

（3）容错性好：由于每个索引可以配置副本机制，即使 Elasticsearch 有部分服务器宕机也不用担心数据丢失。

（4）上手快：Elasticsearch 拥有"开箱即用"的 RESTful API，你只需要按照接口文档的说明正确地传递参数，就可以从 Elasticsearch 中读数据或向其中写数据，上手非常快。

Elasticsearch 有以下几个典型的业务场景，可供开发者参考。

（1）在线实时日志分析：使用 Elasticsearch 分析线上日志是十分常见的操作，从最初的 ELK（Elasticsearch、Logstash、Kibana）平台到如今的 Elastic Stack 都包含开箱即用的在线日志采集、存储、分析的功能，使用起来快捷、方便。

（2）物联网（internet of things，IoT）数据监控：对于各种传感器设备、可穿戴设备实时产生的各种需要监控和分析的数据，由于数据量很大且实时性要求较高，很适合用 Elasticsearch 来进行技术选型，Elasticsearch 在智慧交通、智能家居、公共安全、运维监控等领域有着广泛的应用。

（3）文献检索和文献计量：Elasticsearch 是一种出色的搜索引擎，很适合用于电子图书馆、论文检索系统所需的多样化信息检索服务，同时 Elasticsearch 强大的数据分析能力为文献计量提供了便利的统计接口。

（4）商务智能（business intelligence，BI）大屏展示：Elasticsearch 通过有效的大数据分析和研判，使用多维度的钻取分析为用户提供决策支持和趋势预测，其在智慧公安、智慧交通、智慧水利等领域的大屏展示系统中应用尤其普遍。

## 1.2 Elasticsearch 的典型接入方式

基本了解了 Elasticsearch 后，本节将探讨适合接入 Elasticsearch 的几种典型方式，帮助大家明确 Elasticsearch 的正确接入方法。

### 1.2.1 将 Elasticsearch 作为数据源

Elasticsearch 很适合读多写少的数据分析型应用程序，如果你参与过 OLAP 数据分析相关的项目，由于数据仓库本身就具有读多写少的特性，对事务管理的要求也不高，在这种情况下，考虑到 Elasticsearch 本身具备数据存储的能力，可以作为数据源，使应用程序的绝大多数读写操作都在 Elasticsearch 中进行，如图 1.1 所示。

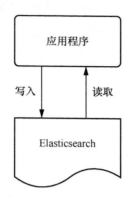

图 1.1　直接用 Elasticsearch 作为数据源

## 1.2.2　给已有系统添加 Elasticsearch

如果你已经有一个软件系统，它使用了 MySQL 或者 HBase 数据库，但是随着数据量的不断加大，你可能会感觉 MySQL 的查询速度越来越难以接受，也可能由于业务逻辑越来越复杂，而感觉 HBase 的检索方式不够丰富。这时候你可以考虑把那些查询速度慢或者业务逻辑复杂的数据接入 Elasticsearch，使用时你需要把相关表的历史存量数据一次性导入 Elasticsearch，当增量数据写入数据库时，也往 Elasticsearch 中写一份，这样就能够保证两边的数据是同步的，如图 1.2 所示。

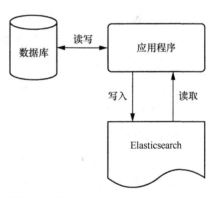

图 1.2　给已有系统添加 Elasticsearch

注意：当关系数据库或 NoSQL 数据库能够满足实际需要的查询请求时，则没有必要接入 Elasticsearch。实际上，关系数据库和 NoSQL 数据库的主键查询速度本身就很快，能够满足部分场景的需要，可以用它们分担一些查询请求，减小 Elasticsearch 的压力。另外，写入 Elasticsearch 的字段数目并不强制要求与数据库的一致。只有实际需要检索、分析和前端展示的字段才必须写入 Elasticsearch。在 Elasticsearch 中写入字段数目过多的文档对性能而言是一种拖累，并且会浪费资源。

## 1.2.3　使用 Elastic Stack

提到 Elasticsearch 的接入方式，怎么能不讲官方的 Elastic Stack 呢？除了使用应用程序写入 Elasticsearch，你还可以使用官方提供的数据采集工具 Logstash 或者第三方的 ETL 工具把数据写入 Elasticsearch。这些工具除了能用来采集数据库的数据，还可以用来采集线上的日志数据、系统的运维监控指标数据，功能十分丰富。Elastic Stack 的组件 Kibana 提供了一个友好的图形界面，可以用来管理和可视化分析 Elasticsearch 的数据，整个技术栈的数据流如图 1.3 所示。

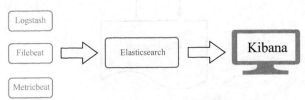

图 1.3　Elastic Stack 的数据流

Logstash 是早期的数据采集、转换工具，你只需要编写配置文件就可以很方便地把各种数据写入 Elasticsearch。但是由于 Logstash 运行时比较耗资源，于是官方又推出了一系列命名包含 beat 的轻量级数据采集器，统称为 Beats，相当于把 Logstash 的数据采集功能分包给 Beats 工具完成。既可以把 Beats 采集的数据汇聚到 Logstash 后再写入 Elasticsearch，也可以直接采集数据然后写入 Elasticsearch。

目前为止，Beats 家族的成员主要有以下几种，种类还在不断增多。

（1）Filebeat：用于采集各类日志文件，可以读取并传送日志的行，支持断点续传。

（2）Metricbeat：用于采集各种软硬件的运维监控数据，例如 CPU、内存、MySQL 等运行时的指标数据。

（3）Packetbeat：用于采集各种网络协议产生的流量数据，通过分析这些数据你可以及时发现网络存在的问题和其运行状态。

（4）Winlogbeat：用于采集 Windows 系统的事件日志，可以用来实时分析 Windows 系统中产生的各种事件。

（5）Heartbeat：能够监测指定的服务是否可用并能将监测结果采集到 Elasticsearch 中进行分析。

（6）Auditbeat：用于采集 Linux 审计框架的事件数据，通过采集并监控用户的行为数据和关于系统进程的数据，能够识别出系统潜在的风险和安全问题。

## 1.3　专有名词解释

Elasticsearch 提供了很多专有名词，在学习 Elasticsearch 的原理和使用方法以前，有必要先弄懂这些专有名词。

（1）集群（cluster）：如果多个安装了 Elasticsearch 的服务器拥有同样的集群名称，则它们处于同一个集群中，对外提供统一的服务。在一个集群中，有且只有一个主节点，当主节点宕机时需要重新"选举"出新的主节点来维持集群正常运转。

（2）节点（node）：一个节点就是一台安装了 Elasticsearch 的服务器，它是组成集群的基本单元。

（3）索引（index）：索引是存储数据的基本单元，在大多数情况下，可以把它理解为关系数据库中的表。

（4）文档（document）：文档是写入索引的基本单元，一个文档就是索引中的一条数据。写入索引的文档是 JSON 格式的文本字符串，里面包含各个字段的信息，保存在索引的 _source 元数据中。

（5）分片（shard）：分片分为主分片和副本分片，每个索引拥有至少一个主分片和零个或多个副本分片，一个分片本质上是一个 Lucene 索引。当整个集群的节点数量增加或减少时，为了让分片在每个节点上分布得比较均匀，通常会使分片在集群中移动，这个过程也就是分片的分配。在任何时候，索引的主分片和它对应的副本分片不能位于同一个节点上，这是为了保证节点宕机时，主分片和副本分片不会同时丢失。

（6）主分片（primary shard）：当文档数据写入索引时，会首先选择一个主分片进行写入，再把数据同步到副本分片。主分片的数目在建立索引时就已经固定，无法修改。如果一个索引拥有的主分片越多，那么它能存储的数据越多，主分片的个数通常跟索引的数据量成正相关。

（7）副本分片（replica shard）：副本分片是主分片的一个副本，它能够分担一些数据搜索的请求，从而提高搜索的吞吐量。同时，副本分片还具备容灾备份的能力，当主分片所在的节点宕机时，副本分片可以被选举为主分片来保持数据的完整性。另外，索引的副本分片数目可以随时修改。

（8）分片恢复（shard recovery）：分片恢复指的是把一个分片的数据完全同步到另一个分片的过程。这个过程伴随有分片的创建和分配，在集群启动时或者节点数目改变时自发完成。只有分片恢复完全结束，副本分片才能对外提供搜索服务。

（9）索引缓冲区（index buffer）：索引缓冲区用于在内存中存储最新写入索引的数据，只有在索引缓冲区写满的时候，这些新的数据才会被一次性写入磁盘。

（10）传输模块（transport module）：当节点接收请求后不能处理或无法单独处理时，节点需要把请求转发给其他节点，这是同一个集群中不同节点之间互相通信的手段，这个过程由传输模块来完成。

（11）网关模块（gateway module）：网关模块存储着集群的信息和每个索引分片的持久化数据。默认使用的是本地网关，它会把数据存储在本地文件系统中，你还可以配置网关模块使用 HDFS 或其他存储手段来持久化 Elasticsearch 的数据。

(12）节点发现模块（node discovery module）：节点发现模块用于节点之间的互相识别，可把新节点加入集群。这个过程需要使用传输模块来完成节点之间的通信。

（13）线程池（thread pool）：Elasticsearch 内置了多个线程池用于处理不同的操作请求。例如，analyze 线程池用于处理文本分析的请求，write 线程池用于处理索引数据的写入请求，search 线程池用于处理搜索请求。你可以配置线程池的大小以改变其对这些请求的处理能力。

## 1.4 安装 Elasticsearch 7.9.1

本节将为读者讲述在 Windows 系统上安装单节点的 Elasticsearch 7.9.1 的方法。先到 Elastic 官方网站下载 Elasticsearch 7.9.1 的安装包（ZIP 格式的压缩包）。Elasticsearch 7.9.1 的安装包中已经自带一个 JDK，如果你的计算机没有安装 JDK，就会使用这个内嵌的 JDK。如果你想使用自己计算机中的 JDK，请安装好 1.8 以上的版本并配置好环境变量。

把下载的安装包解压到 Elasticsearch 的安装目录下，你会看到图 1.4 所示的文件目录。

| 名称 | 修改日期 | 类型 | 大小 |
| --- | --- | --- | --- |
| bin | 2020/9/1 21:29 | 文件夹 | |
| config | 2020/9/14 17:50 | 文件夹 | |
| data | 2020/9/14 17:50 | 文件夹 | |
| jdk | 2020/9/1 21:29 | 文件夹 | |
| lib | 2020/9/1 21:29 | 文件夹 | |
| logs | 2020/11/30 15:34 | 文件夹 | |
| modules | 2020/9/1 21:29 | 文件夹 | |
| plugins | 2020/10/10 16:32 | 文件夹 | |
| LICENSE.txt | 2020/9/1 21:19 | 文本文档 | 14 KB |
| NOTICE.txt | 2020/9/1 21:24 | 文本文档 | 532 KB |
| README.asciidoc | 2020/9/1 21:19 | ASCIIDOC 文件 | 7 KB |

图 1.4 Elasticsearch 7.9.1 文件目录

部分目录（文件夹）说明如下。

- bin：包含与 Elasticsearch 有关的各种可执行脚本，很多都是批处理文件。
- config：包含各种节点的配置文件，elasticsearch.yml 文件也在这个目录下，可以用于配置许多重要的参数。
- data：默认的数据存放目录，包含写入 Elasticsearch 的数据文件。
- jdk：包含一个自带的 JDK，如果你不用自己计算机中的 JDK，那么这个 JDK 就会派上用场。
- lib：包含 Elasticsearch 运行时需要用到的 JAR 包。

- logs：默认的日志存放目录，包含 Elasticsearch 运行时产生的各种日志文件。
- modules：包含 Elasticsearch 内置的各种模块，每个模块都是一个插件。
- plugins：包含用户添加的第三方插件，例如 IK 分词器插件就需要安装到这个目录下。

进入 config 目录，打开 elasticsearch.yml 文件，给集群和节点配置名称。

```
cluster.name: my-es
node.name: node-1
```

打开 bin 目录，双击运行 elasticsearch.bat 文件，你会看到一个控制台，其会不断地输出 Elasticsearch 启动时的信息。稍等一会儿，打开浏览器，访问 http://localhost:9200/，如果看到图 1.5 所示的界面，则表示 Elasticsearch 启动成功。

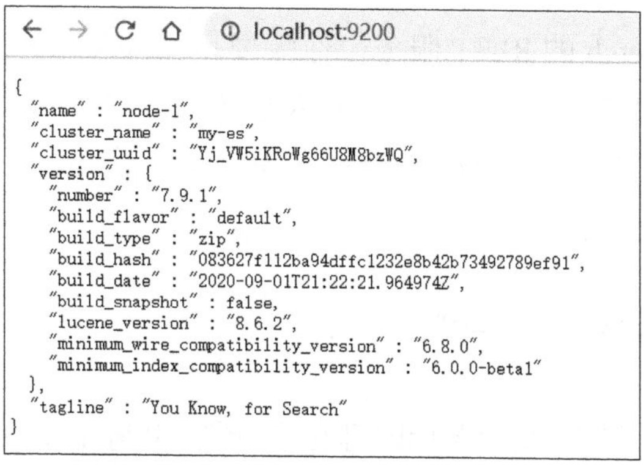

图 1.5　Elasticsearch 启动成功

## 1.5　安装 Kibana 调试 Elasticsearch

Elasticsearch 提供了非常方便的 REST API，你可以直接使用 Postman 或者 Curl 工具调用接口进行数据的写入和搜索。为了调试方便，Kibana 提供了一个图形化的开发工具，你可以直接在前端界面设置发送到 Elasticsearch 的 HTTP 请求并查看响应结果。

下面介绍在本地节点安装 Kibana 7.9.1，先在 Elastic 官方网站下载 Kibana 7.9.1 的安装包（ZIP 格式的压缩包）。

Kibana 的安装十分简单，解压安装包到本地以后，不需要修改任何配置，在 Elasticsearch 正常运行的情况下，进入 bin 目录，双击批处理文件 kibana.bat 就可以成功运行。启动时，Kibana 会自动连接本地运行的 Elasticsearch。打开浏览器，访问 http://localhost:5601/，看到图 1.6 所示的页面则说明 Kibana 启动成功。

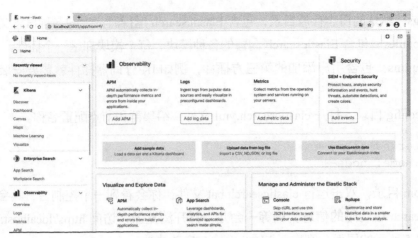

图 1.6　Kibana 启动首页

为了调试 Elasticsearch 的 REST 服务，你需要单击左侧导航菜单的"Dev Tools"，可以看到"Console"（控制台），用于输入要发送到 Elasticsearch 的请求。为了在 Elasticsearch 中新建一个名为 first-index 的索引，输入以下代码。

```
POST first-index/_doc/1
{
   "content": "hello world"
}
```

单击输入面板右上角的三角形图标即可发送请求，实际上是发起了一个 POST 请求，请求的地址是 http://localhost:9200/first-index/_doc/1，请求体是一个包含 content 字段，内容为"hello world"的 JSON 字符串，你可以在前端看到请求的返回结果，如图 1.7 所示。这表示你已经给索引 first-index 添加了一条数据，该数据的主键为 1。

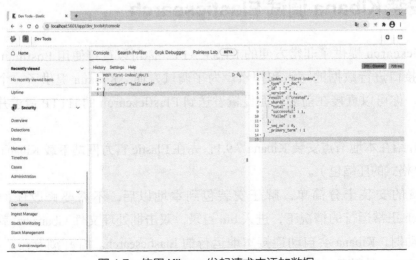

图 1.7　使用 Kibana 发起请求来添加数据

下面来尝试搜索刚才添加的数据，在控制台输入以下内容并发起请求。

```
POST first-index/_search
{
  "query": {
    "match_all": {}
  }
}
```

这个请求向索引 first-index 发送了一个 match_all 查询请求，它返回索引的全部数据。你可以从控制台右侧看到以下结果，成功查询到刚才添加的数据，该结果返回的各个字段的具体含义将在第 3 章详细介绍。

```
{
  "took" : 0,
  "timed_out" : false,
  "_shards" : {
    "total" : 1,
    "successful" : 1,
    "skipped" : 0,
    "failed" : 0
  },
  "hits" : {
    "total" : {
      "value" : 1,
      "relation" : "eq"
    },
    "max_score" : 1.0,
    "hits" : [
      {
        "_index" : "first-index",
        "_type" : "_doc",
        "_id" : "1",
        "_score" : 1.0,
        "_source" : {
          "content" : "hello world"
        }
      }
    ]
  }
}
```

## 1.6　Elasticsearch 节点的重要配置

在 Elasticsearch 的 config 文件夹下，一共有 3 个重要的配置文件，其中 elasticsearch.yml

用于配置节点的参数，jvm.options 用来配置 Elasticsearch 运行时占用的堆内存大小，log4j2.properties 用来配置 Elasticsearch 运行时的日志参数。那些可以通过调用 REST 接口，在节点运行时动态修改的配置叫作动态配置；配置在 elasticsearch.yml 文件中，只能在集群重启后才能生效的配置叫作静态配置。

### 1.6.1 集群节点的配置方法和优先级

当你需要修改集群节点的配置信息时，通常有以下 3 种方法。

（1）调用集群节点配置的 REST 接口并设置配置项临时生效，该配置项在集群重启后失效。

（2）调用集群节点配置的 REST 接口并设置配置项持久生效，该配置项在集群重启后依然有效。

（3）直接把集群节点配置项写在 elasticsearch.yml 文件中。

如果一个配置项没有采用以上 3 种方法进行配置，则会采用集群节点默认的配置。如果同一个配置项在多个地方都配置过，而且配置得不一样，则第一种临时配置的优先级最高，第二种持久生效的配置次之，写在 elasticsearch.yml 文件中的配置优先级最低。通常比较好的做法是，对于整个集群范围内生效的动态配置直接使用 REST 接口进行控制，对于每个节点各自不同的配置（例如 IP 地址）直接在节点的 elasticsearch.yml 中配置，这样做可以避免遗漏某个节点的配置而引起错误。

你可以调用下面的 REST 接口修改动态配置并让它持久生效。

```
PUT /_cluster/settings
{
  "persistent" : {
    "search.max_buckets" : "50000"
  }
}
```

配置参数 search.max_buckets 用于指明在做聚集统计时，单个请求能够返回的桶的最大数目，这里已经把它持久地设置成 50000。接下来把这个配置参数的值改为 30000 并设置为临时生效。

```
PUT /_cluster/settings
{
  "transient" : {
    "search.max_buckets" : "30000"
  }
}
```

再使用 GET 端点查看刚才的配置结果。

```
GET /_cluster/settings
```

Kibana 会返回刚才的两种配置的信息。

```
{
  "persistent" : {
    "search" : {
      "max_buckets" : "50000"
    }
  },
  "transient" : {
    "search" : {
      "max_buckets" : "30000"
    }
  }
}
```

这时如果你重启 Elasticsearch，再查询一次配置结果，就会发现刚才的临时配置不见了，只剩下持久配置，这表明持久配置在节点重启后依然有效。

另外，如果你想清空某一配置的信息，只要把它配置为 null 就行。

```
PUT /_cluster/settings
{
  "persistent": {
    "search.max_buckets": null
  }
}
```

## 1.6.2　elasticsearch.yml 的重要配置

本小节介绍 elasticsearch.yml 的重要配置，通常你可以把集群节点的静态配置写在这个文件里，只有重启 Elasticsearch 后这些配置的修改才能生效。

打开 elasticsearch.yml，你可以看到里面已经有一些关键的配置，最上面的是集群名称和节点名称的配置，它们在 1.4 节介绍安装 Elasticsearch 的时候已经配置过了。注意，在同一个集群中，多个节点的集群名称要配置成一样的，节点名称要配置成不一样的，以区分同一个集群中的不同节点。

**1. path.data 和 path.logs**

这两个配置项用于配置数据目录和日志目录，在生产环境中，由于文件较大，应尽量配置存储容量大的目录，可以配置多个目录。例如，在 Windows 系统中可以进行如下配置。

```
path:
  data: "C:\\esdata1 "
  logs:
    - "C:\\logs1"
    - "D:\\logs2"
```

如果是 Linux 系统，则路径不需要加引号，代码如下。

```
path:
  data:
    - /esdata1
    - /esdata2
  logs:
    - /var/log/eslog1
    - /var/log/eslog2
```

## 2. bootstrap.memory_lock

这是用于操作系统内存锁的配置项，开启内存锁可以防止操作系统中的缓存数据被交换到外存而导致查询性能大幅下降，在生产环境中，这个配置项一定要设置为 true。

```
bootstrap.memory_lock: true
```

为了验证内存锁是否正常开启，启动 Elasticsearch 后，调用以下接口。

```
GET _nodes?filter_path=**.mlockall
```

返回 true 值则表示内存锁开启成功。

```
{
  "nodes" : {
    "EIjMhNrDSoy-Bbmo3W8JGA" : {
      "process" : {
        "mlockall" : true
      }
    }
  }
}
```

注意：在 CentOS 中，直接设置 bootstrap.memory_lock 为 true 可能会因为缺少权限并不能立即开启内存锁，还需要一些额外的配置，具体内容在第 9 章进一步讨论。

## 3. network.host 和 http.port

这两个配置项用于把 Elasticsearch 的服务绑定到固定的 IP 地址和端口号，默认的 IP 地址是 127.0.0.1，端口号是 9200，可以按照实际需要进行修改。

```
network.host: 192.168.9.105
http.port: 9201
```

**4. discovery.seed_hosts 和 cluster.initial_master_nodes**

这两个配置项在单节点环境下保持默认设置即可，当需要搭建集群时，这两个配置项对于节点的发现和主节点的选举至关重要。discovery.seed_hosts 用于配置一组 IP 地址或主机名，这组地址的列表是集群中的主候选节点的列表，当一个节点启动时会尝试与该列表中的各个主候选节点建立连接，如果连接成功并找到主节点就把该节点加入集群。例如：

```
discovery.seed_hosts:
   - 192.168.9.10
   - 192.168.9.11
   - host3.com
```

cluster.initial_master_nodes 用于明确地指定一组节点名称的列表，这个列表也是主候选节点的列表，Elasticsearch 集群在第一次启动时会读取该列表初始化投票配置，该配置将用于主节点的选举。在这个列表中，配置的每个节点的名称要与该节点的 node.name 配置的名称保持一致。例如：

```
cluster.initial_master_nodes: ["node-1", "node-2"]
```

## 1.6.3 配置 JVM 的堆内存大小

在生产环境中，有必要根据服务器的硬件配置修改 Elasticsearch 运行时的 JVM 堆内存大小，以保证集群节点拥有足够的堆内存。如果设置得太小，可能查询时内存不够而导致服务宕机；如果设置得太大，又会超过 JVM 用于压缩对象指针的阈值而导致内存浪费。在配置堆内存大小的时候，需要满足以下两个条件。

（1）堆内存最大不得超过开启压缩对象指针的阈值，一般最大可以是 31GB，不同的系统可能有区别，如果没超过这个阈值，你可以在 Elasticsearch 的启动日志中看到类似输出：

```
heap size [989.8mb], compressed ordinary object pointers [true]
```

（2）在堆内存不超过上述阈值的前提下，其大小可以设置为其所在节点内存的一半。

例如，你的服务器有 16GB 内存，就可以把堆内存大小设置为 8GB，但是如果服务器内存为 128GB，则通常堆内存最多只能设置为 31GB。配置完以后，还需要在启动日志中确认堆内存大小没有超过开启压缩对象指针的阈值。如果超过了阈值，则需要调小堆内存大小。

默认的堆内存大小是 1GB，如果你想把它设置为 4GB，修改 jvm.options 文件为：

```
-Xms4g
-Xmx4g
```

其中 Xms 代表最小的堆内存大小，Xmx 代表最大的堆内存大小，这两个值必须设置成一样的。

## 1.7 本章小结

本章介绍的是 Elasticsearch 的入门内容，主要介绍了 Elasticsearch 的功能和业务场景等，并介绍了如何在本地安装 Elasticsearch、修改配置并使用 Kibana 对它进行调试。本章的主要内容总结如下。

- Elasticsearch 是一个分布式的大数据搜索和分析引擎，它很容易扩展，在海量数据场景下依然可以保持很高的查询性能。
- Elasticsearch 适用于很多业务场景，例如在线实时日志分析、物联网数据监控、文献检索和文献计量、商务智能大屏展示等。
- Elasticsearch 不支持事务管理，它本身具有数据存储的功能。对于读多写少的数据分析型场景，可以将它作为唯一的数据源；也可以配合现有系统的数据库来使用它，能解决数据库查询慢的问题；还可以使用官方提供的 Elastic Stack 平台。
- Kibana 是一个集 Elasticsearch 的管理、调试和可视化为一体的工具，使用它可以大幅提高 Elasticsearch 的开发效率。
- Elasticsearch 的配置类型分为动态配置和静态配置。动态配置可以随时调用 REST 服务进行改变；静态配置只能写在 elasticsearch.yml 中，重启集群后才能生效。
- Elasticsearch 的动态配置可以设置为持久生效或临时生效，临时生效的动态配置会在集群重启后失效，持久生效的动态配置则不会受到集群重启的影响。
- elasticsearch.yml 包含很多节点的重要配置信息，例如集群的名称、节点的名称、IP 地址、端口号、数据目录、主候选节点的列表等。你需要按照实际情况来修改它们，以保持集群处于良好的运行状态。
- jvm.options 可用于配置 Elasticsearch 的堆内存大小，在生产环境中通常要配置为服务器内存的一半，但是最大不要超过开启压缩对象指针的阈值，一般最大不超过 31GB。

# 第2章 深入原理

第 1 章已经介绍了在本地搭建单节点的 Elasticsearch 并对它进行了配置和调试，在正式介绍 Elasticsearch 的具体功能以前，本章将介绍 Elasticsearch 中比较重要的原理与机制。这有助于读者理解 Elasticsearch 的内部机制，以及从表面功能深入了解其背后的逻辑本质。本章的主要内容如下。

- 搜索引擎的基本原理和组成结构。
- Elasticsearch 集群的形成机制，如节点之间的发现等，以及集群的状态信息在节点之间的同步。
- 索引的分片在集群中的分配（shard allocation）机制，如何人工干预分配的过程。
- 索引分片的恢复（shard recovery）触发时间、恢复的过程，以及避免不必要的分片恢复的办法。
- 写入索引数据的过程。
- 搜索索引数据的过程。

## 2.1 搜索引擎的基本原理

搜索引擎的使用在我们的日常生活中应该已经司空见惯，通常搜索引擎包括数据采集模块、文本分析模块、索引存储模块、搜索模块等，这些模块的协作流程如图 2.1 所示。

数据采集模块负责采集需要搜索的数据源，很多网络爬虫可以快速地从各种网站上采集结构化的数据。对于 Elasticsearch 而言，数据采集模块既可以是官方指定的 Beats 工具，也可以是第三方提供的 ETL 工具，还可以是使用 Java 客户端写入的数据。总之，这个模块的目的就是把用户需要搜索的数据采集起来以备写入搜索引擎。为了提高采集数据的效率，可以使用多线程和分布式等手段，再配合一些比较好的采集策略（例如时间戳增量采集）来满足实际项目的需要。

文本分析模块可以把结构化数据中的长文本切分成有实际意义的词，这样当用户把这些切分出来的词用作查询条件时就可搜索到该文本。如果不做文本分析，就要把原始文本全部写入索引才能搜索到需要的文本，这在某些时候可能是必要的，但是对于长篇幅的文本，直接写入原始的文本数据可能没有太大的意义。在创建索引时，你可以根据实际业务的情况来决定是否在文本数据写入索引以前进行分词，关于文本分析的具体方法，本书会在第 4 章详细地探讨。

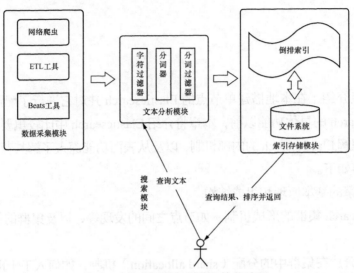

图 2.1　搜索引擎各模块的协作流程

索引存储模块负责将数据采集模块写入的数据按照定义好的结构写入索引。搜索引擎的索引数据是按照倒排索引的结构进行组织的。倒排索引是一种特殊的数据结构，它保存着每个词在索引中的文档编号以及它们出现在文档的位置。为了直观地表达这个过程，假设现在有 3 个文档待写入索引，文档内容如表 2.1 所示。

表 2.1　3 个待写入的文档

| 文档编号 | 文档内容 |
| --- | --- |
| 1 | good apple orange |
| 2 | apple phone black |
| 3 | phone orange |

简单起见，假如此时分词器以空格进行分词，把表 2.1 的 3 个文档切分成一个个单词，并统计每个单词在文档中出现的位置，就能得到一个简单的倒排索引结构，该结构如表 2.2 所示。

表 2.2　倒排索引结构

| 分词 | 出现的文档 | 出现的位置 |
| --- | --- | --- |
| good | 1 | 0 |
| apple | 1,2 | 1,0 |
| orange | 1,3 | 2,1 |
| phone | 2,3 | 1,0 |
| black | 2 | 2 |

Elasticsearch 的索引存储模块除了能把写入的数据组织成倒排索引的结构，还管理着数据的存储方式、路由方式、事务日志、索引状态等，关于索引更多、更详细的功能介绍，会在第 3 章进行讨论。

搜索模块的功能是根据用户输入的查询文本找到索引中匹配的文档，相关度越高的文档排名越靠前。有了倒排索引的结构，搜索会变得很方便。假如用户在搜索时输入了"black phone"这样的文本，文本分析模块会把这个搜索文本拆分成分词"black"和"phone"，然后去倒排索引中寻找包含这两个词的文档。此时很容易查出文档 2 和文档 3 都含有这两个文本。在返回最终的搜索结果时，搜索引擎会使用一套相关度计算公式来计算每个搜索结果与搜索文本的相关度分值，然后把搜索结果列表按照相关度分值由高到低进行返回。在这个例子中，由于文档 2 同时出现了这两个搜索词，所以在搜索结果的列表中它应当在文档 3 前面返回。

## 2.2　Elasticsearch 集群的形成机制

Elasticsearch 在生产环境中都是以集群的方式使用的，了解各节点如何互相发现并形成有效的集群是开发者用好 Elasticsearch 需学习的重要内容，本节就来探讨集群的形成过程。

在讲解集群的形成过程以前，需要介绍几个重要的概念，它们在集群的形成过程中发挥着重要的作用。

（1）主节点（master node）：每个集群有且只有一个主节点，主节点是整个集群的管理者，它负责维护整个集群的元数据，并在节点数目发生变化时及时更新集群的状态然后将状态发布给集群的其他节点。主节点还负责索引分片的分配，本书将在 2.3 节探讨索引分片的分配。另外，主节点还能处理一些轻量级的请求，例如创建和删除索引。

（2）主候选节点（master-eligible node）：主候选节点指的是集群中有权参与主节点选举的那些节点。选举时，超过一半的主候选节点达成一致方能成功。选举出的主节点是主候选节点列表中的一个。为了维持集群的正常运转，任何时候必须确保有一半以上的主候选节点在正常工作。

（3）投票配置（voting configuration）：投票配置包含主节点选举或集群状态需要修改时可参与投票的节点列表。在一般情况下，投票配置的列表与主候选节点的列表是一致的。选举主节点时，只有某个节点的得票数超过投票配置中节点数的一半，选举才能成功。你可以人工排除一些主候选节点，即不让它们参与投票，在 9.3 节将演示这个过程。投票配置的信息保存在集群的元数据中，可以调用 REST 端点进行查看。

## 2.2.1 集群节点的发现、选举和引导过程

当一组崭新的 Elasticsearch 节点启动的时候，需要进行集群节点的引导来把这些孤立的节点组织成一个整体对外提供统一的服务。集群节点的引导主要分为 4 个步骤。

（1）初始化投票配置。确定集群中的主候选节点列表，将配置 cluster.initial_master_nodes 中的节点列表作为主候选节点列表写入投票配置。

（2）选举主节点。投票配置中的主候选节点发起主节点的选举，只要超过一半的主候选节点达成一致，则主节点选举成功。

（3）发现集群的其他节点。每个节点根据配置的主候选节点列表 discovery.seed_hosts 逐一尝试连接，如果联系到了主节点就申请加入集群，主节点确定连接成功就把该节点加入集群并修改集群的状态，然后将集群的最新状态发布到其他节点中保存。

（4）当所有的节点都发现完毕，整个集群的状态生成结束时，待集群启动完毕就可以对外提供统一服务。

注意：在步骤（3）中，节点的发现过程是递归的。即使某个节点的 discovery.seed_hosts 不包含集群的主节点，只要它可以通过列表中的节点间接地找到主节点，就能被主节点纳入集群。

## 2.2.2 集群状态的发布过程

2.2.1 小节讲述了一个崭新的集群形成所经历的步骤，然而对于现有的集群，添加和删除节点会改变集群的状态。集群的状态是一种庞大的数据结构，它包含整个集群的元数据信息。当集群状态发生变化时，主节点需要把最新的状态发布给每个节点，这个过程需要经历以下两个阶段。

（1）预提交阶段：如图 2.2 所示，主节点把最新的集群状态数据发布到每个节点上，每个节点接收状态数据并将其保存在本地然后向主节点发送确认响应。

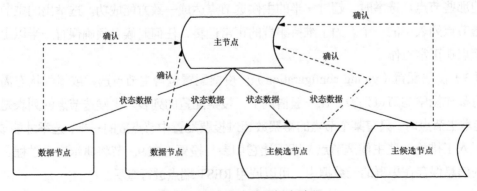

图 2.2　状态发布的预提交阶段

（2）正式提交阶段：如图 2.3 所示，主节点统计收到的主候选节点的确认响应数量，如果超过一半的主候选节点的确认响应成功，则开始正式提交。主节点发布提交消息到集群的每个节点，通知它们应用最新的集群状态。每个节点应用最新的集群状态后，向主节点发送最终的确认响应。一旦所有的确认响应成功，则本次状态发布成功完成。

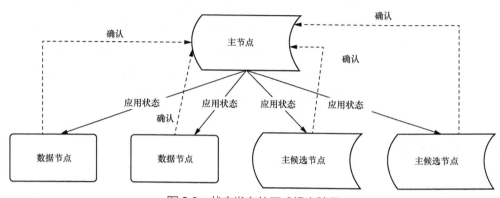

图 2.3　状态发布的正式提交阶段

集群状态的发布具有时间限制，如果超过时间限制（默认为 30 秒）主节点状态没有发布成功则主节点失败，主候选节点需要重新选举新的主节点。如果某个节点最终的确认响应超过一定时间限制（默认为 90 秒）没有发送到主节点，则主节点认为该节点掉线，将其从集群列表中删除。

集群在运行时可能会由于网络环境或硬件问题导致某些节点不能正常工作，为了维持集群的正常运转，主节点和非主节点每隔一段时间就会互相发送心跳检测包。如果某个非主节点连续多次心跳检测失败，则该节点掉线，主节点会把它从集群的状态中删除；如果主节点掉线，则需要使用投票配置重新选举出新的主节点来管理整个集群。

## 2.3　索引分片的分配机制

2.2 节中讲过，完成索引分片的分配是主节点的一项重要任务。本节将探讨 Elasticsearch 如何使索引的分片在集群中分配，以及如何使用分片分配的感知和分片分配的过滤来人工干预这个过程以减少数据丢失的可能性。

### 2.3.1　分片的分配

一个索引可以有多个分片，那么这些分片到底应该被放在集群中的哪个节点上呢？集群的主节点将索引的各个分片分配到集群的各个节点上的过程就叫分片的分配。当集群的节点数目发生变化、索引的副本分片数目发生变化时，都会触发分片的分配。在这个过程中，需要把节点现有的分片移动到其他的节点上。如果在同一时刻需要移动的分片数太多且分片容量较大，则这个过程会比较耗时。

主节点为每个节点分配索引分片的时候，默认情况下，它会尽可能把同一个索引的分片分配到更多的节点上，这样在读写索引数据的时候就可以利用更多的硬件资源，可提升读写的效率。在分配分片的过程中，永远不可以把同一个索引的某个主分片和它的副本分片分配到同一个节点上，也不可以把某个主分片的多个副本分片分配到同一个节点上。否则，一旦该节点"挂掉"整个集群就可能会丢失数据。因此，如果一个索引的副本分片数较多而集群节点数较少，则可能会导致某些副本分片没有得到分配而不起作用。

### 2.3.2 分片分配的过程

为了直观地演示这个过程，本小节将在本地启动多个 Elasticsearch 实例搭建伪集群，来方便读者观察索引分片在不同节点数目情况下的分配情况。

首先，你需要启动 1.4 节中介绍的安装好的单个 Elasticsearch 节点，创建一个带有 3 个主分片、每个主分片有 1 个副本分片的索引 allocation-test。

```
PUT allocation-test
{
  "settings": {
    "number_of_shards": "3",
    "number_of_replicas": "1"
  }
}
```

创建成功后，可以使用下面的请求查看索引 allocation-test 的各个分片的分配状态。

```
GET _cat/shards/allocation-test?v
```

在返回的结果中，可以看到 3 个主分片都被成功分配在当前节点 node-1 上，由于此时已经没有别的节点来分配副本分片，因此 3 个副本分片都没有得到分配。

```
index              shard prirep state      docs store ip        node
allocation-test    1     p      STARTED    0    208b  127.0.0.1 node-1
allocation-test    1     r      UNASSIGNED
allocation-test    2     p      STARTED    0    208b  127.0.0.1 node-1
allocation-test    2     r      UNASSIGNED
allocation-test    0     p      STARTED    0    208b  127.0.0.1 node-1
allocation-test    0     r      UNASSIGNED
```

此时该索引各个分片的分配结果如图 2.4 所示。

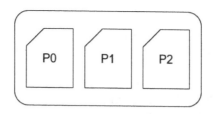

图 2.4 单个节点时的分片分配结果

Elasticsearch 提供了一个好用的 REST 端点用来查看为什么某个分片没有得到分配或者为什么某个分片分配在了某个节点上而没有分配到其他节点上。如果你对分片的分配结果感到疑惑，可以使用这个端点查看原因。例如，想知道 R0 为何没有得到分配，可以使用以下代码。

```
GET /_cluster/allocation/explain
{
  "index": "allocation-test",
  "shard": 0,
  "primary": false
}
```

得到的结果如下。

```
{
  "index" : "allocation-test",
  "shard" : 0,
  "primary" : false,
  "current_state" : "unassigned",
  "unassigned_info" : {
    "reason" : "INDEX_CREATED",
    "at" : "2020-12-27T07:45:07.114Z",
    "last_allocation_status" : "no_attempt"
  },
  "can_allocate" : "no",
  "allocate_explanation" : "cannot allocate because allocation is not permitted to any of the nodes",
  "node_allocation_decisions" : [
    {
      "node_id" : "czAR6jr7Tm68tUOxSd7D1A",
      "node_name" : "node-1",
      "transport_address" : "127.0.0.1:9300",
      "node_attributes" : {
        "ml.machine_memory" : "16964157440",
        "xpack.installed" : "true",
        "transform.node" : "true",
        "ml.max_open_jobs" : "20"
```

```
            },
            "node_decision" : "no",
            "weight_ranking" : 1,
            "deciders" : [
              {
                "decider" : "same_shard",
                "decision" : "NO",
                "explanation" : "a copy of this shard is already allocated to
this node [[allocation-test][0], node[czAR6jr7Tm68tUOxSd7D1A], [P],
s[STARTED], a[id=GFyKAxiKRBOCfliYtlqnew]]"
              }
            ]
          }
        ]
      }
```

上述结果表明，R0 的一个副本已经在节点 node-1 上得到了分配，又没有额外的节点用于分片分配，所以 R0 不能被分配。

下面继续观察新增节点对分片分配的影响。打开 cmd，进入 Elasticsearch 的 bin 目录，运行如下代码，在本地再启动一个 Elasticsearch 的实例 node-2。

```
.\elasticsearch.bat -Epath.data=data2 -Epath.logs=log2 -Enode.name=node-2
```

成功启动 node-2 后，再来看一看索引 allocation-test 的各个分片的分配状态。

```
index             shard  prirep  state    docs  store  ip         node
allocation-test   1      r       STARTED  0     208b   127.0.0.1  node-2
allocation-test   1      p       STARTED  0     208b   127.0.0.1  node-1
allocation-test   2      r       STARTED  0     208b   127.0.0.1  node-2
allocation-test   2      p       STARTED  0     208b   127.0.0.1  node-1
allocation-test   0      r       STARTED  0     208b   127.0.0.1  node-2
allocation-test   0      p       STARTED  0     208b   127.0.0.1  node-1
```

可以发现，此时 3 个主分片都在 node-1 上，3 个副本分片已经被分配到了 node-2 上，此时该索引各个分片的分配结果如图 2.5 所示。

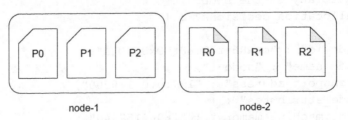

图 2.5 两个节点时的分片分配结果

下面打开 cmd 并切换到 bin 目录，运行如下代码，再启动一个 Elasticsearch 的实例

node-3。

```
.\elasticsearch.bat -Epath.data=data3 -Epath.logs=log3 -Enode.name=node-3
```

然后查到 6 个分片的分配状况，具体如下。

```
index             shard prirep state    docs  store ip         node
allocation-test   1     p      STARTED  0     208b  127.0.0.1  node-3
allocation-test   1     r      STARTED  0     208b  127.0.0.1  node-2
allocation-test   2     r      STARTED  0     208b  127.0.0.1  node-3
allocation-test   2     p      STARTED  0     208b  127.0.0.1  node-1
allocation-test   0     p      STARTED  0     208b  127.0.0.1  node-1
allocation-test   0     r      STARTED  0     208b  127.0.0.1  node-2
```

可以发现，此时每个节点上都分配到了两个分片，这样既能保证在读写索引数据时每个节点承担的负载比较均匀，又能把集群中的每个节点的硬件资源都利用起来以提升整体的性能。此时索引分片的分配结果如图 2.6 所示。

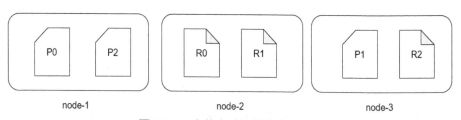

图 2.6　3 个节点时的分片分配结果

此时 Elasticsearch 已经把 6 个分片均匀地分配到了 3 个节点上，如果你继续向集群添加新的节点，那么 Elasticsearch 依然会分配一些分片到新的节点上，直到你添加到第 7 个节点时，再也没有多余的分片可以分配到新的节点上。由此可以得出，对于一个总分片数为 $N$ 的索引而言，当集群节点的数目达到 $N$ 以后，继续添加新节点无法再提升该索引的读写性能，这一点在实际应用时需要注意。

### 2.3.3　分片分配的感知

我们已经了解了 Elasticsearch 在默认情况下是如何在集群中分配分片的，这种方式也存在一些不足。例如在图 2.6 中，假如 node-1 和 node-2 是同一个服务器的两个虚拟机，node-3 是另一个服务器的虚拟机。如果某个时刻 node-1 和 node-2 所在的那台物理机宕机或停电，而分片 P0 和它的副本分片 R0 都在这台物理机上，则会直接导致索引丢失分片不能使用。为了解决这一问题，可以使用分片分配的感知，对副本分片分配的位置进行人为干预。分片分配的感知允许把 Elasticsearch 的节点划分为属于不同的区域，当分配一个副本分片时，不允许将它分配到它的主分片所在的区域。这样做的好处是，即使某个区域的节点全部"挂掉"，其他区域依然有相应的副本分片，不影响集群的使用。

为了演示分片分配的感知，先把2.3.2小节中介绍的3个节点关掉，然后重新传入分片分配感知的参数来启动这3个节点。

```
.\elasticsearch.bat -Epath.data=data -Epath.logs=logs -Enode.name=node-1
 -Enode.attr.zone=zone1

.\elasticsearch.bat -Epath.data=data2 -Epath.logs=log2 -Enode.name=node-2
 -Enode.attr.zone=zone1

.\elasticsearch.bat -Epath.data=data3 -Epath.logs=log3 -Enode.name=node-3
 -Enode.attr.zone=zone2
```

在启动这3个节点时，传入了node.attr.zone这个参数，它代表对应节点所属的区域。以上3条命令把node-1和node-2划分到了zone1，把node-3划分到了zone2。集群启动后，需要为集群添加分片分配感知的配置。

```
PUT /_cluster/settings
{
  "transient": {
    "cluster.routing.allocation.awareness.attributes": "zone",
     "cluster.routing.allocation.awareness.force.zone.values": "zone1,zone2"
  }
}
```

因为在启动命令中使用了node.attr.zone，所以集群的感知属性awareness.attributes要配置为zone，而awareness.force.zone.values则代表每个分区的具体名称。

配置好上述内容后，就可以体验分片分配感知的效果了。新建一个索引，它也包含3个主分片，每个主分片有1个副本分片。

```
PUT allocation-awareness-test
{
  "settings": {
    "number_of_shards": "3",
    "number_of_replicas": "1"
  }
}
```

通过下述代码查看分片的分配结果。

```
GET _cat/shards/allocation-awareness-test?v
```

可以得到如下结果。

```
index                       shard prirep state   docs store ip        node
allocation-awareness-test   1     p      STARTED 0    208b  127.0.0.1 node-3
allocation-awareness-test   1     r      STARTED 0    208b  127.0.0.1 node-1
allocation-awareness-test   2     r      STARTED 0    208b  127.0.0.1 node-3
allocation-awareness-test   2     p      STARTED 0    208b  127.0.0.1 node-2
allocation-awareness-test   0     r      STARTED 0    208b  127.0.0.1 node-3
allocation-awareness-test   0     p      STARTED 0    208b  127.0.0.1 node-1
```

此时，使用分片分配感知的结果如图 2.7 所示。在每个区域中，同一分片只能有一个主分片或副本分片，即使 zone1 的两个节点全部"挂掉"，也不影响集群的使用，从图 2.7 可以明显看出其与图 2.6 分配结果的差异。

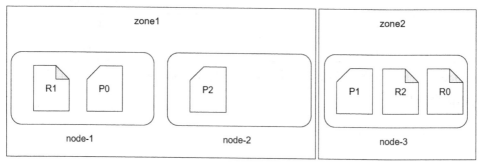

图 2.7　使用分片分配感知的结果

注意：由于在本地搭建伪集群改变了集群的状态，如果你想回到单节点模式，请把安装目录 data 文件夹中产生的数据都清空，data2、data3、logs2、logs3 这几个目录都可以删除，否则单个节点可能无法正常启动。

## 2.3.4　分片分配的过滤

当你想从集群中删除一个节点，在关闭该节点前，你想把它拥有的分片全部迁移到其他的节点上，这时候就可以使用分片分配的过滤来完成。分片分配的过滤允许配置分片只能或不能被分配到某些节点上，这些配置对整个集群有效。

在配置分片分配的过滤之前，需要给每个节点定义一些属性，或者使用节点自带的属性，以便在设置过滤条件的时候区分它们。例如，你在某个节点的 elasticsearch.yml 中指定了以下内容。

```
node.attr.state: abandon
```

上述配置表示该节点有一个自定义属性 state，内容为 abandon。为了不让任何分片分配到该节点上，你需要调用接口配置分配分片时过滤掉这个节点。

```
PUT _cluster/settings
{
  "transient" : {
    "cluster.routing.allocation.exclude.state" : "abandon"
  }
}
```

还可以使用节点自带的属性，常用的节点自带属性如表 2.3 所示。

表 2.3 常用的节点自带属性

| 节点的自带属性 | 匹配内容 |
| --- | --- |
| _name | 节点的名称 |
| _ip | 节点的 IP 地址 |
| _host | 节点的主机名 |
| _id | 节点的 id |

exclude 可以用于分配分片时过滤掉某些节点，include 和 require 可以用于配置分配分片时需要包含的节点。

```
PUT _cluster/settings
{
  "transient" : {
    "cluster.routing.allocation.exclude.state" : "abandon",
    "cluster.routing.allocation.include._name" : "node-1,node-2",
    "cluster.routing.allocation.require.state" : "good,fine"
  }
}
```

上述配置的意思是，在集群中分配分片时，要过滤掉 state 属性为 abandon 的节点，允许将分片分配到节点名称为 node-1 或 node-2 的节点，而且节点的 state 属性必须同时包含 good 和 fine。

## 2.4 索引分片的恢复机制

2.3 节探讨了分片的分配过程，这个过程往往伴随有分片的恢复，Elasticsearch 正是使用分片的恢复实现在集群节点数发生变化时也能保证索引分片的容错性和完整性的，本节就来探讨索引分片的恢复机制。

## 2.4.1 分片的恢复

索引分片的恢复指的是在某些条件下，由于索引的分片缺失，Elasticsearch 把某个索引的分片数据复制一份来得到该分片副本的过程。这个过程会在以下 3 种场景下触发。

（1）分片的分配：当集群节点数增加，需要把一个主分片的副本分配到新节点上，或集群节点数减少，或某个节点配置了分片的过滤，不得不将该节点的分片复制到其他节点上时，就需要进行分片的分配。总之，在分片分配过程中，一旦发现索引的某个分片缺失，就会使用分片的恢复机制来创建相应的分片。

（2）增加了索引的副本数：在节点充足的情况下，增加了索引的副本，必然会导致在某些节点上分配这些新的副本分片，这个过程就会使用分片的恢复。

（3）从索引备份的快照恢复数据：使用索引备份的快照进行数据恢复时，也会使用分片的恢复。

分片恢复可以分为 3 种不同的类型。

（1）如果分片是从本地的分片文件复制过来的，则这种分片恢复称为本地存储恢复（local store recovery）。

（2）如果分片是从集群中的其他节点的分片复制过来的，则这种分片恢复称为对等恢复（peer recovery）。

（3）如果分片是从索引备份的快照文件恢复的，则这种分片恢复称为快照恢复（snapshot recovery）。

## 2.4.2 分片恢复的过程

为了直观地演示分片的恢复过程，本小节使用一个具有 3 个节点的 Elasticsearch 集群，每个节点的 IP 地址和名称如表 2.4 所示。

表 2.4　各节点的 IP 地址和名称

| 节点名称 | IP 地址 |
| --- | --- |
| node-1 | 192.168.34.128 |
| node-2 | 192.168.34.129 |
| node-3 | 192.168.34.130 |

先在集群上创建一个索引 recovery-test，它包含 3 个主分片，每个主分片有 1 个副本分片。

```
PUT recovery-test
{
  "settings": {
```

```
        "number_of_shards": "3",
        "number_of_replicas": "1"
    }
}
```

根据分片的分配机制,集群会在每个节点上放置 2 个分片,分配结果如图 2.8 所示。

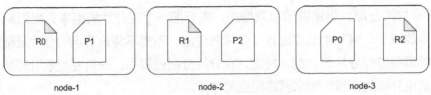

图 2.8 索引分片的分配结果

实际上,在分配分片的过程中已经发生了分片的恢复,你可以调用 REST 服务来查看分片恢复的情况。

```
GET /_cat/recovery/recovery-test?v&h=i,s,t,ty,st,snode,tnode,f,fp,b,bp
```

为了完成分片的分配,一共发生了 6 次分片的恢复,得到的内容如下。

```
i                 s  t     ty           st   snode  tnode  f fp     b   bp
recovery-test 0 92ms  empty_store done n/a    node-3 0 0.0%   0   0.0%
recovery-test 0 176ms peer        done node-3 node-1 1 100.0% 208 100.0%
recovery-test 1 49ms  empty_store done n/a    node-1 0 0.0%   0   0.0%
recovery-test 1 553ms peer        done node-1 node-2 1 100.0% 208 100.0%
recovery-test 2 138ms peer        done node-2 node-3 1 100.0% 208 100.0%
recovery-test 2 35ms  empty_store done n/a    node-2 0 0.0%   0   0.0%
```

可以看到,创建新索引时,需要在 3 个节点上各创建 1 个主分片,上述代码的第 1、3、6 条记录即恢复记录,由于这 3 个分片是从本地创建的空分片,所以 ty 列显示恢复类型为 empty_store。然后需要把这 3 个主分片通过网络复制到其他节点上产生副本分片,所以又产生了 3 次对等恢复,类型为 peer。这 3 次对等恢复的过程说明如下。

第 2 条记录,把 node-3 的分片 0 复制到 node-1 上形成 R0,类型为 peer。

第 4 条记录,把 node-1 的分片 1 复制到 node-2 上形成 R1,类型为 peer。

第 5 条记录,把 node-2 的分片 2 复制到 node-3 上形成 R2,类型为 peer。

现在来观察节点"下线"以后分片的恢复过程。关闭 node-3,此时索引分片的恢复会分为两个阶段来完成。

(1)恢复主分片,保证索引中的每个主分片都可用。

```
GET /_cat/recovery/recovery-test?v&h=i,s,t,ty,st,snode,tnode,f,fp,b,bp
i             s  t     ty           st   snode  tnode  f fp     b   bp
```

```
recovery-test 0 176ms peer          done node-3 node-1 1 100.0% 208 100.0%
recovery-test 1 49ms  empty_store done n/a      node-1 0   0.0%   0   0.0%
recovery-test 1 553ms peer          done node-1 node-2 1 100.0% 208 100.0%
recovery-test 2 35ms  empty_store done n/a      node-2 0   0.0%   0   0.0%
```

上述记录中的第 1 条记录表示把 node-3 的 P0 分片复制到 node-1 上，保证 P0 不丢失，类型为 peer。后面的 3 条记录是创建索引的时候已经有的分片恢复记录，不是新增的分片恢复，此时索引的分片状态如图 2.9 所示。

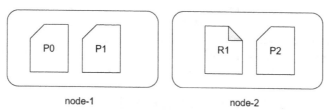

图 2.9　关闭 node-3 后恢复分片的第 1 个阶段——恢复主分片 P0

（2）恢复缺失的副本分片。此时缺少 2 个副本分片 R0 和 R2，需要通过 2 次分片恢复来得到它们。等待几分钟再次查看分片的恢复记录，显示如下。

```
GET /_cat/recovery/recovery-test?v&h=i,s,t,ty,st,snode,tnode,f,fp,b,bp
i               s  t     ty          st   snode  tnode  f fp     b   bp
recovery-test 0 176ms peer          done node-3 node-1 1 100.0% 208 100.0%
recovery-test 0 649ms peer          done node-1 node-2 1 100.0% 208 100.0%
recovery-test 1 49ms  empty_store done n/a      node-1 0   0.0%   0   0.0%
recovery-test 1 553ms peer          done node-1 node-2 1 100.0% 208 100.0%
recovery-test 2 241ms peer          done node-2 node-1 1 100.0% 208 100.0%
recovery-test 2 35ms  empty_store done n/a      node-2 0   0.0%   0   0.0%
```

可以发现，此时确实新增了 2 条恢复记录，也就是第 2 条记录和第 5 条记录。

第 2 条记录，把 node-1 上的分片 0 复制到 node-2 上形成 R0，类型为 peer。

第 5 条记录，把 node-2 上的分片 2 复制到 node-1 上形成 R2，类型为 peer。

此时索引分片的分配结果如图 2.10 所示。

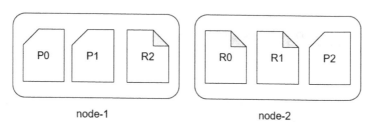

图 2.10　关闭 node-3 后恢复分片的第 2 个阶段——恢复副本分片 R0、R2

可以看出，node-3 下线使得集群中一共经历了 2 个阶段，通过一次主分片的恢复和两次副本分片恢复，先后恢复了主分片 P0 和副本分片 R0、R2，才使得索引的分配状态重新恢复正常。

现在来看看 node-3 回到集群时分片的恢复过程，再次启动 node-3。

查看当前分片恢复的结果。

```
GET /_cat/recovery/recovery-test?v&h=i,s,t,ty,st,snode,tnode,f,fp,b,bp
i                s     ty   st    snode   tnode   f  fp      b    bp
recovery-test 0  176ms peer done  node-3  node-1  1  100.0%  208  100.0%
recovery-test 0  649ms peer done  node-1  node-2  1  100.0%  208  100.0%
recovery-test 1  618ms peer done  node-1  node-3  1  100.0%  208  100.0%
recovery-test 1  553ms peer done  node-1  node-2  1  100.0%  208  100.0%
recovery-test 2  172ms peer done  node-2  node-3  1  100.0%  208  100.0%
recovery-test 2  241ms peer done  node-2  node-1  1  100.0%  208  100.0%
```

通过对比可以发现，此时又新增了 2 次分片恢复。

第 3 条记录，将分片 1 从 node-1 转移到 node-3，形成 P1。

第 5 条记录，将分片 2 从 node-2 转移到 node-3，形成 P2。

此时，你可以调用 2.3 节中使用过的 _cat/shards 端点来查看每个分片所在的节点，索引分片的分配结果如图 2.11 所示。

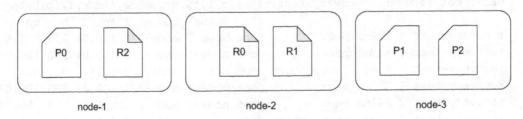

图 2.11　node-3 回到集群后的分配结果

可见，在 node-3 回到集群后，又使用了 2 次分片恢复把 P1 和 P2 两个主分片转移到 node-3 上，保证了分片在集群中均匀分配。从 node-3 下线到上线，一共新增了 5 次分片恢复。

### 2.4.3　减少不必要的分片恢复

2.4.2 小节介绍了有 3 个节点时，节点 node-3 下线又上线引起的分片恢复的过程。在生产环境中，节点多、索引多、分片多，而且一个分片的容量通常能达到十几到二十几吉字节，如果某个节点临时断网或者重启集群时未及时启动所有节点导致某些节点下线又上线，带来的结果是集群新增许多不必要的分片恢复。这个过程既浪费时间也占用网络，所以应该尽量避免这种不必要的分片恢复，本小节就来探讨其解决方法。

**1. 延迟分片的恢复**

Elasticsearch 提供了一个索引级别的动态配置，它可以控制节点下线后多久开始分片的恢复，默认是 1min，你可以把它改为 5min。

```
PUT _all/_settings
{
  "settings": {
    "index.unassigned.node_left.delayed_timeout": "5m"
  }
}
```

一旦上述配置生效，node-3 下线后，第 1 个阶段主分片的恢复不受影响，第 2 个阶段的副本分片恢复在 5min 之后才会开始，如果 5min 之内 node-3 返回集群，则第 2 个阶段的恢复直接在 node-3 上进行。如果超过 5min node-3 还未返回集群，则继续进行第 2 个阶段的分片恢复。上述配置的优点是，只要 node-3 及时返回集群，就能够减少第 2 个阶段的副本分片恢复。

**2. 改变网关中触发分片恢复的条件**

你可以在 Elasticsearch 的 elasticsearch.yml 文件中添加与网关相关的配置来改变分片恢复的触发条件，例如：

```
gateway.expected_data_nodes: 5
gateway.recover_after_time: 5m
gateway.recover_after_data_nodes: 3
```

上述配置的意思是，集群启动时，先等待出现 5 个数据节点才开始分片的恢复，如果过了 5min 还没等到集群达到 5 个数据节点，只要数据节点达到 3 个就触发分片的恢复。将 expected_data_nodes 设置为集群数据节点的总数，可以有效减少集群重启时不必要的分片恢复。

## 2.5 索引数据的写入过程

本节来探讨索引数据写入 Elasticsearch 集群时到底会经历哪些过程。假如包含 3 个节点的集群中有一个索引，拥有 3 个主分片，每个主分片有 1 个副本分片，正如 2.3.2 小节所介绍的那样，当一个文档写入请求到来时，Elasticsearch 处理的过程如图 2.12 所示。

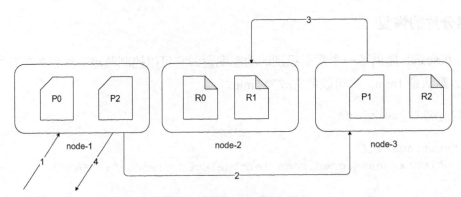

图 2.12 索引一条数据的流程

这个过程的实现分为 4 个步骤。

（1）node-1 接到一个文档写入的请求。

（2）根据索引数据的路由规则（将在 3.3 节进行探讨）计算当前文档应当被写入哪一主分片，假如此时决定路由到 P1，则使用传输模块把当前的写入请求转发到 node-3 上进行写入。如果是 P0 或者 P2 则直接写入 node-1 的本地分片即可。

（3）主分片 P1 写入完成后，把请求转发到 node-2 上，将数据写入副本分片 R1，使得 P1 和它的副本分片数据保持一致；如果主分片写入失败，直接返回 False。

（4）向客户端报告写入的结果。

Elasticsearch 还支持在一个请求中批量写入多个文档，过程如图 2.13 所示。

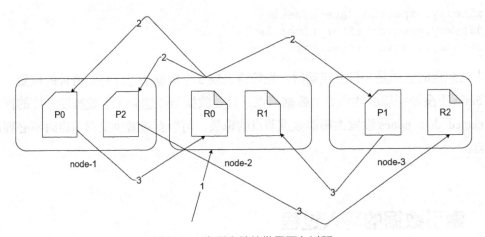

图 2.13 索引文档的批量写入过程

这个过程的实现也可以分为 4 个步骤。

（1）node-2 接到一个批量写入文档的请求。

（2）对写入的文档按照路由规则进行分组，在这个例子中有 3 个主分片会因此分为 3 组，每组包含对应的主分片上需要写入的文档列表，并要把请求转发到每个主分片所在的节点上。

（3）在每个主分片上写入对应的文档，每个文档写入时，先写入主分片再写入副本分片，直到3个组的文档全部写入完毕。

（4）汇总每个节点上各个文档写入的结果并进行返回。

从这个过程可以看出，向索引写入数据时，总是先写入主分片再写入副本分片。只有主分片和副本分片都写入成功，整个请求才会成功。由于批量写入文档相比单独写入文档减少了请求次数，所以批量写入能够大幅提高文档写入的效率，推荐在生产环境中使用批量写入。

## 2.6 索引数据的搜索过程

索引写入数据时总是先寻找主分片，搜索时则不然，一个搜索请求既可以使用主分片，也可以使用副本分片。当请求选择分片时，会采取轮询的方式进行分片的选择。如果搜索数据时不带路由值，则需要选择包含整个索引数据的分片（每个分片的主分片和副本分片二选一），此时 Elasticsearch 处理的过程如图 2.14 所示。

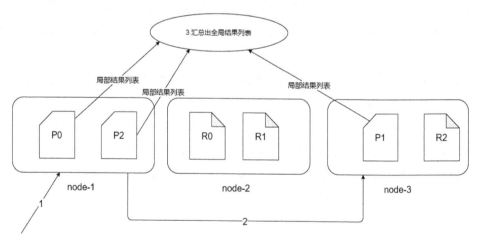

图 2.14 不带路由值的搜索过程

这个过程的实现分为 4 个步骤。

（1）node-1 接到一个搜索请求，该请求不包含路由值，接到请求的节点成为协调节点。

（2）选择搜索要用的分片，假如本次选择 P0、P1 和 P2，由于 P1 在 node-3 节点上，需要使用传输模块把搜索请求转发到 node-3 上。

（3）在选择的每个分片上进行搜索，默认情况下，每个分片最多会搜索出匹配的前 10 条记录作为局部结果，局部结果会交给协调节点 node-1。

（4）协调节点 node-1 汇总这 30 条记录，按照搜索请求的参数进行排序，默认返回的是全局结果的前 10 条数据。

当搜索请求带有路由值时，搜索的过程会变得更简化，Elasticsearch 处理的过程如图 2.15 所示。

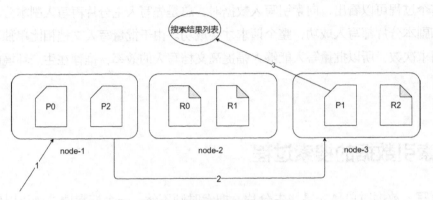

图 2.15　带路由值的搜索过程

这个过程的实现可以分为 3 个步骤。

（1）node-1 接到一个搜索请求，该请求包含路由值，该节点成为协调节点。

（2）根据请求的路由值计算搜索的分片，假如为搜索分片 1，则按照轮询的策略从 P1 和 R1 中选择一个，假定本次搜索选择 P1 分片，协调节点 node-1 将请求转发到 node-3。

（3）在 P1 分片上按照搜索条件完成搜索，取出搜索结果的列表并排序返回，默认会得到符合条件的前 10 条数据。

从上面的过程可以看出，副本分片也可以分担搜索请求，所以增加索引的副本分片数可以加大搜索的并发量。但是增加副本分片并不能提升搜索的性能，因为搜索用到的分片数并未减少。而使用路由条件搜索减少了搜索请求要用到的分片数，可以明显提升搜索性能。关于路由条件的使用，本书会在 3.3.2 小节进行详细的探讨。

## 2.7　本章小结

本章深入地探讨了 Elasticsearch 中比较重要的几个原理，它们能帮助读者更好地理解 Elasticsearch。本章的主要内容总结如下。

- 搜索引擎一般由数据采集模块、文本分析模块、索引存储模块和搜索模块组成。数据采集模块负责采集数据，文本分析模块负责将原始的文本数据切分成有意义的分词以便于搜索，索引存储模块负责将数据组建成倒排索引以实现高速搜索，搜索模块负责根据用户的查询条件返回最相关的搜索结果。

- Elasticsearch 的节点发现模块可以用于形成集群，每个集群包含唯一的主节点，主节点维护着整个集群的状态，当集群状态改变时需要把最新的状态发布到整个集群中进行同步。
- 分片的分配指的是 Elasticsearch 会把索引分片均匀地分配到尽可能多的节点上的过程，它由主节点来完成。集群数改变、索引副本数改变都会触发分片的分配。通过分片的分配可以让索引在读写时利用更多集群节点的资源，提升整体的性能。
- 分片分配时需要满足的基本条件是，同一分片的主分片和副本分片不能分到同一节点上，同一分片的多个副本分片也不能在同一节点上。
- 可以使用分片分配的感知和分片分配的过滤干预分片分配的结果，分片分配的感知可以把集群分成不同的区域，一个分片和它的副本分片不能分配到同一区域的节点上。分片分配的过滤允许配置索引分片可以分配到哪些节点及不能分配到哪些节点。
- 分片的恢复指的是把一个分片复制一份产生新的分片的过程。通常在分片的分配、索引分片的副本数改变、快照恢复时都会伴随有分片的恢复。
- 虽然分片的恢复能够保持索引在节点数发生变化时依然维持分片的容错性并让分片均匀分布，但是网络临时断开或节点重启时触发的大量分片恢复是应当通过恰当的配置来尽量避免的。
- 索引数据写入时可以分为单个文档写入和批量文档写入，写入时总是先写入主分片再写入副本分片，副本分片写入完成才进行返回。
- 索引数据搜索时可以分为带路由值的搜索和不带路由值的搜索。带路由值的搜索可以直接定位到要搜索的分片，跳过无关的分片并获取搜索结果，它可以提升搜索性能。不带路由值的搜索需要搜索每个分片（主分片和副本分片二选一）。副本分片可以用于搜索，因此，增加副本分片可以提升搜索的并发量。

# 应用篇

# 第3章 索引数据

索引可以说是 Elasticsearch 中非常重要的模块，一个索引可以视作关系数据库中的一张表，本章将详细介绍与 Elasticsearch 索引相关的各种功能等。本章主要内容如下。

- 索引映射（mapping）结构的定义方法，常用的各种字段类型和动态映射的使用。
- 使用 Elasticsearch 的 REST 端点完成对索引数据的增删改查。
- 索引数据的路由规则，根据索引数据默认的路由策略实现手动使用路由规则控制数据写入分片。
- 索引别名（aliases）的使用方法，包括如何将别名与数据过滤和数据路由配合使用来获得索引数据。
- 使用滚动索引（rollover index）将属于一个索引的数据分发到新的索引中，避免数据在一个索引中写入得太多。
- 索引数据的状态管理，包括对索引清空缓存、刷新、冲洗、强制合并、关闭、冻结等操作。
- 使用索引的块配置来改变索引数据的读写状态。
- 索引模板的概念，使用索引模板自动化创建同一类型的索引映射。
- 索引监控的方法，使用监控端点查看索引的各项统计指标。
- 使用过滤条件控制索引分片的分配。

## 3.1 使用映射定义索引结构

本节介绍使用索引映射建立索引结构，并介绍索引常用的字段类型和元数据字段信息，掌握了这些你可以根据实际需要创建映射结构来存储索引数据。

### 3.1.1 映射的概念和使用

Elasticsearch 的映射相当于数据库的数据字典，它定义了每个字段的名称和能够保存的数据类型。例如，你可以定义一个简单的索引映射，如下所示。

```
PUT mysougoulog
{
  "settings": {
    "number_of_shards": "5",
    "number_of_replicas": "1"
  },
  "mappings": {
    "properties": {
      "userid": {
        "type": "text"
      }
    }
  }
}
```

在 Kibana 中运行上述代码后，就在 Elasticsearch 中创建了一个名为 mysougoulog 的索引，其中包含一个 userid 字段，类型为 text。映射的 settings 里面包含创建索引时设定的配置信息。索引的配置也分为静态配置和动态配置，静态配置必须在创建映射时写入 settings，动态配置既可以在 settings 中设置，也可以在创建映射后调用 REST 服务进行修改。上述代码在索引 mysougoulog 的映射 settings 中配置了该索引拥有 5 个主分片，每个主分片拥有一个副本分片。如果不配置它，那么索引会默认拥有一个主分片和一个副本分片。主分片的数量是静态配置的，在索引创建后不得修改；副本分片的数量是动态配置的，可以使用如下的 REST 服务进行修改。

```
PUT mysougoulog/_settings
{
  "settings": {
    "number_of_replicas": "2"
  }
}
```

注意：在 Elasticsearch 7.x 中定义索引的映射时，不再需要指定 _type 的类型，这个元数据已经被删除，但是索引依然会自带一个名为 _doc 的类型。索引的映射建立以后，可以继续给映射添加新的字段，但是旧的字段无法删除和修改，这点在使用时需要引起重视。

要查看刚才创建的映射结构，可以使用如下代码。

```
GET mysougoulog/_mapping
```

如果你想添加新的字段来改变映射，可以使用如下代码，添加一个名为 key 的 text 类型的字段。

```
PUT mysougoulog/_mapping
{
  "properties": {
    "key": {
      "type": "text"
    }
  }
}
```

### 3.1.2 映射支持的常规字段类型

Elasticsearch 内置了 20 多种字段类型用于支持多种多样的结构化数据，由于篇幅所限，本小节仅介绍几种常用的字段类型，如需要了解全部的类型，请参考官方文档的有关介绍。

**1. 文本类型**

文本类型（text）是索引中常用的字段类型，索引 mysougoulog 的两个字段都是文本类型。文本类型是一种默认会被分词的字段类型，如果不指定，Elasticsearch 会使用标准分词器切分文本，并会把切分后的文本保存到索引中。搜索时，只有搜索文本和索引中的文本相匹配的文档才会出现在搜索结果中。关于分词的过程，会在第 4 章中重点介绍。

**2．数值类型**

正如常规的数据库那样，Elasticsearch 也支持不同精度的数值型数据，用于存放整数和浮点数，其支持的常用数值类型如表 3.1 所示。

表 3.1 部分常用数值类型说明

| 类型 | 说明 |
| --- | --- |
| long | 有符号 64 位整数，范围为 $-2^{63} \sim 2^{63}-1$ |
| integer | 有符号 32 位整数，范围为 $-2^{31} \sim 2^{31}-1$ |
| short | 有符号 16 位整数，范围为 $-32768 \sim 32767$ |
| byte | 有符号 8 位整数，范围为 $-128 \sim 127$ |
| double | 64 位双精度浮点数 |
| float | 32 位双精度浮点数 |

你可以给 mysougoulog 索引新增一个字段 rank，类型为 long。

```
PUT mysougoulog/_mapping
{
```

```
    "properties": {
      "rank": {
        "type": "long"
      }
    }
  }
```

### 3. 日期类型

你可以使用下面的请求继续给 mysougoulog 索引添加一个日期类型（date）的字段 visittime。

```
PUT mysougoulog/_mapping
{
  "properties": {
    "visittime": {
      "type": "date"
    }
  }
}
```

默认情况下，索引中的日期为 UTC 时间格式，其比北京时间晚 8h，使用时每次查询都需要进行格式转换，很不方便。所以在实际项目中，你可以使用 format 参数自定义时间格式，例如：

```
PUT sougoulog-date
{
  "mappings": {
    "properties": {
      "visittime": {
        "type": "date",
        "format": "yyyy-MM-dd HH:mm:ss ||epoch_millis"
      }
    }
  }
}
```

这里新建的索引 sougoulog-date，使用 format 格式化日期，这个字段允许接收两种日期格式，其中 epoch_millis 代表时间戳的毫秒数。

注意：当你在使用 date 字段时，有必要搞清楚写入索引的格式化数据到底是 UTC 时间还是北京时间，这会影响搜索和统计时的时区设置。使用时间戳格式表示时间是个不错的办法，可以避免引起时区问题。由于 yyyy-MM-dd HH:mm:ss 不带有时区信息，写入数据时默认时区为 0，Elasticsearch 会把传入的日期看作 UTC 时间，存储时会把这个 UTC 时间转换为长整型的时间戳来保存，当你基于这个字段进行条件查询或统计分析时，实际上使用的是这个时间戳。在本书中，如果没有特别指明，索引中不带时区的日期都是指 UTC 时间。

### 4．关键字类型

关键字类型（keyword）的字段与文本类型的字段不同，它用于保存不经过分析、处理的原始文本，实际上 keyword 类型字段在实际开发中很常用，当需要对文本字段进行精准匹配查询时就必须使用 keyword 类型字段。你可以创建一个名称为 name 的关键字类型的索引，代码如下。

```
PUT keyword-test
{
  "mappings": {
    "properties": {
      "name": {
        "type": "keyword"
      }
    }
  }
}
```

在日常文本类型字段的使用过程中，假如检索时你既希望对文本数据做分词处理，又想用不分词的 keyword 类型字段来进行统计分析和精准搜索，该如何达到两全其美的效果呢？通常比较好的做法是，给 text 类型字段添加一个 fields 参数，在 fields 中放一个不分词的 keyword 类型字段。

```
PUT test-1
{
  "mappings": {
    "properties": {
      "key": {
        "type": "text",
        "fields": {
          "keyword": {
            "type": "keyword",
            "ignore_above": 256
          }
        }
      }
    }
  }
}
```

上面的索引 test-1 中，创建了一个名称为 key 的文本类型字段，它还包含一个不分词的 keyword 字段。ignore_above 参数表示 256 个字符后面的内容会被忽略，不写入 keyword 字段，以节约存储空间。该索引的字段 key 可以用于全文检索，字段 key.keyword 则可用于精准搜索和聚集统计。

### 5. 布尔类型

跟编程语言一样，布尔类型（boolean）用于保存真或假这种形式的数据。你可以创建一个布尔类型的索引，代码如下。

```
PUT test-2
{
  "mappings": {
    "properties": {
      "sex": {
        "type": "boolean"
      }
    }
  }
}
```

### 6. 经纬度类型

有时开发过程中涉及 GIS 地图相关的功能，例如与经纬度相关的搜索，这时候就需要用到经纬度类型（geo_point）。你可以创建一个经纬度类型的索引，代码如下。

```
PUT geo-1
{
  "mappings": {
    "properties": {
      "location": {
        "type": "geo_point"
      }
    }
  }
}
```

这样就能创建索引 geo-1，其包含一个 location 字段，是经纬度类型的，该类型的数据会包含坐标点的经纬度。本书的 5.3 节会介绍怎么使用这个字段来完成经纬度搜索。

### 7. 对象类型

你可以直接把一个 JSON 对象作为一个字段写入索引，对象里还可以继续嵌套对象。

```
PUT obj-test
{
  "mappings": {
    "properties": {
      "region": {
        "type": "keyword"
      },
      "manager": {
        "properties": {
          "age":  { "type": "integer" },
          "name": {
            "properties": {
              "first": { "type": "text" },
              "last":  { "type": "text" }
            }
          }
        }
      }
    }
  }
}
```

该索引的 manager 字段是一个对象，它包含 age 和 name 两个字段，而 name 字段也是一个对象，它拥有 first 和 last 两个字段。索引在存储对象数据时，会像下面这样把整个对象进行"展平存储"。

```
{
  "region": "USA",
  "manager.age": 20,
  "manager.name.first": "kite",
  "manager.name.last":  "lili"
}
```

这种方式导致一个对象不可以作为一个独立的单元来进行检索，这可能会影响搜索结果的准确性，实际中需要使用嵌套对象（nested object）来作为存储对象的容器。关于嵌套对象的使用，将在第 7 章中进行介绍。

## 8. 数组类型

数组类型比较简单，你可以把多个同类型的数据放在同一个字段中，其既可以是数字、字符，也可以是对象类型的数据。使用数组类型时，映射中无须用额外的关键字进行定义，例如：

```
PUT shopping/_doc/1
```

```
{
  "tags": [ "elastic", "search" ],
  "lists": [
    {
      "name": "mylist",
      "description": "language list"
    },
    {
      "name": "testlist",
      "description": "testlist"
    }
  ]
}
```

上面的请求直接向索引 shopping 中添加了两个数组，一个是字符串数组 tags，另一个是对象数组 lists。Elasticsearch 会根据数据内容自动生成对应的映射，这种机制就是 3.1.5 小节要介绍的动态映射。

**9. 二进制文件类型**

有时候你需要将图片的 Base64 编码的字符串保存到索引中，这时候你不应该使用关键字类型，因为 keyword 类型的字段拥有最大长度上限，很可能无法容纳二进制文件，所以应该使用专门的二进制文件类型（binary）。例如：

```
PUT binary-test
{
  "mappings": {
    "properties": {
      "pic": {
        "type": "binary"
      }
    }
  }
}
```

这个映射只有一个二进制文件类型的字段 pic，用于保存图片的 Base64 编码的字符串，由于该字段没有业务上的含义，因此它不能作为检索和统计分析的条件。

## 3.1.3　忽略映射中不合法的数据

有时你无法预知写入映射的数据是否都合法，如果某个字段写入的数据跟映射定义的字段类型不匹配就会导致数据写入失败。如果你希望即使某个字段的数据不合法，也不影响其他字段的写入，就可以在映射中使用 ignore_malformed 参数来实现这一目的。例如：

```
PUT ignore-test
{
  "mappings": {
    "properties": {
      "age": {
        "type": "integer"
      },
      "born": {
        "type": "date",
        "format": "yyyy-MM-dd HH:mm:ss",
        "ignore_malformed": true
      }
    }
  }
}
```

在索引 ignore-test 的映射中，为 born 字段设置 ignore_malformed 为 true，它表示即使 born 字段的数据非法，也不影响其他字段的写入。可以添加几条数据测试一下，代码如下。

```
PUT ignore-test/_doc/1
{
  "age":22,
  "born":"www"
}

PUT ignore-test/_doc/2
{
  "age": "test",
  "born":"2020-01-01 00:00:05"
}

PUT ignore-test/_doc/3
{
  "age": 44,
  "born":"2020-01-01 00:00:05"
}
```

上面添加的 3 条数据中，只有文档 2 无法添加成功，原因是 age 字段添加的数据不合法。由于对 born 字段设置了 ignore_malformed 为 true，所以文档 1 能够添加成功，文档 3 的两个字段均合法，所以也能添加成功。通过下述代码查询添加到索引的数据。

```
GET ignore-test/_search
{
  "query": {
    "match_all": {}
```

```
        }
    }
```

可以得到下面的结果。

```
"hits" : [
    {
      "_index" : "ignore-test",
      "_type" : "_doc",
      "_id" : "1",
      "_score" : 1.0,
      "_ignored" : [
        "born"
      ],
      "_source" : {
        "age" : 22,
        "born" : "www"
      }
    },
    {
      "_index" : "ignore-test",
      "_type" : "_doc",
      "_id" : "3",
      "_score" : 1.0,
      "_source" : {
        "age" : 44,
        "born" : "2020-01-01 00:00:05"
      }
    }
  ]
```

可以看到文档 1 被成功添加到索引中，born 字段出现在 _ignored 元数据中，表示该字段在写入时出现了非法数据。虽然可以在 _source 中找到非法的原始数据，但是这些非法的数据并未被写入索引也不能被搜索和统计。如果你想为索引的所有字段都开启忽略非法数据的功能，则可以在索引映射中添加相应的配置，代码如下。

```
PUT ignore-all-fields
{
  "settings": {
    "index.mapping.ignore_malformed": true
  },
  "mappings": {
    "properties": {
      "age": {
        "type": "integer"
      },
      "born": {
```

```
          "type": "date",
          "format": "yyyy-MM-dd HH:mm:ss"
        }
      }
    }
}
```

## 3.1.4  字段复制和字段存储

Elasticsearch 允许在映射中为某个字段定义 copy_to 参数,以实现复制多个其他字段的内容,这样在搜索一个字段时能够达到同时搜索多个字段的效果,使用字段复制比使用多字段匹配 Multi_match 性能更好。

新建一个索引 copy-field,其中,full_text 字段的内容是从其余 3 个字段中复制而来的。

```
PUT copy-field
{
  "mappings": {
    "properties": {
      "title": {
        "type": "text",
        "copy_to": "full_text"
      },
      "author": {
        "type": "text",
        "copy_to": "full_text"
      },
      "abstract": {
        "type": "text",
        "copy_to": "full_text"
      },
      "full_text": {
        "type": "text"
      }
    }
  }
}
```

然后向其中添加一条数据。

```
PUT copy-field/_doc/1
{
  "title": "how to use es",
  "author": "Smith",
  "abstract":"this is the abstract"
```

}

此时直接搜索 full_text 字段能够达到同时搜索其他 3 个字段的效果。

```
POST copy-field/_search
{
  "query": {
    "match": {
      "full_text": "smith"
    }
  }
}
```

该请求能搜到刚才添加的文档，不过可以注意到 _source 元数据中并不包含 full_text 字段的内容，因为 _source 保存的是构建索引时的原始 JSON 文本。

```
"hits" : {
    "total" : {
      "value" : 1,
      "relation" : "eq"
    },
    "max_score" : 0.2876821,
    "hits" : [
      {
        "_index" : "copy-field",
        "_type" : "_doc",
        "_id" : "1",
        "_score" : 0.2876821,
        "_source" : {
          "title" : "how to use es",
          "author" : "Smith",
          "abstract" : "this is the abstract"
        }
      }
    ]
```

如果你想查看复制字段 full_text 的内容，可以在映射中设置将字段的值保存到磁盘上。

```
PUT copy-store-field
{
  "mappings": {
    "properties": {
      "title": {
        "type": "text",
        "copy_to": "full_text"
      },
```

```
      "author": {
        "type": "text",
        "copy_to": "full_text"
      },
      "abstract": {
        "type": "text",
        "copy_to": "full_text"
      },
      "full_text": {
        "type": "text",
        "store": true
      }
    }
  }
}
```

在字段 full_text 对应的代码中,将字段 store 设置成了 true。下面添加一条数据来看一下效果,代码如下。

```
PUT copy-store-field/_doc/1
{
  "title": "how to use es",
  "author": "Smith",
  "abstract":"this is the abstract"
}
```

然后使用 stored_fields 获取 full_text 字段的内容。

```
POST copy-store-field/_search
{
  "stored_fields": ["full_text"]
}
```

从以下返回结果可以看到 full_text 字段的内容确实是由 title、author、abstract 这 3 个字段的内容拼接而成。

```
"hits" : {
    "total" : {
      "value" : 1,
      "relation" : "eq"
    },
    "max_score" : 1.0,
    "hits" : [
      {
        "_index" : "copy-store-field",
        "_type" : "_doc",
        "_id" : "1",
```

```
          "_score" : 1.0,
          "fields" : {
            "full_text" : [
              "how to use es",
              "Smith",
              "this is the abstract"
            ]
          }
        }
      ]
    }
```

注意：默认情况下，除了 _source 字段外，所有的字段均不会被保存到磁盘上，一般来说这也没什么问题，因为你可以使用 _source 得到字段的内容。由于字段的值可能有多个，所以在 fields 中返回的每个字段值是一个数组。

### 3.1.5 动态映射

若向 Elasticsearch 的索引中添加数据的字段是原先未定义的，数据也依然可以被成功添加。Elasticsearch 拥有动态映射机制，会根据添加的数据内容自动识别对应的字段类型，这也正是索引的映射可以根据写入的数据自动"扩张"的原因。

当一个不存在的字段数据写入索引时，表 3.2 中的几种数据类型会被动态映射机制自动识别，其余类型必须手动指定，无法被自动识别出来，默认的字段动态映射规则如表 3.2 所示。

表 3.2 默认的字段动态映射规则

| 写入索引的数据类型 | 添加到映射的数据 |
| --- | --- |
| null | 不添加任何字段 |
| true 或 false | boolean 类型字段 |
| 浮点数 | float 类型字段 |
| 整数 | long 类型字段 |
| 对象 | 对象类型字段 |
| 数组 | 取决于数组的第一个非空值 |
| 字符串 | 根据数据内容可能是 date、float、long 类型，也可能是带有 keyword 的 fields 参数的 text 类型字段 |

你可以用下面的请求测试日期类型字段的自动识别效果，它要求数据满足日期的格式规范。

```
PUT date-test/_doc/1
{
  "create_date": "2015/09/02 00:00:00"
```

```
}
GET date-test/_mapping
```

从以下返回的结果中可以发现索引中自动添加了一个 date 类型字段。

```
{
  "date-test" : {
    "mappings" : {
      "properties" : {
        "create_date" : {
          "type" : "date",
          "format" : "yyyy/MM/dd HH:mm:ss||yyyy/MM/dd||epoch_millis"
        }
      }
    }
  }
}
```

如果你不喜欢这种日期格式,可以手动修改,代码如下。

```
PUT date-test2
{
  "mappings": {
    "dynamic_date_formats": ["yyyy-MM-dd HH:mm:ss","yyyy-MM-dd"]
  }
}
```

然后向索引 date-test2 中添加日期格式数据,代码如下。

```
PUT date-test2/_doc/1
{
  "create_date": "2015-09-02 00:00:00",
  "born":"2020-01-01"
}

GET date-test2/_mapping
```

从以下返回结果可以看到,索引 date-test2 中已经自动添加了两个新的 date 类型字段。

```
{
  "date-test2" : {
    "mappings" : {
      "dynamic_date_formats" : [
        "yyyy-MM-dd HH:mm:ss",
        "yyyy-MM-dd"
      ],
      "properties" : {
```

```
            "born" : {
              "type" : "date",
              "format" : "yyyy-MM-dd"
            },
            "create_date" : {
              "type" : "date",
              "format" : "yyyy-MM-dd HH:mm:ss"
            }
          }
        }
      }
    }
```

动态映射机制还可以将数字字符串自动映射为 float 和 long 类型，不过需要设置索引的 numeric_detection 为 true，代码如下。

```
PUT number-test
{
  "mappings": {
    "numeric_detection": true
  }
}

PUT number-test/_doc/1
{
  "price": "2.5",
  "amount":"2"
}

GET number-test/_mapping
```

这时候，两个字符串字段自动被识别成了数值类型，返回结果如下。

```
{
  "number-test" : {
    "mappings" : {
      "numeric_detection" : true,
      "properties" : {
        "amount" : {
          "type" : "long"
        },
        "price" : {
          "type" : "float"
        }
      }
    }
  }
}
```

以上便是索引默认的动态映射规则的相关说明，如果你不喜欢这套规则，还可以使用动态模板来自定义映射规则。假如你希望当整数字段添加到索引中时，映射中新增的是 integer 类型字段而不是 long 类型字段；当文本字段添加到索引中时，fields 的 keyword 类型字段的长度为 512 而不是 256，你可以为索引定义以下动态模板。

```
PUT dynamic-type
{
  "mappings": {
    "dynamic_templates": [
      {
        "integers": {
          "match_mapping_type": "long",
          "mapping": {
            "type": "integer"
          }
        }
      },
      {
        "strings": {
          "match_mapping_type": "string",
          "mapping": {
            "type": "text",
            "fields": {
              "raw": {
                "type":  "keyword",
                "ignore_above": 512
              }
            }
          }
        }
      }
    ]
  }
}
```

其中 match_mapping_type 代表映射自动识别的字段类型，可以在 mapping 中配置你想添加到映射中的字段类型。下面添加一条数据到索引 dynamic-type 中来查看效果，代码如下。

```
PUT dynamic-type/_doc/1
{
  "age": 5,
  "name": "li yan hong"
}

GET dynamic-type/_mapping
```

返回的索引映射结构如下。

```
"properties" : {
  "age" : {
    "type" : "integer"
  },
  "name" : {
    "type" : "text",
    "fields" : {
      "raw" : {
        "type" : "keyword",
        "ignore_above" : 512
      }
    }
  }
}
```

除了使用字段类型进行映射，还可以按照字段名称来设置映射。例如，你想把所有字段名以 long_ 开头的字段（字段名以 _text 结尾的除外）都映射为 long 类型，可以将动态模板配置成如下形式。

```
PUT dynamic-name
{
  "mappings": {
    "dynamic_templates": [
      {
        "longs_as_strings": {
          "match_mapping_type": "string",
          "match":   "long_*",
          "unmatch": "*_text",
          "mapping": {
            "type": "long"
          }
        }
      }
    ]
  }
}
```

上述配置使用了 match 参数，把以 long_ 开头的字段（但排除以 _text 结尾的字段）配置成了 long 类型。下面添加一条数据到索引 dynamic_name 中来查看效果，代码如下。

```
PUT dynamic-name/_doc/1
{
  "long_num": "5",
  "long_text": "22"
}
```

```
GET dynamic-name
```

从以下返回结果可以看到，long_num 被映射成了 long 类型，而 long_text 字段被映射成了 text 类型。

```
"properties" : {
        "long_num" : {
          "type" : "long"
        },
        "long_text" : {
          "type" : "text",
          "fields" : {
            "keyword" : {
              "type" : "keyword",
              "ignore_above" : 256
            }
          }
        }
      }
```

对于存在对象类型的索引，可以使用 path_match 将指定路径的字段映射成需要的类型，代码如下。

```
PUT dynamic-obj
{
  "mappings": {
    "dynamic_templates": [
      {
        "full_name": {
          "path_match":   "name.*",
          "path_unmatch": "*.middle",
          "mapping": {
            "type":    "keyword"
          }
        }
      }
    ]
  }
}
```

上述动态模板中配置了将路径匹配 name.* 的字段（但排除路径匹配 *.middle 的字段）全部映射成关键字类型。可以添加数据来查看映射的效果，代码如下。

```
PUT dynamic-obj/_doc/1
{
  "name": {
    "first":   "Lily",
```

```
            "middle": "Ted",
            "last":   "betty"
    }
}
GET dynamic-obj
```

从下面的返回结果可以看到,在映射中,name.first 和 name.last 都被映射成了关键字类型,而 name.middle 被映射成了默认的文本类型。

```
"properties" : {
      "name" : {
        "properties" : {
          "first" : {
            "type" : "keyword"
          },
          "last" : {
            "type" : "keyword"
          },
          "middle" : {
            "type" : "text",
            "fields" : {
              "keyword" : {
                "type" : "keyword",
                "ignore_above" : 256
              }
            }
          }
        }
      }
    }
```

以上就是动态模板的使用方法,使用动态映射机制可以方便地向索引中动态添加新的字段并且可以自定义映射规则,比使用关系数据库方便,因为它能提高开发人员创建映射的效率,在实际项目中也比较常用。

## 3.2 索引中数据的增删改查

在 3.1 节中已经介绍了如何建立具有各种数据类型的映射,但是它们只是空的数据字典,不包含任何文档数据,本节就来探讨如何对索引映射中的数据进行增删改查。

## 3.2.1 使用 REST 端点对索引映射中的数据进行增删改查

先新建一个索引结构，代码如下。

```
PUT test-3-2-1
{
  "mappings": {
    "properties": {
      "id": {
        "type": "integer"
      },
      "sex": {
        "type": "boolean"
      },
      "name": {
        "type": "text",
        "fields": {
          "keyword": {
            "type": "keyword",
            "ignore_above": 256
          }
        }
      },
      "born": {
        "type": "date",
        "format": "yyyy-MM-dd HH:mm:ss"
      },
      "location": {
        "type": "geo_point"
      }
    }
  }
}
```

上述索引具有 3.1 节中讲过的各种常用数据类型，下面就来向该索引添加一条数据，代码如下。

```
POST test-3-2-1/_doc/1
{
  "id": "1",
  "sex": true,
  "name": "张三",
  "born": "2020-09-18 00:02:20",
  "location": {
    "lat": 41.12,
    "lon": -71.34
  }
}
```

}
```

这样就向索引 test-3-2-1 中添加了一条数据，url 请求参数中的 1 是该数据的主键，_doc 表示索引的 type。如果在参数中没有指定主键，Elasticsearch 会为该文档生成一个不重复的字符串作为主键。文档的主键信息会保存在索引的元数据 _id 字段中，上述请求在主键为 1 的文档不存在时会添加一条记录到索引中，如果索引中已经存在一个主键为 1 的文档，就会把原有的文档完全覆盖。由于在映射中已经对日期字段 born 定义好了格式，这里的数据直接把格式化好的日期数据字符串添加到索引中即可。

注意：在实际项目中通常需要按照业务需求手动指定主键，它可以用于数据去重。修改文档数据时需要通过主键定位唯一的文档。_doc 是索引的默认的 type 元数据，在 Elasticsearch 6.x 以后的版本中每个索引只能有一个 type，7.x 版本给每个索引指定了一个默认的 type 即 _doc，元数据 _type 会在将来的版本中彻底被删除。

为了查看刚才添加的文档数据，可以发起一个查询请求，代码如下。

```
GET test-3-2-1/_doc/1
```

你将会查询到如下结果。

```
{
  "_index": "test-3-2-1",
  "_type": "_doc",
  "_id": "1",
  "_version": 1,
  "_seq_no": 0,
  "_primary_term": 1,
  "found": true,
  "_source": {
    "id": "1",
    "sex": true,
    "name": "张三",
    "born": "2020-09-18 00:02:20",
    "location": {
      "lat": 41.12,
      "lon": -71.34
    }
  }
}
```

在上面的结果中，出现了好几个索引的元数据。所谓的索引的元数据，指的是记录索引数据的数据，它在 Elasticsearch 内部自动生成，可用于对索引数据进行识别和管理。其中，_index 字段记录了该数据所属的索引，当请求参数的搜索范围是多个索引时这个字段会非常有用，它直接表明了每个文档所属的索引的名称。_type 字段的值是默认值 _doc，这个元数据在未来的版本中会被删除。_id 字段指明了该文档的主键值是 1。_version 表示
```

的是该文档的版本号，在旧版本的 Elasticsearch 中可以使用这个字段来完成并发控制，以防止出现并发问题，在 7.9.1 版本中已经改为使用 _seq_no 和 _primary_term 来完成并发控制，这两个字段的使用方法将会在 3.2.2 小节中介绍。最后一个元数据 _source 字段保存了文档数据的完整 JSON 结构，用于查看文档的内容。

添加完数据以后，可以对该数据进行修改，使用如下请求。

```
POST test-3-2-1/_update/1
{
  "doc": {
    "sex": false,
    "born": "2020-02-24 00:02:20"
  }
}
```

上面的请求使用了 _update 端点进行数据修改，这时候只需要传递主键和需要修改的字段内容，对于无须修改的字段可以不用提供。

最后试一试删除这条主键为 1 的数据，你只需要发送一个 DELETE 请求，代码如下。

```
DELETE test-3-2-1/_doc/1
```

以上就是对索引数据进行增删改查的基本介绍，通过使用这些 REST 端点，可以非常方便地完成对索引数据的操作管理。

## 3.2.2 使用乐观锁进行并发控制

由于 Elasticsearch 不支持事务管理，它自然也就没有事务的隔离级别。由于无法保证修改请求是按顺序到达 Elasticsearch 的，需要防止低版本的修改请求把高版本的数据覆盖掉，这时就需要采用乐观锁进行并发控制。如果你在关系数据库或者 Java 的多线程编程中使用过乐观锁，你应该会知道乐观锁的实现是基于版本号或者时间戳进行的。例如，初始化时，一条数据的版本号为 1，每次这条数据被修改，其版本号就会加 1。当修改这条数据的时候，修改请求需要携带当前已知的版本号作为修改条件，如果版本号发生改变，则修改失败。这样做是为了确保高版本的数据不会被低版本的数据覆盖，当多个修改请求携带版本号同时到达服务器时，只有一个请求可以成功。

低版本的 Elasticsearch 使用了 _version 字段来实现乐观锁，在 Elasticsearch 7.9.1 中使用 _version 进行并发控制会报错。它提供了两个新的字段 _seq_no 和 _primary_term 一起来实现乐观锁。假如你查出主键为 1 的文档的当前 _seq_no 为 26、_primary_term 为 3，可以按如下方式来实现乐观锁修改数据。

```
PUT test-3-2-1/_doc/1?if_seq_no=26&if_primary_term=3
```

```
{
  "id": "1",
  "sex": false,
  "name": "张三",
  "born": "2020-09-11 00:02:20",
  "location": {
    "lat": 41.12,
    "lon": -71.34
  }
}
```

得到以下结果表示修改成功，此时 _seq_no 已经变为 27。

```
{
  "_index": "test-3-2-1",
  "_type": "_doc",
  "_id": "1",
  "_version": 3,
  "result": "updated",
  "_shards": {
    "total": 2,
    "successful": 1,
    "failed": 0
  },
  "_seq_no": 27,
  "_primary_term": 3
}
```

如果在修改请求到达之前，这条数据被别的请求修改过了，就会因为 _seq_no 不匹配而修改失败，失败的返回结果如下。

```
{
  "error": {
    "root_cause": [
      {
        "type": "version_conflict_engine_exception",
        "reason": "[1]: version conflict, required seqNo [26], primary term [3]. Current document has seqNo [27] and primary term [3]",
        "index_uuid": "pOjr40KuSWep3dxrhmAitg",
        "shard": "0",
        "index": "test-3-2-1"
      }
    ],
    "type": "version_conflict_engine_exception",
    "reason": "[1]: version conflict, required seqNo [26], primary term [3]. Current document has seqNo [27] and primary term [3]",
    "index_uuid": "pOjr40KuSWep3dxrhmAitg",
```

```
      "shard": "0",
      "index": "test-3-2-1"
    },
    "status": 409
}
```

## 3.2.3 索引数据的批量写入

如果你在建索引的时候把数据一条一条地发给 Elasticsearch，这会导致发送太多的请求，使得建索引的速度变得很慢。在实际项目中经常需要使用可实现批量写入的 API 来把数据一组一组地提交给 Elasticsearch，这样做能大大加快索引的构建速度。下面介绍两种批量建索引的方法以提高数据写入索引的效率。

### 1. 批量提交（bulk）

批量提交的操作一共有 4 种类型：index、create、update、delete。index 操作和 create 操作都能往索引中添加数据，区别是使用 create 操作时，文档主键如果在索引中已存在则会报错，使用 index 操作则会直接覆盖原有的文档。

例如，下面的请求可以一次性向索引 test-3-2-1 中提交 3 条类型为 index 的数据。

```
POST test-3-2-1/_bulk
{"index":{"_id":"3"}}
{"id":"3","name":"王五","sex":true,"born":"2020-09-14 00:02:20","location":{"lat":11.12,"lon":-71.34}}
{"index":{"_id":"4"}}
{"id":"4","name":"李四","sex":false,"born":"2020-10-14 00:02:20","location":{"lat":11.12,"lon":-71.34}}
{"index":{"_id":"5"}}
{"id":"5","name":"黄六","sex":false,"born":"2020-11-14 00:02:20","location":{"lat":11.12,"lon":-71.34}}
```

其中 index 是操作类型，_id 是主键，后面的 JSON 数据表示添加的文档。你还可以在同一个请求中添加多种类型的操作，代码如下。

```
POST test-3-2-1/_bulk
{"index":{"_id":"2"}}
{"id":"2","name":"赵二","sex":true,"born":"2020-09-14 00:02:20","location":{"lat":11.12,"lon":-71.34}}
{"create":{"_id":"4"}}
{"id":"4","name":"李四","sex":false,"born":"2020-10-14 00:02:20","location":{"lat":11.12,"lon":-71.34}}
{"update":{"_id":"5"}}
```

```
{ "doc" : {"sex" : "false","born" : "2020-01-01 00:02:20"} }
{"delete":{"_id":"5"}}
```

各个操作返回的结果如下。

```
{
  "took" : 74,
  "errors" : true,
  "items" : [
    {
      "index" : {
        "_index" : "test-3-2-1",
        "_type" : "_doc",
        "_id" : "2",
        "_version" : 1,
        "result" : "created",
        "_shards" : {
          "total" : 2,
          "successful" : 1,
          "failed" : 0
        },
        "_seq_no" : 31,
        "_primary_term" : 5,
        "status" : 201
      }
    },
    {
      "create" : {
        "_index" : "test-3-2-1",
        "_type" : "_doc",
        "_id" : "4",
        "status" : 409,
        "error" : {
          "type" : "version_conflict_engine_exception",
          "reason" : "[4]: version conflict, document already exists (current version [1])",
          "index_uuid" : "pOjr40KuSWep3dxrhmAitg",
          "shard" : "0",
          "index" : "test-3-2-1"
        }
      }
    },
    {
      "update" : {
        "_index" : "test-3-2-1",
        "_type" : "_doc",
        "_id" : "5",
```

```
        "_version" : 2,
        "result" : "updated",
        "_shards" : {
          "total" : 2,
          "successful" : 1,
          "failed" : 0
        },
        "_seq_no" : 32,
        "_primary_term" : 5,
        "status" : 200
      }
    },
    {
      "delete" : {
        "_index" : "test-3-2-1",
        "_type" : "_doc",
        "_id" : "5",
        "_version" : 3,
        "result" : "deleted",
        "_shards" : {
          "total" : 2,
          "successful" : 1,
          "failed" : 0
        },
        "_seq_no" : 33,
        "_primary_term" : 5,
        "status" : 200
      }
    }
  ]
}
```

可以看到，只有第二个请求（create）失败了，因为 create 操作的文档 id 在索引中已经存在，所以创建失败。另外，update 和 delete 请求在提交的主键不存在时也会失败。

## 2. 索引重建（reindex）

索引在使用一段时间以后，你可能会想修改索引的静态设置（settings）。但是这些设置（例如主分片的数目、分词器等）又无法直接修改，而重新导入一遍数据又太过麻烦，这个时候索引重建就特别有用。

假如现在已经有一个索引 test-3-2-1，它的主分片和副本分片数都是 1，你可以新建一个索引 newindex-3-1-3 把主分片数设置为 5，然后把 test-3-2-1 中的数据转移到新的索引中。

```
PUT newindex-3-1-3
{
  "settings": {
    "number_of_shards": "5",
    "number_of_replicas": "1"
  }
}

POST _reindex
{
  "source": {
    "index": "test-3-2-1"
  },
  "dest": {
    "index": "newindex-3-1-3"
  }
}
```

出现以下结果表示索引重建完成，reindex 批量添加了 4 条数据到新的索引中。

```
{
  "took" : 256,
  "timed_out" : false,
  "total" : 4,
  "updated" : 0,
  "created" : 4,
  "deleted" : 0,
  "batches" : 1,
  "version_conflicts" : 0,
  "noops" : 0,
  "retries" : {
    "bulk" : 0,
    "search" : 0
  },
  "throttled_millis" : 0,
  "requests_per_second" : -1.0,
  "throttled_until_millis" : 0,
  "failures" : [ ]
}
```

## 3.3　索引数据的路由规则

在定义索引映射时，你可以按照需要指定主分片的数量，当数据量较大时，通常主分片的数量也会设置得比较多。那么数据写入时是如何决定数据应该被保存到哪个分片上的呢？为了回答这个问题，本节就来谈谈索引数据的路由规则。

### 3.3.1 索引数据路由的原理

默认情况下，Elasticsearch 会使用以下公式来决定数据被写入的分片的编号。

```
shard_num = hash(_routing) % num_primary_shards
```

默认情况下，_routing 的值是文档的 _id 值，也就是根据主键的散列值对分片数进行取模运算，得到写入分片的编号。如果允许主分片数量发生改变，就意味着所有的数据需要重新路由，因此 Elasticsearch 禁止在索引建立以后修改主分片的数量。实际上，_routing 的值可以定义为任意一个字段内容甚至是任意一个字符串。根据业务的需要合理地定义路由值，可以帮助开发人员快速地查找数据。例如，有一个索引存放着全校学生的各科成绩，如果把学生姓名作为 _routing 的值，你就能巧妙地把同一个学生的成绩数据分发到某一个固定的分片中，这样当你搜索的时候只要带上姓名这个路由值，就可以到指定的分片上查询到这个学生的数据，会直接跳过其他分片，从而提高查询性能。

注意：虽然手动指定路由值可以减少查询使用的分片数，但是这有可能引发大量的数据被路由到少数几个分片，而其余的很多分片数据量太少，使得分片的大小不均匀。Elasticsearch 为了缓解这个问题，提供了索引分区的配置，允许使用同一路由的数据被分发到多个分片而不是一个分片，该配置需要在索引的 index.routing_partition_size 中进行设置。

当你给索引配置 index.routing_partition_size 以后，数据分片编号的计算公式就变成了以下形式。

```
shard_num = (hash(_routing) + hash(_id) % routing_partition_size) % num_primary_shards
```

这时候，分片编号的计算结果改为由路由值和主键共同决定。对于同一个 _routing，hash(_id) % routing_partition_size 的可能结果有 routing_partition_size 种，routing_partition_size 值越大，数据在分片上的分发就越均匀，代价是搜索时需要查找更多的分片。这样一来，同一种路由的数据会被分发到 routing_partition_size 种不同的分片上，从而缓解了同一路由的数据全部分发到某一个分片引起数据存储过于集中的问题。但是 routing_partition_size 值一旦大于 1，由于 join 字段要求同一路由值的文档必须写入同一个分片，会导致 join 字段在索引中不可使用。关于 join 字段的使用方法，会在 7.3 节进行介绍。

### 3.3.2 使用自定义路由分发数据

为了能使用自定义路由完成数据的分发，应先建立一个映射，代码如下。

```
PUT test-3-3-2
{
  "settings": {
    "number_of_shards": "3",
    "number_of_replicas": "1"
  },
  "mappings": {
    "_routing": {
      "required": true
    }
  }
}
```

这里创建了一个带有 3 个主分片的索引，使用到了元字段 _routing，规定了对该索引数据进行增删改查时必须提供路由值。先添加一条数据，代码如下。

```
POST test-3-3-2/_doc/1?routing=张三&refresh=true
{
  "id": "1",
  "name": "张三",
  "subject": "语文",
  "score":100
}
```

由于该请求使用姓名字段作为路由值写入索引，查询时也需要带上这个路由值，否则会报错。

```
GET test-3-3-2/_doc/1?routing=张三
```

从下面的返回结果可以看到，查询结果中元字段 _routing 的值确实是"张三"。

```
{
  "_index": "test-3-3-2",
  "_type": "_doc",
  "_id": "1",
  "_version": 1,
  "_seq_no": 0,
  "_primary_term": 1,
  "_routing": "张三",
  "found": true,
  "_source": {
    "id": "1",
    "name": "张三",
    "subject": "语文",
    "score": 100
  }
}
```

当修改数据时，也需要带上这个路由值。

```
POST test-3-3-2/_update/1?routing=张三&refresh=true
{
  "doc": {
    "score": 120
  }
}
```

删除索引则代码变为如下形式。

```
DELETE test-3-3-2/_doc/1?routing=张三
```

当检索数据时，如果带上这个路由值，可以跳过无关的分片，能减少资源的占用和加快查询速度。

```
GET test-3-3-2/_search?routing=张三
{
  "query": {
    "match_all": {}
  }
}
```

以上是一个简单的 match_all 查询，它会查询索引的全部文档。带上 routing 值"张三"表示只到该路由值对应的分片上去搜索数据。如果你想确定某个路由值会检索到哪个分片，可以使用 REST 端点，代码如下。

```
GET test-3-3-2/_search_shards?routing=张三
```

部分返回值如下。

```
...
"shards": [
    [
      {
        "state": "STARTED",
        "primary": true,
        "node": "EijMhNrDSoy-Bbmo3W8JGA",
        "relocating_node": null,
        "shard": 1,
        "index": "test-3-3-2",
        "allocation_id": {
          "id": "mTANUJ1eR4ys22iF-sFduw"
        }
      }
    ]
]
```

这说明提供"张三"这个路由值只需要到 1 号主分片上去搜索数据。如果不提供路由值，也就是默认的情况，则会得到以下结果。

```
...
"shards": [
    [
      {
        "state": "STARTED",
        "primary": true,
        "node": "EijMhNrDSoy-Bbmo3W8JGA",
        "relocating_node": null,
        "shard": 0,
        "index": "test-3-3-2",
        "allocation_id": {
          "id": "_utF3Kz9TnuR7tSDQOIXfw"
        }
      }
    ],
    [
      {
        "state": "STARTED",
        "primary": true,
        "node": "EijMhNrDSoy-Bbmo3W8JGA",
        "relocating_node": null,
        "shard": 1,
        "index": "test-3-3-2",
        "allocation_id": {
          "id": "mTANUJ1eR4ys22iF-sFduw"
        }
      }
    ],
    [
      {
        "state": "STARTED",
        "primary": true,
        "node": "EijMhNrDSoy-Bbmo3W8JGA",
        "relocating_node": null,
        "shard": 2,
        "index": "test-3-3-2",
        "allocation_id": {
          "id": "9UskrsM0Sv-YaM4ZNduAIA"
        }
      }
    ]
```

这说明不提供路由值时，查询会检索全部主分片（3 个）。可见自定义路由能够减少查询的分片数量，从而加快查询速度。在实际项目中巧妙地使用这个功能，对提升查询性能是大有好处的。

## 3.4 索引的别名

想象这样一种场景，假如有一个索引只有一个主分片，但是时间久了以后数据量越来越大，你决定为索引扩容，可是又不愿意重建索引。一个解决问题的办法就是，你可以创建一个新的索引保存新的数据，然后取一个别名同时指向这两个索引，这样在检索时使用别名就可以同时检索到两个索引的数据。本节就来谈谈索引别名的使用。

### 3.4.1 别名的创建和删除

先来新建两个索引 logs-1 和 logs-2 并添加数据。

```
POST logs-1/_doc/10001
{
  "visittime": "10:00:00",
  "keywords": "[世界杯]",
  "rank": 18,
  "clicknum": 13,
  "id": 10001,
  "userid": "2982199073774412",
  "key": "10001"
}

POST logs-2/_doc/10002
{
  "visittime": "11:00:00",
  "keywords": "[奥运会]",
  "rank": 11,
  "clicknum": 2,
  "id": 10002,
  "userid": "2982199023774412",
  "key": "10002"
}
```

添加一个索引别名 logs 指向这两个索引。

```
POST /_aliases
{
  "actions": [
```

```
      {
        "add": {
          "index": "logs-1",
          "alias": "logs"
        }
      },
      {
        "add": {
          "index": "logs-2",
          "alias": "logs"
        }
      }
    ]
}
```

查看刚才创建的别名 logs 包含哪些索引，可以用下面的代码。

```
GET _alias/logs
```

如果要删除索引 logs-1 的别名，可以使用以下代码。

```
POST /_aliases
{
  "actions" : [
    { "remove": { "index" : "logs-1", "alias" : "logs" } }
  ]
}
```

你也可以使用通配符匹配一组索引，给所有以 logs 为前缀的索引添加别名 logs，可以用下面的代码。

```
POST /_aliases
{
  "actions" : [
    { "add" : { "index" : "logs*", "alias" : "logs" } }
  ]
}
```

### 3.4.2 别名配合数据过滤

配合使用别名和数据过滤可以达到类似于数据库视图的效果，可以把查询条件放入别名，这样在搜索别名时会自动带有查询条件，能起到数据自动过滤的作用。例如：

```
POST /_aliases
{
  "actions": [
```

```
    {
      "add": {
        "index": "logs*",
        "alias": "logs",
        "filter": {
          "range": {
            "clicknum": {
              "gte": 10
            }
          }
        }
      }
    }
  ]
}
```

上面的请求在别名 logs 中配置了一个 range 过滤器,它表示只查询 clicknum 大于等于 10 的数据。下面来进行简单的别名查询以查看效果。

```
POST logs/_search
{
  "query": {
    "match_all": {}
  }
}
```

以下查询结果中只有一条数据,这说明别名配置的过滤器起作用了。

```
"hits" : {
    "total" : {
      "value" : 1,
      "relation" : "eq"
    },
    "max_score" : 1.0,
    "hits" : [
      {
        "_index" : "logs-1",
        "_type" : "_doc",
        "_id" : "10001",
        "_score" : 1.0,
        "_source" : {
          "visittime" : "10:00:00",
          "keywords" : "[世界杯]",
          "rank" : 18,
          "clicknum" : 13,
          "id" : 10001,
          "userid" : "2982199073774412",
```

```
        "key" : "10001"
      }
    }
  ]
}
```

### 3.4.3 别名配合数据路由

你可以给索引别名指定路由值,使用别名读写数据时就会自动携带配置的路由参数,代码如下。

```
POST /_aliases
{
  "actions": [
    {
      "add": {
        "index": "logs-1",
        "alias": "logs",
        "routing": "1"
      }
    }
  ]
}
```

你可以在搜索时和索引时配置不同的路由值,需注意的是,搜索时使用的路由值可以是多个,索引时使用的路由值只能有一个,因为一条数据只能被写入一个分片,代码如下。

```
POST /_aliases
{
  "actions": [
    {
      "add": {
        "index": "logs-1",
        "alias": "logs",
        "search_routing": "1,2",
        "index_routing": "2"
      }
    }
  ]
}
```

当一个索引别名指向多个索引时,如果直接使用别名写入数据会出错,原因是Elasticsearch并不知道你到底想写入哪一个索引。如果想使用别名写入数据,需要指定当前写入的具体索引的名称，代码如下。

```
POST /_aliases
{
  "actions": [
    {
      "add": {
        "index": "logs-1",
        "alias": "logs",
        "is_write_index": true
      }
    },
    {
      "add": {
        "index": "logs-2",
        "alias": "logs"
      }
    }
  ]
}
```

上述代码中的配置 is_write_index 为 true 表示当前向索引别名 logs 写入的索引是 logs-1，如果需要写入 logs-2，则需要指定它的 is_write_index 属性为 true，并将 logs-1 的 is_write_index 属性设置为 false。

## 3.5 滚动索引

当有一个索引数据量太大时，如果继续写入数据可能会导致分片容量过大，查询时会因内存不足引起集群崩溃。为了避免所有的数据都写入同一个索引，可以考虑使用滚动索引。滚动索引需要配合索引别名一起使用，可实现把原先写入一个索引的数据自动分发到多个索引中。

先创建一个索引 log1，它有一个别名 logs-all。

```
PUT /log1
{
  "aliases": {
    "logs-all": {}
  }
}
```

然后使用别名往 log1 中写入数据。

```
PUT logs-all/_doc/1?refresh
{
  "visittime": "10:00:00",
  "keywords": "[世界杯]",
  "rank": 18,
  "clicknum": 13,
  "id": 10001,
  "userid": "2982199073774412",
  "key": "10001"
}
PUT logs-all/_doc/2?refresh
{
  "visittime": "11:00:00",
  "keywords": "[杯]",
  "rank": 20,
  "clicknum": 12,
  "id": 1121,
  "userid": "298219d9073774412",
  "key": "2"
}
```

现在来为别名 logs-all 指定一个滚动索引，如果条件成立，就把新数据写入 log2。

```
POST /logs-all/_rollover/log2
{
  "conditions": {
    "max_age":  "7d",
    "max_docs": 1,
    "max_size": "5gb"
  }
}
```

上面的滚动索引配置的条件是，如果往别名 logs-all 中写入的索引数据量大于等于 1，或者主分片总大小超过 5GB，或者创建索引的时间长度超过 7 天，就把新的数据写入新索引 log2。该请求会返回滚动索引的执行结果，结果如下。

```
{
  "acknowledged" : true,
  "shards_acknowledged" : true,
  "old_index" : "log1",
  "new_index" : "log2",
  "rolled_over" : true,
  "dry_run" : false,
  "conditions" : {
    "[max_size: 5gb]" : false,
    "[max_docs: 1]" : true,
```

```
      "[max_age: 7d]" : false
    }
}
```

从请求返回的结果可以看出，此时 max_docs 条件已成立，一个新的索引 log2 已经创建出来了，此时别名 logs-all 已经指向了 log2，log1 的别名已经被删除。因此，如果继续往别名 logs-all 中写数据，数据会被写入 log2。

以此类推，如果 log2 的数据太多，你又可以使用滚动索引把新数据写入索引 log3。如果你觉得每次为新索引指定名称太麻烦，你可以为第一个索引指定一个有规律的名称，例如 log-000001，那么使用滚动索引时，新的索引会自动生成名称，在前一个的尾数上直接加 1，代码如下。

```
PUT /log-000001
{
  "aliases": {
    "logseries": {}
  }
}

POST /logseries/_rollover
{
  "conditions": {
    "max_age":   "7d",
    "max_docs":  1,
    "max_size":  "5gb"
  }
}
```

该请求返回的新索引名称为 log-000002，但由于此时 3 个滚动条件都没有被触发，新的索引 log-000002 实际上未被创建，返回结果如下。

```
{
  "acknowledged" : false,
  "shards_acknowledged" : false,
  "old_index" : "log-000001",
  "new_index" : "log-000002",
  "rolled_over" : false,
  "dry_run" : false,
  "conditions" : {
    "[max_size: 5gb]" : false,
    "[max_docs: 1]" : false,
    "[max_age: 7d]" : false
  }
}
```

注意：当滚动索引的 3 个条件均未被触发时，新的索引不会被创建，向别名写入数据时还是会写入旧的索引。滚动索引的触发条件到底何时能成立，对于这一点只能够使用轮询的机制定时调用 _rollover 端点来做尝试。如果轮询的间隔设置得太大，会导致许多数据没有被及时滚动到新索引中。

## 3.6 索引的状态管理

Elasticsearch 为开发人员提供了一组 API 用于对索引的状态进行管理，这些管理操作包括：清空缓存（clear cache）、刷新索引（refresh index）、冲洗索引（flush index）、强制合并（force merge）、关闭索引（close index）、冻结索引（freeze index）。本节就来探讨它们的使用方法。

### 3.6.1 清空缓存

Elasticsearch 之所以能够成为高性能的搜索引擎是因为它拥有强大的缓存机制，可将很多数据直接放在内存中，可以大大提升查询速度。Elasticsearch 使用的缓存分为 3 种类型：节点的查询缓存、分片的请求缓存和字段数据（fielddata）加缓存。fielddata 是一种缓存于内存中的数据结构，它是一个文档主键指向每个字段数据的映射，类似于关系数据库的表结构。每个字段的数据缓存在 fielddata 中用于高性能的排序和聚集统计。关于字段数据缓存的使用，本书将会在 6.4 节详细介绍。

清空索引 test-3-2-1 的某一类缓存，可使用以下代码。

```
// 清空字段数据缓存
POST /test-3-2-1/_cache/clear?fielddata=true
// 清空节点的查询缓存
POST /test-3-2-1/_cache/clear?query=true
// 清空分片的请求缓存
POST /test-3-2-1/_cache/clear?request=true
```

如果想清空索引 test-3-2-1 的全部缓存可直接把参数去掉，代码如下。

```
POST /test-3-2-1/_cache/clear
```

如果要清空所有的索引缓存可以使用以下代码。

```
POST /_cache/clear
```

## 3.6.2 刷新索引

当外部数据写入索引时,数据并不会直接提交到磁盘上,因为提交数据的过程成本高昂,会按照一定的流程将数据周期性地提交到磁盘上进行持久化,如图 3.1 所示。

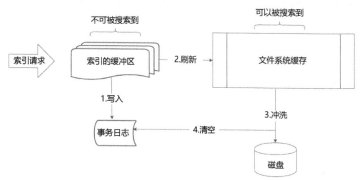

图 3.1 索引数据写入磁盘的过程

整个过程的实现可以分为 3 个步骤。

(1)将索引请求的文档数据写入内存中的缓冲区和事务日志,此时这些数据还不能被搜索到。

(2)刷新索引数据,把缓冲区的数据写入文件系统缓存,此时数据已能够被搜索到。

(3)冲洗索引数据,把文件系统缓存中的数据写入磁盘并清空事务日志,完成数据提交。

可见,索引经过刷新操作后,之前的所有写入操作就能够在内存中生效,最新的数据就可以被检索到。默认情况下,Elasticsearch 会对过去 30s 内被搜索的索引提供自动化刷新机制,刷新间隔默认是 1s,其可以在 index.refresh_interval 的索引配置中进行修改。通过调用 REST 端点,可以完成对索引的手动刷新,例如:

```
POST /test-3-2-1/_refresh
```

如果想刷新全部索引,则可直接使用以下代码。

```
POST /_refresh
```

注意:刷新索引是比较耗费性能的操作,在实际项目中应尽量避免手动刷新索引,直接使用默认的刷新机制即可。

## 3.6.3 冲洗索引

如果说刷新索引就是把数据写入内存的话,那么冲洗索引就是把数据存储到外存。由于把数据逐条存储到外存比较耗费性能，Elasticsearch 使用了事务日志（translog）来记录每个写入的请求信息。冲洗索引时，Elasticsearch 会一次性把文件系统缓存的数据写入磁盘，然后把事务日志清空，这个过程默认是每隔一段时间自动完成的。如果 Elasticsearch 突然宕机，它会在下次启动时自动将事务日志中的数据恢复到磁盘上，从而最大限度地减少数据丢失。通常开发人员并不需要手动完成冲洗索引，使用默认的配置即可。

冲洗索引 test-3-2-1 的操作如下。

```
POST /test-3-2-1/_flush
```

冲洗全部索引的操作如下。

```
POST /_flush
```

### 3.6.4 强制合并

一个 Elasticsearch 的索引可以有一到多个主分片，每个主分片是一个 Lucene 索引，一个 Lucene 索引又包含一到多个段（segment）。当删除索引文档时，数据不会彻底从磁盘上删除，计算机只会对删除的文档做一个删除标记。而强制合并索引的段时，会把分片内部很多零碎的小段合并成大段并去除被删除的文档，这样做的好处是每个分片中的段会减少并会腾出被删除文档所占据的外存空间。段的强制合并通常比较耗时，它会自动在后台进行，必要时手动触发段强制合并也是有意义的。

触发一次索引 test-3-2-1 的强制合并，操作代码如下。

```
POST /test-3-2-1/_forcemerge
```

你也可以触发所有索引进行强制合并，操作代码如下。

```
POST /_forcemerge
```

### 3.6.5 关闭索引

部分索引在业务中不需要使用但是又不能够将其直接删除，这时可以使用关闭索引的操作使索引不再接收读写请求。索引被关闭后，该索引在集群中相关的内部数据也会被销毁，这有利于减少集群的负担。

关闭索引 test-3-2-1 的操作如下。

```
POST /test-3-2-1/_close
```

如果你想把它重新打开，则可以使用以下代码。

```
POST /test-3-2-1/_open
```

## 3.6.6 冻结索引

如果集群中存在一些旧索引，不再有新的数据写入它们，查询频率很低但是又不能直接关闭它们，因为偶尔存在查询的需要，这时候可以考虑使用冻结索引。索引一旦被冻结，就会变成只读的状态，不可写入新的数据，查询时 Elasticsearch 会实时构建冻结索引的每个分片的瞬态数据结构，并在搜索完成后立即丢弃这些数据结构。这样做可以避免大量的旧索引占用集群的缓存，拖累整体的查询性能。由于被冻结索引查询的频率很低，即使响应速度稍慢也是可以接受的。

冻结索引 test-3-2-1 的操作如下。

```
POST /test-3-2-1/_freeze
```

解除冻结的操作如下。

```
POST /test-3-2-1/_unfreeze
```

## 3.7 索引的块

索引的块（blocks）能够阻塞某个索引上的读请求或者写请求，使得索引成为只读或者只写的状态。你可以通过改变一些索引的动态设置来配置索引的块，具体的配置信息如表 3.3 所示。

表 3.3 索引的块的配置

| 配置 | 含义 |
| --- | --- |
| index.blocks.read_only | 设置为 true 时，索引及元数据变为只读状态，不可写入、不可删除 |
| index.blocks.read_only_allow_delete | 设置为 true 时，与 index.blocks.read_only 类似但可以删除索引 |
| index.blocks.read | 设置为 true 时，禁止索引的读取操作 |
| index.blocks.write | 设置为 true 时，禁止索引的写入操作，但是可以写入元数据 |
| index.blocks.metadata | 设置为 true 时，阻止读写元数据 |

下面来演示其中几种配置的效果，先把索引 test-3-2-1 设置为只读状态。

```
PUT test-3-2-1/_settings
{
  "index.blocks.read_only":"true"
}
```

此时如果写入数据就会报错。

```
{
  "error" : {
    "root_cause" : [
      {
        "type" : "cluster_block_exception",
        "reason" : "index [test-3-2-1] blocked by: [FORBIDDEN/5/index read-only (api)];"
      }
    ],
    "type" : "cluster_block_exception",
    "reason" : "index [test-3-2-1] blocked by: [FORBIDDEN/5/index read-only (api)];"
  },
  "status" : 403
}
```

要取消只读状态只需要把配置改为 false。

```
PUT test-3-2-1/_settings
{
  "index.blocks.read_only":"false"
}
```

再把索引设置为禁止写入。

```
PUT test-3-2-1/_settings
{
  "index.blocks.write":"true"
}
```

此时，索引已无法写入，但是可以写入元数据，例如关闭索引。

```
POST /test-3-2-1/_close
```

## 3.8 索引模板

当需要为同一类索引应用相同的配置、映射、别名时，如果每次创建索引都逐一配置会有些麻烦。索引模板的出现正是为了简化这种操作，使用索引模板你可以方便地为某一类索引自动配置某些共同的参数。本节就来探讨索引模板的使用方法。

### 3.8.1 使用索引模板定制索引结构

假如你想在 Elasticsearch 中创建两个索引 service-log1 和 service-log2，这两个索引分

别记录了不同年份的服务日志数据,它们的映射结构是相同的,也具有相同的分片数和别名。为了实现这一效果,你可以先创建一个索引模板 service-template。

```
PUT _index_template/service-template
{
  "index_patterns": [
    "service-log*"
  ],
  "template": {
    "settings": {
      "number_of_shards": 5,
      "number_of_replicas": 1
    },
    "mappings": {
      "properties": {
        "serviceid": {
          "type": "keyword"
        },
        "content": {
          "type": "text",
          "fields": {
            "keyword": {
              "type": "keyword",
              "ignore_above": 256
            }
          }
        },
        "created_at": {
          "type": "date",
          "format": "yyyy-MM-dd HH:mm:ss"
        }
      }
    },
    "aliases": {
      "service-logs": {}
    }
  },
  "priority": 200,
  "version": 3,
  "_meta": {
    "description": "my custom"
  }
}
```

在上述的配置中,index_patterns 用于设置索引模板可以匹配的索引名,这里配置了所有以 service-log 开头的索引都会"命中"此模板。该模板还配置了索引的分片数、副本分片数、字段映射和别名。priority 用来设置模板的优先级，其值越大优先级越高。version 表示版本号，_meta 可以保存一些元数据。当模板 service-template 已经存在时，再次编辑模板配置并发送上述请求可以修改模板的内容。

如果想查询索引模板的信息，可以使用以下代码。

```
GET /_index_template/service-template
```

有了索引模板，创建索引时，一旦索引名被索引模板匹配就会自动加载模板的配置到索引映射中。例如，创建一个索引 service-log1。

```
PUT service-log1
```

创建成功后，查看该索引的配置信息。

```
GET service-log1
```

可以从上述代码运行结果中看到模板中的配置已经自动在 service-log1 中得到应用。如果你想在索引 service-log2 中自定义某些配置，可以在创建索引映射的时候指明，这样就能把模板的配置覆盖掉。

```
PUT service-log2
{
  "settings": {
    "number_of_shards": "3",
    "number_of_replicas": "2"
  },
  "mappings": {
    "properties": {
      "level": {
        "type": "text"
      },
      "serviceid": {
        "type": "long"
      }
    }
  }
}
```

上述代码在索引 service-log2 中设置了分片数和每个主分片的副本分片数分别为 3 和 2，添加了一个字段 level，又把 serviceid 字段设置为 long 类型，运行上述代码后可以发现索引映射中的配置确实成功覆盖掉了索引模板中的配置。查看 service-log2 的映射结果如下。

```
{
  "service-log2" : {
```

```
    "aliases" : {
      "service-logs" : { }
    },
    "mappings" : {
      "properties" : {
        "content" : {
          "type" : "text",
          "fields" : {
            "keyword" : {
              "type" : "keyword",
              "ignore_above" : 256
            }
          }
        },
        "created_at" : {
          "type" : "date",
          "format" : "yyyy-MM-dd HH:mm:ss"
        },
        "level" : {
          "type" : "text"
        },
        "serviceid" : {
          "type" : "long"
        }
      }
    },
    "settings" : {
      "index" : {
        "creation_date" : "1601965153703",
        "number_of_shards" : "3",
        "number_of_replicas" : "2",
        "uuid" : "0tEAWaSkS3Cqh3LioDJfbA",
        "version" : {
          "created" : "7090199"
        },
        "provided_name" : "service-log2"
      }
    }
  }
}
```

如果需要删除索引模板，可以使用以下代码。

```
DELETE /_index_template/service-template
```

注意：Elasticsearch 内置了两个索引模板分别匹配名称符合 logs-\*-\* 和 metrics-\*-\* 的索引。在创建索引和索引模板时要特别注意不要匹配错索引模板，以避免最后索引配置的效果达不到预期。

## 3.8.2　使用模板组件简化模板配置

按照 3.8.1 小节介绍的方法你已经可以快速地创建索引模板，并可以把配置自动应用到匹配的索引中了，但是这样做会使得索引模板的配置内容较多。为了简化索引模板中的配置内容，你可以把常规的索引设置、映射等内容写成可复用的模板组件，然后在索引模板中引用这些组件，这样模板中的配置内容就会非常简洁，便于移植和管理。

先创建一个组件模板 comp1，它拥有字段 content。

```
PUT _component_template/comp1
{
  "template": {
    "mappings": {
      "properties": {
        "content": {
          "type": "text"
        }
      }
    }
  }
}
```

查看组件模板的端点。

```
GET _component_template/comp1
```

再创建一个组件模板 comp2，它配置了别名 loginfo，主分片数为 3，每个主分片的副本分片数为 2。

```
PUT _component_template/comp2
{
  "template": {
    "settings": {
      "number_of_shards": "3",
      "number_of_replicas": "2"
    },
    "aliases": {
      "loginfo": {}
    }
  }
}
```

然后创建一个索引模板 infotmp，把上述两个组件模板加载到索引模板中，索引模板会匹配所有名称以 loginfo 开头的索引。

```
PUT _index_template/infotmp
{
  "index_patterns": ["loginfo*"],
  "priority": 200,
  "composed_of": ["comp1", "comp2"]
}
```

可以创建一个索引 loginfo1 然后查看结果。

```
PUT loginfo1

GET loginfo1
```

从以下返回结果可以看出索引 loginfo1 已经获得了两个组件模板中配置的映射、别名和分片数。

```
{
  "loginfo1" : {
    "aliases" : {
      "loginfo" : { }
    },
    "mappings" : {
      "properties" : {
        "content" : {
          "type" : "text"
        }
      }
    },
    "settings" : {
      "index" : {
        "creation_date" : "1601967493187",
        "number_of_shards" : "3",
        "number_of_replicas" : "2",
        "uuid" : "zbvp-P-SSAq7hXUGFLl1Aw",
        "version" : {
          "created" : "7090199"
        },
        "provided_name" : "loginfo1"
      }
    }
  }
}
```

如果要删除索引模板 infotmp 以及组件模板 comp1 和 comp2,可以使用以下代码。

```
DELETE /_index_template/infotmp
```

```
DELETE _component_template/comp1

DELETE _component_template/comp2
```

注意：当多个组件模板中存在重复的配置内容时，后面的组件模板配置会覆盖前面的组件模板配置。如果一个组件模板正在被某个索引模板所引用，则这个组件模板不可以被删除。

## 3.9 索引的监控

如果你想知道索引运行的状态和统计指标，就需要用到本节介绍的 Elasticsearch 监控端点。本节将介绍索引的各种监控端点，内容包括监控索引的健康状态，监控索引分片的段数据、分配和恢复，监控索引的统计指标。

### 3.9.1 监控索引的健康状态

如果你想知道索引 test-3-2-1 的健康状态可以使用索引的 cat 端点，代码如下。

```
GET /_cat/indices/test-3-2-1?v&format=json
```

得到的返回信息如下。

```
[
  {
    "health" : "yellow",
    "status" : "open",
    "index" : "test-3-2-1",
    "uuid" : "mTB_AcxlRTGfQE4ec_TtiQ",
    "pri" : "1",
    "rep" : "1",
    "docs.count" : "4",
    "docs.deleted" : "1",
    "store.size" : "24.3kb",
    "pri.store.size" : "24.3kb"
  }
]
```

从上述返回结果可以看出索引的健康状态、运行状态、主分片和每个主分片的副本分片的数量、现有文档总数、删除文档总数、索引占用的空间大小、主分片占用的空间大小。由于该索引运行在单节点上，副本分片无法分配，所以主分片占用的空间和索引占用的总空间大小是一样的。索引的健康状态分为 3 种，如果存在主分片没有得到分配，则健康状态为 red；如果存在副本分片没有得到分配，则健康状态为 yellow；如果主分片和副本分片都得到了分配，则健康状态为 green。为了让副本分片得到分配，在本地再启动一个节点 node-2，代码如下。

```
.\elasticsearch.bat -Epath.data=data2 -Epath.logs=log2 -Enode.name=node-2
```

再次查看索引 test-3-2-1 的健康状态，从下述返回结果可以发现，副本分片成功分配后，索引的健康状态变为 green，索引占用的空间大小增大一倍。

```
[
  {
    "health" : "green",
    "status" : "open",
    "index" : "test-3-2-1",
    "uuid" : "mTB_AcxlRTGfQE4ec_TtiQ",
    "pri" : "1",
    "rep" : "1",
    "docs.count" : "4",
    "docs.deleted" : "1",
    "store.size" : "48.6kb",
    "pri.store.size" : "24.3kb"
  }
]
```

### 3.9.2 监控索引分片的段数据

前面讲过，一个索引的分片实际上是一个 Lucene 索引，一个 Lucene 索引是由很多个段（segment）构成的，你可以使用以下请求查看索引 test-3-2-1 分片内部的段信息。

```
GET /_cat/segments/test-3-2-1?v&format=json
```

得到的每个分片中的段信息如下。

```
[
  {
    "index" : "test-3-2-1",
    "shard" : "0",
    "prirep" : "r",
    "ip" : "127.0.0.1",
    "segment" : "_0",
    "generation" : "0",
    "docs.count" : "0",
    "docs.deleted" : "1",
    "size" : "6kb",
```

```
      "size.memory" : "0",
      "committed" : "true",
      "searchable" : "false",
      "version" : "8.6.2",
      "compound" : "true"
   },
……
```

也可以使用 _segments 端点按照分片进行查看,这种方法更加直观。

```
GET /test-3-2-1/_segments
```

得到的每个分片包含的段信息如下。

```
"indices" : {
   "test-3-2-1" : {
      "shards" : {
         "0" : [
            {
               "routing" : {
                  "state" : "STARTED",
                  "primary" : true,
                  "node" : "pbBVcOsqST6V01O1uXYNRw"
               },
               "num_committed_segments" : 4,
               "num_search_segments" : 2,
               "segments" : {
                  "_0" : {
                     "generation" : 0,
                     "num_docs" : 0,
                     "deleted_docs" : 1,
                     "size_in_bytes" : 6220,
                     "memory_in_bytes" : 0,
                     "committed" : true,
                     "search" : false,
                     "version" : "8.6.2",
                     "compound" : true,
                     "attributes" : {
                        "Lucene50StoredFieldsFormat.mode" : "BEST_SPEED"
                     }
                  },
……
```

随着数据的不断写入、修改和删除,分片中的段信息会越来越多,这也是索引需要定期进行段合并的原因。

## 3.9.3 监控索引分片的分配

你可以像 2.3.2 小节中介绍的那样，使用 _cat/shards 查看索引的每个分片的分配结果，也可以使用 _shard_stores 端点查看索引中已经分配过的分片所在的位置，不显示未分配的分片所在的位置。

```
GET /test-3-2-1/_shard_stores
```

使用这个端点得到的分片存储的信息更加详细，还包括分配 id、分片所在节点的详细信息，具体如下。

```
{
  "indices" : {
    "test-3-2-1" : {
      "shards" : {
        "0" : {
          "stores" : [
            {
              "pbBVcOsqST6V01O1uXYNRw" : {
                "name" : "node-1",
                "ephemeral_id" : "zbKz3VxERVOyTvq3pdI_nw",
                "transport_address" : "127.0.0.1:9300",
                "attributes" : {
                  "ml.machine_memory" : "16964157440",
                  "xpack.installed" : "true",
                  "transform.node" : "true",
                  "ml.max_open_jobs" : "20"
                }
              },
              "allocation_id" : "SrHQqwYKTJmxtSYK-Mi6hQ",
              "allocation" : "primary"
            }
          ]
        }
      }
    }
  }
}
```

## 3.9.4 监控索引分片的恢复

你可以使用 2.4.2 小节中介绍的 _cat/recovery 端点查看分片的恢复情况，本小节介绍使用 _recovery 端点查看分片恢复的更多细节信息。例如：

```
GET /test-3-2-1/_recovery
```

在以下的这个端点的返回结果中,除了有分片号(id)、恢复类型(type)、起始时间(start time in millis)、结束时间(stop time in millis)、数据来源(source)和目标节点(target)这些常规的字段之外,还包含分片恢复过程中的统计信息,例如恢复了多少个文件(files.total)、占用多大空间(total in bytes)、恢复的事务日志的个数(translog)等。

```
{
    "test-3-2-1" : {
        "shards" : [
            {
                "id" : 0,
                "type" : "EXISTING_STORE",
                "stage" : "DONE",
                "primary" : true,
                "start_time_in_millis" : 1608079382641,
                "stop_time_in_millis" : 1608079383111,
                "total_time_in_millis" : 469,
                "source" : {
                    "bootstrap_new_history_uuid" : false
                },
                "target" : {
                    "id" : "pbBVcOsqST6V01O1uXYNRw",
                    "host" : "127.0.0.1",
                    "transport_address" : "127.0.0.1:9300",
                    "ip" : "127.0.0.1",
                    "name" : "node-1"
                },
                "index" : {
                    "size" : {
                        "total_in_bytes" : 11631,
                        "reused_in_bytes" : 11631,
                        "recovered_in_bytes" : 0,
                        "percent" : "100.0%"
                    },
                    "files" : {
                        "total" : 10,
                        "reused" : 10,
                        "recovered" : 0,
                        "percent" : "100.0%"
                    },
                    "total_time_in_millis" : 2,
                    "source_throttle_time_in_millis" : 0,
                    "target_throttle_time_in_millis" : 0
                },
                "translog" : {
```

```
          "recovered" : 0,
          "total" : 0,
          "percent" : "100.0%",
          "total_on_start" : 0,
          "total_time_in_millis" : 405
        },
        "verify_index" : {
          "check_index_time_in_millis" : 0,
          "total_time_in_millis" : 0
        }
      }
    ]
  }
}
```

## 3.9.5 监控索引的统计指标

Elasticsearch 提供了一个统计指标的查看端点，通过该端点可以查看每个索引的统计数据，其调用方法如下。

```
GET /test-3-2-1,mysougoulog/_stats
```

以上这个请求查询了索引 test-3-2-1 和 mysougoulog 的统计指标，返回的结果如下。

```
{
  "_shards" : {
    "total" : 12,
    "successful" : 6,
    "failed" : 0
  },
  "_all" : {
    "primaries" : {
      ......
    },
    "total" : {
      ......
    }
  },
  "indices" : {
    "mysougoulog" : {
      "uuid" : "4uU50jAeS_G_s3fzmLgRAw",
      "primaries" : {
        "docs" : {
          "count" : 2,
          "deleted" : 0
        },
```

```
        ......
      },
      "total" : {
        "docs" : {
          "count" : 2,
          "deleted" : 0
        },
        ......
      }
    }
  }
}
```

其中，_all 中的内容是两个索引的统计数据，indices 里面包含每个索引单独的统计数据。在每个索引的统计数据中，又包含主分片（primaries）的统计数据和全部分片（total）的统计数据。stats 端点的索引的统计数据的指标如表 3.4 所示。

表 3.4  stats 端点的索引的统计数据的指标

| 指标 | 含义 |
| --- | --- |
| docs | 文档数 |
| store | 存储空间大小 |
| indexing | 索引量 |
| get | GET 查询请求的统计数据 |
| search | 搜索请求的统计数据 |
| merges | 索引段合并的统计数据 |
| refresh | 刷新次数统计数据 |
| flush | 冲洗次数统计数据 |
| warmer | 预热器统计数据（已删除） |
| query_cache | 节点的查询缓存统计数据 |
| fielddata | 字段数据缓存统计数据 |
| completion | 自动补全提示统计数据 |
| segments | 索引的段统计数据 |
| translog | 事务日志统计数据 |
| request_cache | 分片的请求缓存统计数据 |
| recovery | 索引分片恢复的统计数据 |

如果觉得返回的指标太多，你可以通过传参来指定需要查看的统计指标，以下请求只查看索引段合并与刷新次数的统计数据。

```
GET /test-3-2-1,mysougoulog/_stats/merge,refresh
```

## 3.10 控制索引分片的分配

本书在 2.3.4 小节中讲述了如何控制索引分片的分配，但通过 cluster.routing.allocation.* 设置后，该配置会对整个集群的所有索引有效，本节来探讨如何单独控制某个索引分片的分配。

与之前一样，启动 3 个节点并在启动时携带自定义属性，让它们成为控制分片分配时的过滤条件。

```
.\elasticsearch.bat -Epath.data=data -Epath.logs=logs -Enode.name=node-1 -Enode.attr.zone=left

.\elasticsearch.bat -Epath.data=data2 -Epath.logs=log2 -Enode.name=node-2 -Enode.attr.zone=right

.\elasticsearch.bat -Epath.data=data3 -Epath.logs=log3 -Enode.name=node-3 -Enode.attr.zone=top
```

这样就为每个节点携带了一个 zone 属性，值分别为 left、right 和 top。现在新建一个索引 index-allocation。

```
PUT index-allocation
{
  "settings": {
    "number_of_shards": "3",
    "number_of_replicas": "1"
  }
}
```

配置该索引的分片只分配到 zone 值为 left 和 right 的节点上，需注意该配置只对索引 index-allocation 有效。

```
PUT index-allocation/_settings
{
  "index.routing.allocation.include.zone": "left,right"
}
```

查看分片的分配结果，从以下结果可以看出分片果然只分配到了 node-1 和 node-2 上。

```
GET _cat/shards/index-allocation?v

index              shard prirep state   docs store ip        node
index-allocation   1     p      STARTED 0    208b  127.0.0.1 node-2
index-allocation   1     r      STARTED 0    208b  127.0.0.1 node-1
index-allocation   2     r      STARTED 0    208b  127.0.0.1 node-2
```

```
index-allocation  2    p    STARTED    0    208b 127.0.0.1 node-1
index-allocation  0    r    STARTED    0    208b 127.0.0.1 node-2
index-allocation  0    p    STARTED    0    208b 127.0.0.1 node-1
```

注意：如果索引的分配过滤条件与集群的分配过滤条件发生冲突，则索引在分配分片时会应用先配置的那个条件，读者可以自行测试其效果。

## 3.11 本章小结

本章介绍了 Elasticsearch 中很关键的知识点——索引的使用方法，本章的主要内容总结如下。

- 既可以使用各种字段类型手动定义字段映射来设置索引结构，也可以使用动态映射自动生成索引结构。动态映射提供了索引中未定义字段的自动化识别功能，让索引的映射结构可以自动扩展，并且这种识别方式是可自定义的。
- Elasticsearch 提供了对索引进行增删改查的 REST 端点，修改时可以使用乐观锁进行并发控制，批量写入数据可以大大提高索引的构建效率。
- 索引对写入的数据会自动进行默认的数据路由，通过手动调整数据的路由值可以把数据分发到指定的分片中，这样做可以加快查询速度，但也可能导致各分片中的数据分布不均匀。
- 使用索引别名可以同时检索多个索引的数据，别名中可以配置过滤条件和路由规则，使得用别名查询数据时能够得到一种类似视图的效果。
- 使用滚动索引可以把一个索引的数据在达到一定条件时分发到多个索引中。为了能及时触发滚动索引，需要使用合适的定时任务检测使用滚动索引的时机。
- 索引的状态管理包括对索引的状态、缓存进行调整，有一些操作会在后台自动进行，要根据每个操作的影响和特点决定执行相关操作的时机。
- 配置索引的块可以限制索引的部分功能，可以让索引变为只读、只写、禁止读写元数据等状态。
- 使用索引模板可以为同一类索引自动配置好映射字段、别名、设置信息等，这样做可以大大提高创建索引映射的效率，以及减少很多重复的工作。使用模板组件可以简化索引模板的配置内容。
- Elasticsearch 提供了各种不同的端点来监控索引的健康状态、统计指标等，在需要的时候调用它们能及时地知道索引的运行情况。
- 可以使用 index.routing.allocation 配置来设置某个索引分片分配的位置，这些配置能够帮助开发人员主动选择分片所在的节点。

# 第4章 文本分析

全文检索与常规关系数据库 SQL 查询的显著区别，就是全文检索具备对大段文本进行分析的能力，它可以通过文本分析把大段的文本切分为细粒度的分词。Elasticsearch 在两种情况下会用到文本分析，一是原始数据写入索引时，如果索引的某个字段类型是 text，则会将分析之后的内容写入索引；二是对 text 类型字段的索引数据做全文检索时，搜索内容也会经过文本分析。如果你不能真正弄懂文本分析的过程并正确地使用分析器，你也许会无法解释某些搜索为什么搜不到预期的数据。所以在讲解搜索数据之前，本章会给大家讲解文本分析的过程。当然，如果你对全文检索不感兴趣，在索引中彻底不使用 text 类型的字段，也可以跳过本章，直接开始学习第 5 章搜索数据的内容。本章主要内容如下。

- 文本分析的过程以及分析器的组成。
- Elasticsearch 内置的分析器，常见分析器的使用方法。
- IK 分词器的安装和使用方法。
- 自定义一个分析器进行文本分析。
- 查看文档的词条向量。
- 对 keyword 类型字段的数据做标准化预处理。

## 4.1 文本分析的原理

Elasticsearch 规定，一个完整的文本分析过程需要经过大于等于零个字符过滤器、一个分词器、大于等于零个分词过滤器的处理过程。文本分析的顺序是先进行字符过滤器的处理，然后是分词器的处理，最后是分词过滤器的处理。相关说明如下。

- 字符过滤器：用于对原始文本做简单的字符过滤和转换，例如，Elasticsearch 内置的 HTML strip 字符过滤器可以用于方便地剔除文本中的 HTML 标签。
- 分词器：分词器的功能就是把原始的文本按照一定的规则切分成一个个单词，对于中文文本而言分词的效果和中文分词器的类型有关。分词器还会保留每个关键词在原始文本中出现的位置数据。Elasticsearch 内置的分词器有几十种，通常针对不同语言的文本需要使用不同的分词器，你也可以安装一些第三方的分词器来扩展分词的功能。

- 分词过滤器：用于对用分词器切词后的单词做进一步过滤和转换，例如，停用词分词过滤器（stop token filter）可以把分词器切分出来的冠词 a、介词 of 等无实际意义的单词直接丢弃，避免它们影响搜索结果。

在 Elasticsearch 中，触发文本分析的时机有两个。

- 索引时：当索引映射中存在 text 字段时，默认会使用标准分析器进行文本分析，如果不喜欢默认的分析器，也可以在映射中指定某个 text 类型字段使用其他分析器。
- 全文检索时：当你对一个索引的 text 类型字段做全文检索时也会触发文本分析，这时文本分析的对象是搜索的内容。默认的分析器也是标准分析器，如果需要改变分析器，可以通过搜索参数 analyzer 进行设置。为了保持搜索效果的一致性，索引时的分析器和全文检索时的分析器一般会设置成相同的。

## 4.2 使用内置的分析器分析文本

Elasticsearch 7.9.1 内置了 8 种分析器，可以直接使用它们。这些分析器有不同的使用效果，具体内容如表 4.1 所示。

表 4.1 Elasticsearch 内置的分析器

| 分析器名称 | 说明 |
| --- | --- |
| standard analyzer | 标准分析器，按照 Unicode 文本分割算法切分单词，会删除大多数标点符号并会将单词转为小写形式，支持过滤停用词 |
| simple analyzer | 简单分析器，在任意非字母的地方把单词切分开并将单词转为小写形式，非字母或汉字字符都会被丢弃 |
| whitespace analyzer | 空格分析器，遇到空格就切分字符，但不改变每个字符的内容 |
| stop analyzer | 停用词分析器，在简单分析器的基础上添加了删除停用词的功能 |
| keyword analyzer | 关键字分析器，不进行任何切词，把文本作为整体输出 |
| pattern analyzer | 模式分析器，按照正则表达式切分文本，支持把字母转为小写形式和过滤停用词 |
| language analyzers | 包含一组内置的多种语言分析器，需要按照特定语言选择使用 |
| fingerprint analyzer | 指纹分析器，实现了一种指纹算法，它会把文本转为小写形式，删除扩展词和重复词，并且将每个分词按字典值排序输出 |

本节介绍前 3 种常见的分析器并介绍如何将它们配置到索引映射中做文本分析，读者可以对比用它们切词的效果。

### 4.2.1 标准分析器

标准分析器（standard analyzer）是文本分析默认的分析器，标准分析器的内部包含一个标准分词器（standard tokenizer）和一个小写分词过滤器（lower case token filter）。你可以使用 _analyze 的 REST 端点测试标准分析器默认的分词效果。

```
POST _analyze
{
  "analyzer": "standard",
  "text": "The 2019 头条新闻 has spread out."
}
```

会得到以下结果。

```
{
  "tokens" : [
    {
      "token" : "the",
      "start_offset" : 0,
      "end_offset" : 3,
      "type" : "<ALPHANUM>",
      "position" : 0
    },
    {
      "token" : "2019",
      "start_offset" : 4,
      "end_offset" : 8,
      "type" : "<NUM>",
      "position" : 1
    },
    {
      "token" : "头",
      "start_offset" : 8,
      "end_offset" : 9,
      "type" : "<IDEOGRAPHIC>",
      "position" : 2
    },
    {
      "token" : "条",
      "start_offset" : 9,
      "end_offset" : 10,
      "type" : "<IDEOGRAPHIC>",
      "position" : 3
    },
    {
      "token" : "新",
      "start_offset" : 10,
      "end_offset" : 11,
      "type" : "<IDEOGRAPHIC>",
      "position" : 4
```

```
    },
    {
      "token" : "闻",
      "start_offset" : 11,
      "end_offset" : 12,
      "type" : "<IDEOGRAPHIC>",
      "position" : 5
    },
    {
      "token" : "has",
      "start_offset" : 13,
      "end_offset" : 16,
      "type" : "<ALPHANUM>",
      "position" : 6
    },
    {
      "token" : "spread",
      "start_offset" : 17,
      "end_offset" : 23,
      "type" : "<ALPHANUM>",
      "position" : 7
    },
    {
      "token" : "out",
      "start_offset" : 24,
      "end_offset" : 27,
      "type" : "<ALPHANUM>",
      "position" : 8
    }
  ]
}
```

可以看到，标准分析器默认的切词效果可以实现将英语大写字母转为小写字母，这是因为该分析器内置了一个将大写字母转为小写字母的小写分词过滤器；另外，它按照空格来切分英语单词，数字作为一个整体不会被切分，中文文本会被切分成一个个汉字，标点符号则会被自动去掉。标准分析器可以配置停用词分词过滤器去掉没有实际意义的虚词，还可以通过设置切词粒度来配置分词的长度。下面的映射可以把标准分析器设置到索引中。

```
PUT standard-text
{
  "settings": {
    "analysis": {
      "analyzer": {
        "my_standard_analyzer": {
```

```
          "type": "standard",
          "max_token_length": 3,
          "stopwords": "_english_"
        }
      }
    }
  },
  "mappings": {
    "properties": {
      "content": {
        "type": "text",
        "analyzer": "my_standard_analyzer"
      }
    }
  }
}
```

在上面的索引 standard-text 中，配置了一个名为 my_standard_analyzer 的分析器。type 为 standard 表明它使用了内置的标准分析器；max_token_length 为 3 表示把切词的最大长度设置为 3，这样数字和英文长度都会被切分为不超过 3 个字符的形式；stopwords 为 _english_ 表示该分析器会自动过滤英文的停用词。该索引只有一个 content 文本字段，映射中指定了 content 字段的分析器为 my_standard_analyzer，表示建索引时该字段的文本数据使用 my_standard_analyzer 做文本分析。下面来看看它的切词效果，代码如下。

```
POST standard-text/_analyze
{
  "analyzer": "my_standard_analyzer",
  "text": "The 2019 头条新闻 has spread out。"
}
```

得到的结果如下。

```
{
  "tokens" : [
    {
      "token" : "201",
      "start_offset" : 4,
      "end_offset" : 7,
      "type" : "<NUM>",
      "position" : 1
    },
    {
      "token" : "9",
      "start_offset" : 7,
      "end_offset" : 8,
      "type" : "<NUM>",
```

```
        "position" : 2
      },
      {
        "token" : "头",
        "start_offset" : 8,
        "end_offset" : 9,
        "type" : "<IDEOGRAPHIC>",
        "position" : 3
      },
      {
        "token" : "条",
        "start_offset" : 9,
        "end_offset" : 10,
        "type" : "<IDEOGRAPHIC>",
        "position" : 4
      },
      {
        "token" : "新",
        "start_offset" : 10,
        "end_offset" : 11,
        "type" : "<IDEOGRAPHIC>",
        "position" : 5
      },
      {
        "token" : "闻",
        "start_offset" : 11,
        "end_offset" : 12,
        "type" : "<IDEOGRAPHIC>",
        "position" : 6
      },
      {
        "token" : "has",
        "start_offset" : 13,
        "end_offset" : 16,
        "type" : "<ALPHANUM>",
        "position" : 7
      },
      {
        "token" : "spr",
        "start_offset" : 17,
        "end_offset" : 20,
        "type" : "<ALPHANUM>",
        "position" : 8
      },
      {
        "token" : "ead",
        "start_offset" : 20,
```

```
          "end_offset" : 23,
          "type" : "<ALPHANUM>",
          "position" : 9
        },
        {
          "token" : "out",
          "start_offset" : 24,
          "end_offset" : 27,
          "type" : "<ALPHANUM>",
          "position" : 10
        }
      ]
    }
```

可以明显看出该结果跟使用默认的标准分析器 standard 的结果有两点不同，一是分词"the"作为停用词被过滤掉了，二是每个分词的长度都不超过 3。上述代码实现了切分数字和英文，如果你把字符切分粒度设置为最细粒度 1，就可以用于数字或者字符的模糊搜索，例如搜索身份证号和手机号码，这种用法会在后面的章节演示。

## 4.2.2　简单分析器

简单分析器（simple analyzer）只由一个小写分词器（lowercase tokenizer）组成，它的功能是将文本在任意非字母字符（如数字、空格、连字符）处进行切分，丢弃非字母字符，并将大写字母改为小写字母。

可以使用以下请求测试简单分析器的效果。

```
POST _analyze
{
  "analyzer": "simple",
  "text": "The 2019 头条新闻 hasn't spread out。"
}
```

会得到以下结果。

```
{
  "tokens" : [
    {
      "token" : "the",
      "start_offset" : 0,
      "end_offset" : 3,
      "type" : "word",
      "position" : 0
    },
    {
```

```
      "token" : "头条新闻",
      "start_offset" : 8,
      "end_offset" : 12,
      "type" : "word",
      "position" : 1
    },
    {
      "token" : "hasn",
      "start_offset" : 13,
      "end_offset" : 17,
      "type" : "word",
      "position" : 2
    },
    {
      "token" : "t",
      "start_offset" : 18,
      "end_offset" : 19,
      "type" : "word",
      "position" : 3
    },
    {
      "token" : "spread",
      "start_offset" : 20,
      "end_offset" : 26,
      "type" : "word",
      "position" : 4
    },
    {
      "token" : "out",
      "start_offset" : 27,
      "end_offset" : 30,
      "type" : "word",
      "position" : 5
    }
  ]
}
```

可以看出，简单分析器丢弃了所有的非字母字符并从非字母字符处切词，大写字母会自动转为小写字母。

### 4.2.3 空格分析器

空格分析器（whitespace analyzer）的结构也非常简单，只由一个空格分词器（whitespace tokenizer）构成，它会在所有出现空格的地方切词，而每个分词本身的内容不变。

尝试用以下代码测试空格分析器的切词效果。

```
POST _analyze
{
  "analyzer": "whitespace",
  "text": "The 2019 头条新闻 hasn't spread out。"
}
```

从以下切词结果可以看到该分析器只是从空格处切词，并没有改变字符本身的内容。

```
{
  "tokens" : [
    {
      "token" : "The",
      "start_offset" : 0,
      "end_offset" : 3,
      "type" : "word",
      "position" : 0
    },
    {
      "token" : "2019头条新闻",
      "start_offset" : 4,
      "end_offset" : 12,
      "type" : "word",
      "position" : 1
    },
    {
      "token" : "hasn't",
      "start_offset" : 13,
      "end_offset" : 19,
      "type" : "word",
      "position" : 2
    },
    {
      "token" : "spread",
      "start_offset" : 20,
      "end_offset" : 26,
      "type" : "word",
      "position" : 3
    },
    {
      "token" : "out。",
      "start_offset" : 27,
      "end_offset" : 31,
      "type" : "word",
      "position" : 4
    }
  ]
}
```

## 4.3 使用 IK 分词器分析文本

由于中文字符是方块字，默认的标准分词器把中文文本切成孤立的汉字不能正确地反映中文文本的语义。IK 分词器是比较受欢迎的中文分词器，本节就来谈谈如何使用 IK 分词器进行文本分析。

### 4.3.1 安装 IK 分词器

IK 分词器的安装十分简单，主要分为 3 个步骤。

（1）进入 IK 分词器的 GitHub 页面，下载与 Elasticsearch 7.9.1 配套的分词器安装包，也要选择 7.9.1 版本。

（2）进入 Elasticsearch 的安装目录，找到 plugins 文件夹，在里面新建一个名为 ik 的文件夹，把下载的安装包解压后放进 ik 文件夹中。

（3）重启 Elasticsearch 服务。

### 4.3.2 在索引中使用 IK 分词器

IK 分词器提供了两种分析器供开发人员使用：ik_smart 和 ik_max_word。

先来验证 IK 分词器的切词效果，代码如下。

```
POST _analyze
{
  "analyzer": "ik_smart",
  "text": "诺贝尔奖是著名的世界级别大奖"
}
```

从以下结果可以看到 ik_smart 把文本切分成了 7 个分词。

```
{
  "tokens" : [
    {
      "token" : "诺贝尔奖",
      "start_offset" : 0,
      "end_offset" : 4,
      "type" : "CN_WORD",
      "position" : 0
    },
    {
      "token" : "是",
      "start_offset" : 4,
```

```
      "end_offset" : 5,
      "type" : "CN_CHAR",
      "position" : 1
    },
    {
      "token" : "著名",
      "start_offset" : 5,
      "end_offset" : 7,
      "type" : "CN_WORD",
      "position" : 2
    },
    {
      "token" : "的",
      "start_offset" : 7,
      "end_offset" : 8,
      "type" : "CN_CHAR",
      "position" : 3
    },
    {
      "token" : "世界",
      "start_offset" : 8,
      "end_offset" : 10,
      "type" : "CN_WORD",
      "position" : 4
    },
    {
      "token" : "级别",
      "start_offset" : 10,
      "end_offset" : 12,
      "type" : "CN_WORD",
      "position" : 5
    },
    {
      "token" : "大奖",
      "start_offset" : 12,
      "end_offset" : 14,
      "type" : "CN_WORD",
      "position" : 6
    }
  ]
}
```

如果使用 ik_max_word 分析器，则切出来的分词更多，代码如下。

```
POST _analyze
{
  "analyzer": "ik_max_word",
```

```
      "text": "诺贝尔奖是著名的世界级别大奖"
}
```

从以下结果可知同样的文本被切分成了 11 个分词,这种模式下,切出来的分词会尽可能多,更便于被搜索到。

```
{
  "tokens" : [
    {
      "token" : "诺贝尔奖",
      "start_offset" : 0,
      "end_offset" : 4,
      "type" : "CN_WORD",
      "position" : 0
    },
    {
      "token" : "诺贝尔",
      "start_offset" : 0,
      "end_offset" : 3,
      "type" : "CN_WORD",
      "position" : 1
    },
    {
      "token" : "贝尔",
      "start_offset" : 1,
      "end_offset" : 3,
      "type" : "CN_WORD",
      "position" : 2
    },
    {
      "token" : "奖",
      "start_offset" : 3,
      "end_offset" : 4,
      "type" : "CN_CHAR",
      "position" : 3
    },
    {
      "token" : "是",
      "start_offset" : 4,
      "end_offset" : 5,
      "type" : "CN_CHAR",
      "position" : 4
    },
    {
      "token" : "著名",
      "start_offset" : 5,
      "end_offset" : 7,
```

```
      "type" : "CN_WORD",
      "position" : 5
    },
    {
      "token" : "的",
      "start_offset" : 7,
      "end_offset" : 8,
      "type" : "CN_CHAR",
      "position" : 6
    },
    {
      "token" : "世界",
      "start_offset" : 8,
      "end_offset" : 10,
      "type" : "CN_WORD",
      "position" : 7
    },
    {
      "token" : "级别",
      "start_offset" : 10,
      "end_offset" : 12,
      "type" : "CN_WORD",
      "position" : 8
    },
    {
      "token" : "大奖",
      "start_offset" : 12,
      "end_offset" : 14,
      "type" : "CN_WORD",
      "position" : 9
    }
  ]
}
```

通常，索引时的文本分析使用 ik_max_word 更加合适，而全文检索时的文本分析使用 ik_smart 较为多见。值得注意的是，每个分词结果用偏移量保存了每个分词在原始文本中出现的位置，这类位置信息在全文检索结果高亮展示时会被用到。

下面的请求将新建一个索引 ik-text 并使用 IK 分词器进行文本分析。

```
PUT ik-text
{
  "settings": {
    "analysis": {
      "analyzer": {
        "default": {
          "type": "ik_max_word"
```

```
                },
                "default_search": {
                    "type": "ik_smart"
                }
            }
        }
    },
    "mappings": {
        "properties": {
            "content": {
                "type": "text"
            },
            "abstract":{
                "type": "text",
                "analyzer": "ik_smart",
                "search_analyzer": "ik_max_word"
            }
        }
    }
}
```

在索引 ik-text 中，指定 text 类型的字段默认的索引分析器是 ik_max_word，而默认的全文检索分析器是 ik_smart。content 字段正是采用的这种分析方式，而 abstract 字段则是在映射中显式地指定了索引时的分析器为 ik_smart，搜索时的分析器为 ik_max_word，这会覆盖掉索引默认的分析器配置。

注意：IK 分词器虽然能够识别很多中文词，但是它无法自动发现新词，如果你想扩展自己的词典，则需要把扩展的内容配置到 IK 分词器目录下的 IKAnalyzer.cfg.xml 文件中。即便如此，由于 IK 分词器切词的粒度不够细，在面对姓名、数字、英文单词的检索时常常达不到预期结果，这个问题将会在第 5 章全文检索的部分进行探讨。

## 4.4 自定义文本分析器分析文本

Elasticsearch 7.9.1 内置了 3 种字符过滤器、10 多种分词器和数十种分词过滤器，本节将有选择性地介绍它们的功能，最后会介绍如何按照实际需要自行组建一个分析器来分析文本数据。

### 4.4.1 字符过滤器

使用字符过滤器（character filter）是文本分析的第一个环节，在开始分词之前，字符过滤器可以用于丢弃一些无意义的特殊字符。

### 1. HTML strip 字符过滤器

HTML strip 字符过滤器用于去掉文本中的 HTML 标签，还可以用于解析类似于 &amp; 的转义字符串。你可以用以下请求测试 HTML strip 字符过滤器的效果。

```
POST _analyze
{
  "char_filter": ["html_strip"],
  "tokenizer": {
    "type": "keyword"
  },
  "filter": [],
  "text": [
    "Tom &amp; Jerrey &lt; <b>world</b>"
  ]
}
```

这里配置了 HTML strip 字符过滤器和关键字分词器，得到的结果如下。

```
{
  "tokens" : [
    {
      "token" : "Tom & Jerrey < world",
      "start_offset" : 0,
      "end_offset" : 34,
      "type" : "word",
      "position" : 0
    }
  ]
}
```

可以看出，分析后的文本中，HTML 标签被去掉了，转义字符串在输出结果中也转义成功。

### 2. 映射字符过滤器

映射字符过滤器会根据提供的字符映射，把文本中出现的字符转换为映射的另一种字符。例如：

```
POST _analyze
{
  "char_filter": [{
    "type": "mapping",
```

```
      "mappings": [
        "& => and"
      ]
    }],
    "tokenizer": {
      "type": "keyword"
    },
    "filter": [],
    "text": [
      "Tom & Jerrey"
    ]
}
```

这里配置了一个映射字符过滤器 mapping，把字符"&"转为"and"，结果如下。

```
{
  "tokens" : [
    {
      "token" : "Tom and Jerrey",
      "start_offset" : 0,
      "end_offset" : 12,
      "type" : "word",
      "position" : 0
    }
  ]
}
```

### 3. 模式替换字符过滤器

模式替换字符过滤器会根据指定的正则表达式把匹配的文本转换成指定的字符串。例如：

```
POST _analyze
{
  "char_filter": [
    {
      "type": "pattern_replace",
      "pattern": "runoo+b",
      "replacement": "tomcat"
    }
  ],
  "tokenizer": {
    "type": "keyword"
  },
  "filter": [],
  "text": [
    "runooobbbb"
  ]
```

}

上面的请求配置了一个正则表达式"runoo+b",它匹配到了文本"runooob"并将其替换为"tomcat",结果如下。

```
{
  "tokens" : [
    {
      "token" : "tomcatbbb",
      "start_offset" : 0,
      "end_offset" : 10,
      "type" : "word",
      "position" : 0
    }
  ]
}
```

## 4.4.2　分词器

分词器（tokenizer）是文本分析的"灵魂",它是文本分析过程中不可缺少的一部分,因为它直接决定按照怎样的算法来切分文本。分词器会把原始文本切分为一个个分词（token）,通常分词器会保存每个分词的以下 3 种信息。

- 文本分析后每个分词的相对顺序,主要用于短语搜索和单词邻近搜索。
- 字符偏移量,记录分词在原始文本中出现的位置。
- 分词类型,记录分词的种类,例如单词、数字等。

分词器按照切分方式大致可分为 3 种类型：面向单词的分词器会把文本切分成独立的单词；部分单词分词器会把每个单词按照某种规则切分成小的字符串碎片；特定结构的分词器主要针对特定格式的文本分词,比如邮箱、邮政编码、路径等。

### 1. 面向单词的分词器

Elasticsearch 7.9.1 内置的面向单词的分词器如表 4.2 所示,其中的标准分词器、小写分词器和空格分词器在 4.2 节介绍内置的分析器时已经讲过。有些分词器只对特定的语言有效,这一点在使用时需要注意。

表 4.2　面向单词的分词器

| 分词器名称 | 说明 |
| --- | --- |
| standard tokenizer | 标准分词器,是标准分析器所采用的分词器,它会删除大多数标点符号,把文本切分为独立单词 |
| letter tokenizer | 字母分词器,在任意非字母的地方把单词切分开,非字母字符会被丢弃 |

续表

| 分词器名称 | 说明 |
| --- | --- |
| lowercase tokenizer | 小写分词器，在字母分词器的基础上把大写字母转为小写字母，它是简单分析器的组成部分 |
| whitespace tokenizer | 空格分词器，是空格分析器的组成部分，在空格处把文本切分开并保持文本内容不变 |
| UAX URL email tokenizer | 标准 URL Email 分词器，跟标准分词器的唯一区别是遇到邮箱和超链接地址不会进行分词 |
| classic tokenizer | 经典分词器，是一种基于英文语法分词的分词器 |
| thai tokenizer | 泰语分词器，用于将泰语文本切分成单词 |

**2. 部分单词分词器**

这种分词器会把完整的单词按照某种规则切分成一些字符串碎片，搜索时其可用于部分匹配，这种分词器主要有两种：N 元语法分词器（N-gram tokenizer）和侧边 N 元语法分词器（edge N-gram tokenizer）。

对于 N 元语法分词器，你可以使用以下请求查看分词效果。

```
POST _analyze
{
  "char_filter": [],
  "tokenizer": {
    "type": "ngram",
    "min_gram": 2,
    "max_gram": 3,
    "token_chars": [
      "letter"
    ]
  },
  "filter": [],
  "text": [
    "tom cat8"
  ]
}
```

在这个 ngram 分词器的配置中，设置了每个分词的最小长度为 2，最大长度为 3，表示 ngram 分词器会通过长度为 2 和 3 的滑动窗口切分文本，得到的子串作为分词。token_chars 配置了只保留字母作为分词，其余的字符（例如空格和数字）则会被过滤掉。结果如下。

```
{
  "tokens" : [
    {
```

```
      "token" : "to",
      "start_offset" : 0,
      "end_offset" : 2,
      "type" : "word",
      "position" : 0
    },
    {
      "token" : "tom",
      "start_offset" : 0,
      "end_offset" : 3,
      "type" : "word",
      "position" : 1
    },
    {
      "token" : "om",
      "start_offset" : 1,
      "end_offset" : 3,
      "type" : "word",
      "position" : 2
    },
    {
      "token" : "ca",
      "start_offset" : 4,
      "end_offset" : 6,
      "type" : "word",
      "position" : 3
    },
    {
      "token" : "cat",
      "start_offset" : 4,
      "end_offset" : 7,
      "type" : "word",
      "position" : 4
    },
    {
      "token" : "at",
      "start_offset" : 5,
      "end_offset" : 7,
      "type" : "word",
      "position" : 5
    }
  ]
}
```

侧边 N 元语法分词器与 N 元语法分词器的区别在于，其在分词时总是从第一个字母开始，会保留一定长度的前缀字符。例如：

```
POST _analyze
{
  "char_filter": [],
  "tokenizer": {
    "type": "edge_ngram",
    "min_gram": 2,
    "max_gram": 5
  },
  "filter": [],
  "text": [
    "tom cat8"
  ]
}
```

这里设置了每个分词的长度最小为 2，最大为 5，这种分词器很适合做前缀搜索。结果如下。

```
{
  "tokens" : [
    {
      "token" : "to",
      "start_offset" : 0,
      "end_offset" : 2,
      "type" : "word",
      "position" : 0
    },
    {
      "token" : "tom",
      "start_offset" : 0,
      "end_offset" : 3,
      "type" : "word",
      "position" : 1
    },
    {
      "token" : "tom ",
      "start_offset" : 0,
      "end_offset" : 4,
      "type" : "word",
      "position" : 2
    },
    {
      "token" : "tom c",
      "start_offset" : 0,
      "end_offset" : 5,
      "type" : "word",
      "position" : 3
    }
```

        ]
    }

### 3．特定结构的分词器

表 4.3 中的几种特定结构的分词器可以对正则表达式、分隔符或者路径等进行切分，不同于前两类分词器把文本切分为完整或部分单词。

表 4.3 特定结构的分词器

| 分词器名称 | 说明 |
| --- | --- |
| keyword tokenizer | 关键字分词器，保留文本本身，不做任何处理 |
| pattern tokenizer | 模式分词器，使用正则表达式在匹配单词分隔符时将文本拆分为分词，或者将匹配的文本捕获为分词，默认会在非字母字符的地方切分文本 |
| simple pattern tokenizer | 简单模式分词器，使用正则表达式捕获匹配的文本作为术语，所支持的正则表达式较为简单，不支持直接从分隔符切分单词 |
| simple pattern split tokenizer | 简单模式切分分词器，可以定义简单的正则表达式来切分文本使之成为分词 |
| char group tokenizer | 字符组分词器，可以定义一些字符集，当在文本中遇到这些字符时就把文本切分开，这样做往往比使用模式分词器更加简单、高效 |
| path tokenizer | 路径分词器，会对文件路径格式的字符串按照路径规则切分，这种分词方法适合文件路径搜索的场景 |

## 4.4.3 分词过滤器

分词过滤器（token filter）用于对分词后的文本做进一步处理，例如删除停用词、添加同义词、把字母转为小写形式等。Elasticsearch 7.9.1 内置了数十种分词过滤器，由于篇幅所限不能全部介绍，这里介绍几种有代表性的分词过滤器供大家参考。

### 1. N 元语法分词过滤器

N 元语法分词过滤器（N-gram token filter）跟 N 元语法分词器的功能基本一样，只不过这里以分词过滤器的形式介绍，它可以与其他的分词器组合使用来对每个分词做 N-gram 处理。例如：

```
POST _analyze
{
  "char_filter": [],
  "tokenizer": "standard",
  "filter": [
    {
      "type": "ngram",
```

```
        "min_gram": 3,
        "max_gram": 3
      }
   ],
   "text": "Quick fox"
}
```

这里配置了先对文本做标准分词以切分成独立单词，然后对每个单词做 N-gram 切分，最大长度为 3。结果如下。

```
{
    "tokens" : [
      {
        "token" : "Qui",
        "start_offset" : 0,
        "end_offset" : 5,
        "type" : "<ALPHANUM>",
        "position" : 0
      },
      {
        "token" : "uic",
        "start_offset" : 0,
        "end_offset" : 5,
        "type" : "<ALPHANUM>",
        "position" : 0
      },
      {
        "token" : "ick",
        "start_offset" : 0,
        "end_offset" : 5,
        "type" : "<ALPHANUM>",
        "position" : 0
      },
      {
        "token" : "fox",
        "start_offset" : 6,
        "end_offset" : 9,
        "type" : "<ALPHANUM>",
        "position" : 1
      }
   ]
}
```

## 2. 侧边 N 元语法分词过滤器

侧边 N 元语法分词过滤器（edge N-gram token filter）跟侧边 N 元语法分词器的效果

也是基本一样的,只是在这里它可以配合其他的分词器使用,它在切词时会从每个分词的首字母开始。例如:

```
POST _analyze
{
  "char_filter": [],
  "tokenizer": "standard",
  "filter": [
    {
      "type": "edge_ngram",
      "min_gram": 2,
      "max_gram": 3
    }
  ],
  "text": "hello world2"
}
```

这里配置了每个分词的最小长度为 2,最大长度为 3,会把用标准分词器切分后的每个单词保留长度为 2 和 3 的前缀并将其作为最终的结果。结果如下。

```
{
  "tokens" : [
    {
      "token" : "he",
      "start_offset" : 0,
      "end_offset" : 5,
      "type" : "<ALPHANUM>",
      "position" : 0
    },
    {
      "token" : "hel",
      "start_offset" : 0,
      "end_offset" : 5,
      "type" : "<ALPHANUM>",
      "position" : 0
    },
    {
      "token" : "wo",
      "start_offset" : 6,
      "end_offset" : 12,
      "type" : "<ALPHANUM>",
      "position" : 1
    },
    {
      "token" : "wor",
      "start_offset" : 6,
      "end_offset" : 12,
```

```
      "type" : "<ALPHANUM>",
      "position" : 1
    }
  ]
}
```

### 3. 词源分词过滤器

词源分词过滤器（stemmer token filter）会把每个分词转换成对应的原型（例如去掉复数、时态等），这在英文搜索时无疑是有用的。例如：

```
POST _analyze
{
  "char_filter": [],
  "tokenizer": "standard",
  "filter": [
    "stemmer"
  ],
  "text": "apples worlds flying"
}
```

这里先用标准分词器把文本切分为单词，再用词源分词过滤器把每个单词转换成对应的原型。结果如下。

```
{
  "tokens" : [
    {
      "token" : "appl",
      "start_offset" : 0,
      "end_offset" : 6,
      "type" : "<ALPHANUM>",
      "position" : 0
    },
    {
      "token" : "world",
      "start_offset" : 7,
      "end_offset" : 13,
      "type" : "<ALPHANUM>",
      "position" : 1
    },
    {
      "token" : "fly",
      "start_offset" : 14,
      "end_offset" : 20,
      "type" : "<ALPHANUM>",
      "position" : 2
```

      }
    ]
}

## 4. 停用词分词过滤器

停用词分词过滤器（stop token filter）用于过滤掉分词中无实际意义的停用词，主要包含冠词、介词等，你也可以自定义一个"黑名单"把不需要放入索引的词通过它过滤掉。例如：

```
POST _analyze
{
  "char_filter": [],
  "tokenizer": "standard",
  "filter": [
    "stop"
  ],
  "text": "there is an apple on a big tree"
}
```

可以看到以下的最终文本分析结果中去掉了停用词。

```
{
  "tokens" : [
    {
      "token" : "apple",
      "start_offset" : 12,
      "end_offset" : 17,
      "type" : "<ALPHANUM>",
      "position" : 3
    },
    {
      "token" : "big",
      "start_offset" : 23,
      "end_offset" : 26,
      "type" : "<ALPHANUM>",
      "position" : 6
    },
    {
      "token" : "tree",
      "start_offset" : 27,
      "end_offset" : 31,
      "type" : "<ALPHANUM>",
      "position" : 7
    }
  ]
}
```

## 4.4.4 给索引添加自定义分析器

前面已经介绍了 Elasticsearch 自带的几种字符过滤器、分词器和分词过滤器，你可以按照实际需要自由地组合它们，从而形成自己的分析器。

例如，你可以定义一个分析器，使用字符过滤器过滤掉 HTML 标签，用标准分词器把文本、单词和数字切分到最细粒度，同时添加一个停用词黑名单过滤掉无意义的中文文本，代码如下。

```
POST _analyze
{
  "char_filter": [
    "html_strip"
  ],
  "tokenizer": {
    "type": "standard",
    "max_token_length": "1"
  },
  "filter": [
    {
      "type": "stop",
      "stopwords": [
        "是",
        "一",
        "个",
        "着",
        "的"
      ]
    }
  ],
  "text": "<b>2020 年 </b> 武汉是一个很大的城市 "
}
```

分词的结果如下。

```
{
  "tokens" : [
    {
      "token" : "2",
      "start_offset" : 0,
      "end_offset" : 1,
      "type" : "<NUM>",
      "position" : 0
    },
    {
      "token" : "0",
```

```
      "start_offset" : 1,
      "end_offset" : 2,
      "type" : "<NUM>",
      "position" : 1
    },
    {
      "token" : "2",
      "start_offset" : 2,
      "end_offset" : 3,
      "type" : "<NUM>",
      "position" : 2
    },
    {
      "token" : "0",
      "start_offset" : 3,
      "end_offset" : 4,
      "type" : "<NUM>",
      "position" : 3
    },
    {
      "token" : "年",
      "start_offset" : 4,
      "end_offset" : 5,
      "type" : "<IDEOGRAPHIC>",
      "position" : 4
    },
    {
      "token" : "武",
      "start_offset" : 5,
      "end_offset" : 6,
      "type" : "<IDEOGRAPHIC>",
      "position" : 5
    },
    {
      "token" : "汉",
      "start_offset" : 6,
      "end_offset" : 7,
      "type" : "<IDEOGRAPHIC>",
      "position" : 6
    },
    {
      "token" : "很",
      "start_offset" : 10,
      "end_offset" : 11,
      "type" : "<IDEOGRAPHIC>",
      "position" : 10
    },
```

```
    {
      "token" : "大",
      "start_offset" : 11,
      "end_offset" : 12,
      "type" : "<IDEOGRAPHIC>",
      "position" : 11
    },
    {
      "token" : "城",
      "start_offset" : 13,
      "end_offset" : 14,
      "type" : "<IDEOGRAPHIC>",
      "position" : 13
    },
    {
      "token" : "市",
      "start_offset" : 14,
      "end_offset" : 15,
      "type" : "<IDEOGRAPHIC>",
      "position" : 14
    }
  ]
}
```

可见分词后确实达到了预期效果，包括数字在内的文本被切分到最细粒度，去掉了 HTML 标签和停用词。现在你可以把这个自定义的分析器配置到索引映射中使其生效，代码如下。

```
PUT my_analyzer-text
{
  "settings": {
    "analysis": {
      "tokenizer": {
        "my_tokenizer": {
          "type": "standard",
          "max_token_length": "1"
        }
      },
      "filter": {
        "my_filter": {
          "type": "stop",
          "stopwords": [
            "是",
            "一",
            "个",
            "着",
            "的"
```

```
          ]
        }
      },
      "analyzer": {
        "my_analyzer": {
          "type": "custom",
          "char_filter": "html_strip",
          "tokenizer": "my_tokenizer",
          "filter": "my_filter"
        }
      },
      "default": {
        "type": "my_analyzer"
      },
      "default_search": {
        "type": "my_analyzer"
      }
    }
  },
  "mappings": {
    "properties": {
      "content": {
        "type": "text",
        "analyzer": "my_analyzer"
      },
      "abstract": {
        "type": "text",
        "analyzer": "my_analyzer"
      }
    }
  }
}
```

上面的索引映射定义了一个分词器 my_tokenizer，它使用标准分词器把文本切分到最细粒度；又定义了一个分词过滤器 my_filter，它遇到 stopwords 中指定的汉字时就会将其丢弃；最后使用 HTML strip 字符过滤器、分词器 my_tokenizer 和分词过滤器 my_filter 组成了一个自定义的分析器 my_analyzer，还把它设置为索引默认的分析器。第 5 章搜索数据的相关内容部分将会介绍使用这个索引映射来进行全文检索，同时会对比这个自定义分析器与其他分析器在搜索时对结果产生的影响。

## 4.5 查看文档的词条向量

使用词条向量可以直观地反映某个文档的各个分词在索引中出现的次数、位置等统计信息，词条向量包含的信息主要分为三大类。

（1）词条信息：记录文档的每个分词在查询参数所指定字段出现的频次（term_freq）、位置（position）、起始/结束偏移量（offset）、负载（payload）。所谓的负载是用户自定义的数据信息，以 Base64 编码的格式进行保存。若要让词条向量保存负载则需要在映射中进行相关配置。

（2）词条统计信息：统计文档的各个分词在多少（doc_freq）个索引文档中出现，以及各个分词在索引中一共出现了多少（ttf）次。

（3）字段统计信息：统计索引中拥有查询参数所指定字段的文档数（doc_count）、该指定字段的所有词条在索引中出现的文档数之和（sum_doc_freq），以及该指定字段的所有词条在索引中出现的频次之和（sum_ttf）。

新建一个索引 term-vector，内容如下。

```
PUT term-vector
{
  "settings": {
    "analysis": {
      "analyzer": {
        "fulltext_analyzer": {
          "type": "custom",
          "tokenizer": "standard",
          "filter": [
            "type_as_payload"
          ]
        }
      }
    }
  },
  "mappings": {
    "properties": {
      "content": {
        "type": "text",
        "term_vector": "with_positions_offsets_payloads",
        "analyzer": "fulltext_analyzer"
      }
    }
  }
}
```

该索引映射只有一个 content 字段，为了能在词条向量中查看词条的位置、偏移量和负载，给 content 字段配置了词条向量参数 with_positions_offsets_payloads。同时，在索引映射中自定义了一个分析器 fulltext_analyzer，该分析器先使用标准分词器分词，然后使用 type_as_payload 分词过滤器把每个分词的类型数据以 Base64 编码的格式写入词条向量作为负载。

下面给索引添加两条数据。

```
PUT term-vector/_doc/1
{
  "content" : "apple 121."
}
PUT term-vector/_doc/2
{
  "content" : "Black phone apple apple"
}
```

为了实现查看文档 1 的词条向量信息，发起下面的请求。

```
GET term-vector/_termvectors/1
{
  "fields" : ["content"],
  "offsets" : true,
  "payloads" : true,
  "positions" : true,
  "term_statistics" : true,
  "field_statistics" : true
}
```

在请求的 url 中指定了查看的索引名称和文档主键，请求体的 fields 参数指定了要查看的词条向量的字段，后面的几个参数用于设置词条向量要返回的具体信息，该请求得到的结果如下。

```
"term_vectors" : {
    "content" : {
      "field_statistics" : {
        "sum_doc_freq" : 5,
        "doc_count" : 2,
        "sum_ttf" : 6
      },
      "terms" : {
        "121" : {
          "doc_freq" : 1,
          "ttf" : 1,
          "term_freq" : 1,
          "tokens" : [
            {
              "position" : 1,
              "start_offset" : 6,
              "end_offset" : 9,
              "payload" : "PE5VTT4="
            }
          ]
```

```
      },
      "apple" : {
        "doc_freq" : 2,
        "ttf" : 3,
        "term_freq" : 1,
        "tokens" : [
          {
            "position" : 0,
            "start_offset" : 0,
            "end_offset" : 5,
            "payload" : "PEFMUEhBTlVNPg=="
          }
        ]
      }
    }
  }
}
```

在返回的结果中，field_statistics 包含字段 content 的统计信息，terms 中包含文档 1 中各个词条的词条信息和统计信息，payload 保存着每个词条类型数据的 Base64 编码，读者可以自行验证。

Elasticsearch 还允许查看一个自定义文档的词条向量，此时在查询参数中不需要提供文档主键，但需要提供自定义文档的内容。例如：

```
GET term-vector/_termvectors
{
  "doc": {
    "content": "app apple"
  },
  "offsets": true,
  "payloads": true,
  "positions": true,
  "term_statistics": true,
  "field_statistics": true
}
```

该请求的 doc 部分提供了自定义文档的内容，该文档每个分词的统计信息会在结果中返回，由于该文档不属于索引中的数据，因此负载 payload 是空的，该请求返回的结果如下。

```
"term_vectors" : {
    "content" : {
      "field_statistics" : {
        "sum_doc_freq" : 8,
        "doc_count" : 3,
```

```
        "sum_ttf" : 10
      },
      "terms" : {
        "app" : {
          "term_freq" : 1,
          "tokens" : [
            {
              "position" : 0,
              "start_offset" : 0,
              "end_offset" : 3
            }
          ]
        },
        "apple" : {
          "doc_freq" : 3,
          "ttf" : 5,
          "term_freq" : 1,
          "tokens" : [
            {
              "position" : 1,
              "start_offset" : 4,
              "end_offset" : 9
            }
          ]
        }
      }
    }
  }
}
```

## 4.6 keyword 类型字段的标准化

根据前面的讨论可以知道，文本分析器是针对 text 类型的字段在其写入索引前对文本内容做字符过滤和切词操作。本节探讨的标准化器是用于给 keyword 类型的字段做文本预处理的，它可以实现在文本内容写入 keyword 类型的字段前对文本进行统一的标准化转换，保证写入 keyword 类型字段的文本的统一和规范。

下面的请求将新建一个索引 normalize-keyword，其只包含一个 keyword 类型的字段 country，并为该字段配置了一个自定义标准化器 my_normalizer。

```
PUT normalize-keyword
{
  "settings": {
    "analysis": {
      "normalizer": {
```

```
        "my_normalizer": {
          "type": "custom",
          "char_filter": [],
          "filter": ["lowercase"]
        }
      }
    }
  },
  "mappings": {
    "properties": {
      "country": {
        "type": "keyword",
        "normalizer": "my_normalizer",
        "store": true
      }
    }
  }
}
```

由于 keyword 类型的字段不能分词，所以标准化器中不包含分词器，由字符过滤器和分词过滤器组成。在标准化器 my_normalizer 中，只配置了一个分词过滤器 lowercase，表示在数据写入 country 字段前会统一对其进行小写转换的规范化处理。添加两条数据，代码如下。

```
PUT normalize-keyword/_doc/1
{
  "country": "China"
}

PUT normalize-keyword/_doc/2
{
  "country": "chinA"
}
```

下面对 country 字段进行 term query，即使搜索文本全部是大写形式的也会被标准化器自动转为小写形式进行检索。

```
POST normalize-keyword/_search
{
  "query": {
    "term": {
      "country": "CHINA"
    }
  }
}
```

从以下的返回结果可以看出，该请求成功搜索到了索引的两条数据，由于 _source 字段保存的是写入索引的原始数据,所以其中的文本没有进行小写转换,它并不能反映索引中真实的文本数据。

```
"hits" : [
    {
      "_index" : "normalize-keyword",
      "_type" : "_doc",
      "_id" : "1",
      "_score" : 0.18232156,
      "_source" : {
        "country" : "China"
      }
    },
    {
      "_index" : "normalize-keyword",
      "_type" : "_doc",
      "_id" : "2",
      "_score" : 0.18232156,
      "_source" : {
        "country" : "chinA"
      }
    }
  ]
```

为了实现查看索引中 country 字段的真实数据,可以使用 stored_fields。

```
POST normalize-keyword/_search
{
  "stored_fields": ["country"]
}
```

从以下返回的结果中可以看出,两条数据的内容确实都先转为小写形式再写入索引进行保存。

```
"hits" : [
    {
      "_index" : "normalize-keyword",
      "_type" : "_doc",
      "_id" : "1",
      "_score" : 1.0,
      "fields" : {
        "country" : [
          "china"
        ]
      }
    },
    {
```

```
        "_index" : "normalize-keyword",
        "_type" : "_doc",
        "_id" : "2",
        "_score" : 1.0,
        "fields" : {
          "country" : [
            "china"
          ]
        }
      }
    ]
```

## 4.7 本章小结

本章介绍了文本分析的过程和方法，本章的主要内容总结如下。

- 文本分析需要经历字符过滤器、分词器和分词过滤器处理这 3 个过程，只有索引中的 text 类型的字段才会用到文本分析。
- 触发文本分析的时机有两个，一是向索引的 text 类型的字段写入数据时，二是使用全文检索时，在这两个时机都会对搜索文本进行文本分析。
- Elasticsearch 7.9.1 内置了 8 种分析器，都可以直接使用，其中标准分析器是默认的分析器。你可以在映射中配置索引和搜索时默认采用的分析器。
- IK 分词器需要安装到 Elasticsearch 的安装目录中成为插件才能使用，它提供了 ik_max_word 和 ik_smart 两种分析器。其中 ik_max_word 切分文本的粒度较细，ik_smart 切分文本的粒度较粗。
- IK 分词器可以通过扩展词典的方式识别更多的中文词，但是对于姓名、数字或英文单词等并不能达到很好的切词效果。
- Elasticsearch 7.9.1 内置了 3 种字符过滤器、10 余种分词器和数十种分词过滤器，你可以按照实际的需要组合它们，从而定义自己的分析器来做文本分析。
- 词条向量用于查看某个文档中各个分词的词条信息、统计信息以及某个字段在索引中的统计信息，要查看词条的偏移量、负载等信息需要在映射中设置词条向量的有关参数。
- keyword 类型字段的标准化可以在数据写入索引前进行统一的数据标准化处理，以保证 keyword 类型字段的数据拥有一致的规范。标准化器不仅对写入 keyword 类型字段的文本有效，而且对检索 keyword 类型字段的搜索文本有效。

# 第5章 搜索数据

在前面的章节中已经学习了如何向 Elasticsearch 中写入数据,本章就来探讨怎么从索引中搜索需要的数据。搜索是 Elasticsearch 的核心功能,Elasticsearch 提供了多种多样的搜索方式来满足不同使用场景的需求。Elasticsearch 提供了领域特定语言(Domain Specific Language,DSL)查询语句,使用 JSON 字符串来定义每个查询请求。本章将要介绍的查询类型包含以下几种。

(1)Match all 查询:直接查询索引的全部数据,默认返回前 10 个文档,每个文档的得分被设置为 1.0,这是很简单的查询类型。

(2)精准级查询:查询对象大多数是非 text 类型字段,直接匹配字段中的完整内容,在这个过程中不会对搜索内容进行文本分析。

(3)全文检索:查询对象一般是 text 类型字段,搜索内容和索引数据都会进行文本分析,可以通过传参改变搜索时采用的分析器。

(4)经纬度搜索:针对经纬度字段 geo_point 的搜索,搜索范围可以是圆形、矩形或多边形。

(5)父子关联搜索:针对索引间的父子关系进行的查询,可以以父搜子、以子搜父,具体使用方法将在第 7 章进行介绍。

(6)复合搜索:复合搜索允许按照某种逻辑组织多个单一搜索语句,从而使搜索结果合并得到最终的结果。

本章的主要内容如下。

- 常用的精准级查询、全文检索、经纬度搜索和复合搜索的使用方法。
- 控制搜索返回的 total 值。
- 搜索结果普通分页、滚动分页和 search after 的实现方法。
- 控制搜索结果的排序和返回字段。
- 让搜索结果返回高亮信息。
- 折叠搜索结果中字段重复的数据。
- 解释文档为何能够出现在搜索结果中。

## 5.1 精准级查询

所谓精准级查询，指的是搜索内容不经过文本分析直接用于文本匹配，这个过程类似于数据库的 SQL 查询，搜索的对象大多是索引的非 text 类型字段。

### 5.1.1 术语查询

术语查询直接返回包含搜索内容的文档，常用来查询索引中某个类型为 keyword 的文本字段，类似于 SQL 的 "=" 查询，使用十分普遍。

下面的请求会直接向第 3 章中创建的索引 test-3-2-1 发起术语查询。

```
POST test-3-2-1/_search
{
  "query": {
    "term": {
      "name.keyword": {
        "value": "张三"
      }
    }
  }
}
```

这里的 term query 直接查询索引中 name.keyword 字段的 value 为 "张三" 的数据，会成功返回对应的结果，如下所示。

```
{
  "took" : 0,
  "timed_out" : false,
  "_shards" : {
    "total" : 1,
    "successful" : 1,
    "skipped" : 0,
    "failed" : 0
  },
  "hits" : {
    "total" : {
      "value" : 1,
      "relation" : "eq"
    },
    "max_score" : 1.2039728,
    "hits" : [
      {
        "_index" : "test-3-2-1",
```

```
            "_type" : "_doc",
            "_id" : "1",
            "_score" : 1.2039728,
            "_source" : {
              "id" : "1",
              "sex" : false,
              "name" : "张三",
              "born" : "2020-09-11 00:02:20",
              "location" : {
                "lat" : 41.12,
                "lon" : -71.34
              }
            }
          }
        ]
      }
    }
```

返回的结果中，took 表示搜索耗费的毫秒数，_shards 中的 total 代表本次搜索一共使用了多少个分片，该值一般等于索引主分片数。hits 里面的 total 代表一共搜索到多少结果；max_score 代表搜索结果中相关度得分的最大值，默认搜索结果会按照相关度得分降序排列；_score 代表单个文档的相关度得分；_source 是数据的原始 JSON 内容。

注意：最好不要在精准级查询的字段中使用 text 字段，因为 text 字段会被分词，这样做既没有意义，还很有可能什么也查不到。

## 5.1.2 多术语查询

Terms query 的功能与 term query 的基本一样，只是多术语查询允许在参数中传递多个查询词，被任意一个查询词匹配到的结果都会被搜索出来。例如：

```
POST test-3-2-1/_search
{
  "query": {
    "terms": {
      "name.keyword": [
        "张三",
        "王五"
      ]
    }
  }
}
```

此时可以得到两个查询结果。

```
{
  "took" : 0,
  "timed_out" : false,
  "_shards" : {
    "total" : 1,
    "successful" : 1,
    "skipped" : 0,
    "failed" : 0
  },
  "hits" : {
    "total" : {
      "value" : 2,
      "relation" : "eq"
    },
    "max_score" : 1.0,
    "hits" : [
      {
        "_index" : "test-3-2-1",
        "_type" : "_doc",
        "_id" : "1",
        "_score" : 1.0,
        "_source" : {
          "id" : "1",
          "sex" : false,
          "name" : "张三",
          "born" : "2020-09-11 00:02:20",
          "location" : {
            "lat" : 41.12,
            "lon" : -71.34
          }
        }
      },
      {
        "_index" : "test-3-2-1",
        "_type" : "_doc",
        "_id" : "3",
        "_score" : 1.0,
        "_source" : {
          "id" : "3",
          "name" : "王五",
          "sex" : true,
          "born" : "2020-09-14 00:02:20",
          "location" : {
            "lat" : 11.12,
            "lon" : -71.34
```

            }
          }
        }
      ]
    }
  }
}
```

## 5.1.3 主键查询

你可以像 3.2.1 小节中介绍的那样使用主键查询一个文档，这里的 IDs 主键查询允许你传递多个主键同时查询多个文档。例如：

```
POST test-3-2-1/_search
{
  "query": {
    "ids": {
      "values": ["1","2"]
    }
  }
}
```

从以下代码可以看到，主键为 1 和 2 的两条数据被成功返回。

```
{
  "took" : 0,
  "timed_out" : false,
  "_shards" : {
    "total" : 1,
    "successful" : 1,
    "skipped" : 0,
    "failed" : 0
  },
  "hits" : {
    "total" : {
      "value" : 2,
      "relation" : "eq"
    },
    "max_score" : 1.0,
    "hits" : [
      {
        "_index" : "test-3-2-1",
        "_type" : "_doc",
        "_id" : "2",
        "_score" : 1.0,
        "_source" : {
          "id" : "2",
```
```

```
          "name" : "赵二",
          "sex" : true,
          "born" : "2020-09-14 00:02:20",
          "location" : {
            "lat" : 11.12,
            "lon" : -71.34
          }
        }
      },
      {
        "_index" : "test-3-2-1",
        "_type" : "_doc",
        "_id" : "1",
        "_score" : 1.0,
        "_source" : {
          "id" : "1",
          "sex" : false,
          "name" : "张三",
          "born" : "2020-09-11 00:02:20",
          "location" : {
            "lat" : 41.12,
            "lon" : -71.34
          }
        }
      }
    ]
  }
}
```

## 5.1.4 范围查询

范围查询也很简单，可以返回某个数值或日期字段处于某一区间的数据。区间筛选参数 gt 表示大于，gte 表示大于等于，lt 表示小于，lte 表示小于等于。由于索引中保存的时间是 UTC 时间，以下查询表示查询 born 日期处于 2020/09/11 00:00:00（UTC）至 2020/09/13 00:00:00（UTC）范围内的数据，可以使用 format 参数自定义查询的日期格式。

```
POST test-3-2-1/_search
{
  "query": {
    "range": {
      "born": {
        "gte": "2020/09/11 00:00:00",
        "lte": "2020/09/13 00:00:00",
        "format": "yyyy/MM/dd HH:mm:ss"
      }
```

          }
      }
  }
```

从以下结果可以看到 born 日期在筛选范围内的数据被查询出来了。

```
"hits" : {
    "total" : {
      "value" : 1,
      "relation" : "eq"
    },
    "max_score" : 1.0,
    "hits" : [
      {
        "_index" : "test-3-2-1",
        "_type" : "_doc",
        "_id" : "1",
        "_score" : 1.0,
        "_source" : {
          "id" : "1",
          "sex" : false,
          "name" : "张三",
          "born" : "2020-09-11 00:02:20",
          "location" : {
            "lat" : 41.12,
            "lon" : -71.34
          }
        }
      }
    ]
}
```

注意：在实际中进行日期范围查询时，通常索引数据和查询条件要么都用北京时间，要么都用 UTC 时间，要么都用时间戳，不要混着用，否则容易产生错误。但是存在一种可能，就是索引中保存的是 UTC 时间，但是查询条件又想用北京时间来实现筛选，此时需要在查询中添加参数"time_zone"："+08:00"，它表示查询条件的时间对应的时区是东八区。

为了演示时区设置的效果，下面把传入的查询条件改为用北京时间，把时区设置为东八区，下面的查询跟上面的请求是等价的，只不过是使用北京时间进行查询。

```
POST test-3-2-1/_search
{
  "query": {
    "range": {
      "born": {
```
```

```
        "gte": "2020/09/11 08:00:00",
        "lte": "2020/09/13 08:00:00",
        "format": "yyyy/MM/dd HH:mm:ss",
        "time_zone": "+08:00"
      }
    }
  }
}
```

注意：有些人喜欢在日期区间中使用日期计算表达式，例如使用 now 表示当前时间，使用 now/d 代表当前时区的起点时间，而 time_zone 参数对 now 无影响但是对 now/d 有影响，这个时候用起来很容易出错，因此最好还是把时间范围计算好输进去。

### 5.1.5 存在查询

存在（exists）查询用于筛选某个字段不为空的文档，其作用类似于 SQL 的 "is not null" 语句的作用。

先往索引 test-3-2-1 中添加一条数据，这条数据有一个 age 年龄字段。

```
POST test-3-2-1/_doc/5
{
  "id": "5",
  "sex": true,
  "name": " 刘大 ",
  "born": "2020-02-18 00:02:20",
  "age": 20,
  "location": {
    "lat": 21.12,
    "lon": -71.34
  }
}
```

然后，使用 exists 查询查找 age 字段不为空的数据。

```
POST test-3-2-1/_search
{
  "query": {
    "exists": {
      "field": "age"
    }
  }
}
```

从以下结果可以发现，只有新增的这条含有 age 字段的数据被查出来了。

```
{
  "took" : 0,
  "timed_out" : false,
  "_shards" : {
    "total" : 1,
    "successful" : 1,
    "skipped" : 0,
    "failed" : 0
  },
  "hits" : {
    "total" : {
      "value" : 1,
      "relation" : "eq"
    },
    "max_score" : 1.0,
    "hits" : [
      {
        "_index" : "test-3-2-1",
        "_type" : "_doc",
        "_id" : "5",
        "_score" : 1.0,
        "_source" : {
          "id" : "5",
          "sex" : true,
          "name" : "刘大",
          "born" : "2020-02-18 00:02:20",
          "age" : 20,
          "location" : {
            "lat" : 21.12,
            "lon" : -71.34
          }
        }
      }
    ]
  }
}
```

## 5.1.6　前缀查询

前缀查询用于搜索某个字段的前缀与搜索内容匹配的文档，前缀查询比较耗费性能，如果是 text 字段，你可以在映射中配置 index_prefixes 参数，它会把每个分词的前缀字符写入索引，从而大大加快前缀查询的速度。先新建一个索引 prefix-test。

```
PUT prefix-test
{
```

```
    "mappings": {
      "properties": {
        "address": {
          "type": "text",
          "index_prefixes": {
            "min_chars" : 1,
            "max_chars" : 5
          }
        }
      }
    }
}
```

上面的请求定义了一个索引，它只包含一个 text 类型的字段，除了索引数据的每个分词，还会把每个分词的长度为 1 ~ 5 的前缀保存到索引中。进行前缀搜索时，输入任何一个分词的前缀都可以将数据查询出来。先添加一些数据到索引中。

```
PUT prefix-test/_bulk
{"index":{"_id":"1"}}
{"id":"1","address":"wuhan qingshan"}
{"index":{"_id":"2"}}
{"id":"2","address":"guangzhou baiyun"}
{"index":{"_id":"3"}}
{"id":"3","address":"beijing chaoyang"}
```

然后进行前缀搜索。

```
POST prefix-test/_search
{
  "query": {
    "prefix": {
      "address": {
        "value": "baiy"
      }
    }
  }
}
```

这个请求能搜索到 id 为 2 的数据，结果如下。

```
"hits" : {
  "total" : {
    "value" : 1,
    "relation" : "eq"
  },
  "max_score" : 1.0,
  "hits" : [
```

```
      {
        "_index" : "prefix-test",
        "_type" : "_doc",
        "_id" : "2",
        "_score" : 1.0,
        "_source" : {
          "id" : "2",
          "address" : "guangzhou baiyun"
        }
      }
    ]
  }
```

注意：如果前缀搜索的字段类型不是 text 而是 keyword，就不能使用 index_prefixes 参数，keyword 字段的前缀搜索会比较耗费性能，不宜大量使用。

## 5.1.7　正则查询

正则查询允许查询内容是正则表达式，它会查询出某个字段符合正则表达式的所有文档。例如：

```
POST test-3-2-1/_search
{
  "query": {
    "regexp": {
      "name.keyword": ".* 大 .*"
    }
  }
}
```

上述查询代码中传入的正则表达式是 ".* 大 .*"，可以匹配字段 name.keyword 包含 "大" 字的文本，所以查出的结果如下。

```
{
  "took" : 4,
  "timed_out" : false,
  "_shards" : {
    "total" : 1,
    "successful" : 1,
    "skipped" : 0,
    "failed" : 0
  },
  "hits" : {
    "total" : {
      "value" : 1,
```

```
        "relation" : "eq"
      },
      "max_score" : 1.0,
      "hits" : [
        {
          "_index" : "test-3-2-1",
          "_type" : "_doc",
          "_id" : "5",
          "_score" : 1.0,
          "_source" : {
            "id" : "5",
            "sex" : true,
            "name" : "刘大",
            "born" : "2020-02-18 00:02:20",
            "age" : 20,
            "location" : {
              "lat" : 21.12,
              "lon" : -71.34
            }
          }
        }
      ]
    }
  }
```

## 5.1.8 通配符查询

通配符查询允许在查询代码中添加两种通配符，"*"可匹配任意长度的任意字符串，"？"可匹配任意单个字符。例如：

```
POST test-3-2-1/_search
{
  "query": {
    "wildcard": {
      "name.keyword": "?大"
    }
  }
}
```

这里使用了"? 大"匹配任意以"大"字结束的两个字符，结果如下。

```
{
  "took" : 0,
  "timed_out" : false,
  "_shards" : {
    "total" : 1,
```

```
      "successful" : 1,
      "skipped" : 0,
      "failed" : 0
    },
    "hits" : {
      "total" : {
        "value" : 1,
        "relation" : "eq"
      },
      "max_score" : 1.0,
      "hits" : [
        {
          "_index" : "test-3-2-1",
          "_type" : "_doc",
          "_id" : "5",
          "_score" : 1.0,
          "_source" : {
            "id" : "5",
            "sex" : true,
            "name" : " 刘大 ",
            "born" : "2020-02-18 00:02:20",
            "age" : 20,
            "location" : {
              "lat" : 21.12,
              "lon" : -71.34
            }
          }
        }
      ]
    }
  }
```

注意：正则查询和通配符查询虽然使用简便，但是其性能开销较大，大量使用时需谨慎。

## 5.2 全文检索

全文检索是 Elasticsearch 的重要功能，它对检索内容和检索字段都会进行文本分析，分析器的选择对搜索结果会产生重要的影响。本节讲解使用第 4 章中创建好的索引 ik-text 和 my_analyzer-text 进行全文检索，来说明不同分词器对全文检索的搜索结果带来的影响。

## 5.2.1 匹配搜索

匹配搜索（match query）和术语查询（term query）不一样，匹配搜索会比较搜索词和每个文档的相似度，只要搜索词能命中文档的分词就会被搜索到，而 term query 要么搜不到，要么搜到的内容就和索引内容一模一样。Match query 主要用于对指定的 text 类型的字段做全文检索。

先给索引 ik-text 和 my_analyzer-text 添加一些数据。

```
PUT ik-text/_doc/1
{
  "content":"武汉大学",
  "abstract":"200210452014"
}
PUT my_analyzer-text/_doc/1
{
  "content":"武汉大学",
  "abstract":"200210452014"
}
```

尝试用 IK 分词器来测试 match query 的效果。

```
POST ik-text/_search
{
  "query": {
    "match": {
      "content": {
        "query": "武大",
        "analyzer": "ik_max_word"
      }
    }
  }
}
```

如下述结果所示，搜索结果是空的，原因是 IK 分词器把"武汉大学"切分成了"武汉"和"大学"两个词，搜索"武大"当然是搜不到的。

```
"hits" : {
    "total" : {
      "value" : 0,
      "relation" : "eq"
    },
    "max_score" : null,
    "hits" : [ ]
  }
```

再尝试用自定义的分析器 my_analyzer，它把中英文字符和数字都切分到了最细粒度，这意味着它能够最大限度地搜索文档。

```
POST my_analyzer-text/_search
{
  "query": {
    "match": {
      "content": {
        "query": "武大",
        "analyzer": "my_analyzer"
      }
    }
  }
}
```

可以看到使用了最细粒度的分析器以后，数据被成功搜索出来了，返回结果如下。

```
"hits" : [
    {
      "_index" : "my_analyzer-text",
      "_type" : "_doc",
      "_id" : "1",
      "_score" : 0.5753642,
      "_source" : {
        "content" : "武汉大学",
        "abstract" : "200210452014"
      }
    }
]
```

Match 搜索允许添加多个搜索词，中间用空格隔开，默认的逻辑连接词是"or"，文档只要匹配了任意一个搜索词就能被搜到。如果你想实现只有文档匹配全部的搜索词才能被搜到，可以配置逻辑连接词为"and"。

```
POST ik-text/_search
{
  "query": {
    "match": {
      "content": {
        "query": "武汉 浙大",
        "analyzer": "ik_max_word",
        "operator": "and"
      }
    }
  }
}
```

## 5.2.2 布尔前缀匹配搜索

布尔前缀匹配搜索（match bool prefix query）会在搜索文本经过分析后，将前面的每个分词转化为进行 Term query，最后一个分词转化为进行 Prefix query。多个查询之间的布尔逻辑连接关系是"should"，这意味着任何一个子查询能够匹配的文档都会成为搜索结果。例如：

```
POST ik-text/_search
{
  "query": {
    "match_bool_prefix" : {
       "content" : "武大 大学 武汉"
    }
  }
}
```

这个查询实际上被转化为了布尔查询，代码如下。

```
POST ik-text/_search
{
  "query": {
    "bool" : {
      "should": [
        { "term": { "content": "武大" }},
        { "term": { "content": "大学" }},
        { "prefix": { "content": "武汉" }}
      ]
    }
  }
}
```

搜索的结果如下。

```
{
  "took" : 0,
  "timed_out" : false,
  "_shards" : {
    "total" : 1,
    "successful" : 1,
    "skipped" : 0,
    "failed" : 0
  },
  "hits" : {
    "total" : {
      "value" : 1,
      "relation" : "eq
```

```
    },
    "max_score" : 1.287682,
    "hits" : [
      {
        "_index" : "ik-text",
        "_type" : "_doc",
        "_id" : "1",
        "_score" : 1.287682,
        "_source" : {
          "content" : " 武汉大学 ",
          "abstract" : "200210452014"
        }
      }
    ]
  }
}
```

## 5.2.3 短语搜索

短语搜索（match phrase）会对搜索文本进行文本分析，然后到索引中寻找搜索的每个分词并要求分词相邻，你可以通过调整 slop 参数设置分词出现的最大间隔距离。

新增一条测试数据。

```
PUT ik-text/_doc/2
{
  "content":"tom cat is server",
  "abstract":"1092457"
}
```

使用短语搜索，先将 slop 设置为默认值 0。

```
POST ik-text/_search
{
  "query": {
    "match_phrase" : {
      "content": {
        "query": "tom server",
        "slop": 0
      }
    }
  }
}
```

此时并不能搜索到刚才的测试数据，原因是 tom 和 server 这两个分词在索引中并不相邻，可以增大 slop 的值让数据能被搜到。

```
POST ik-text/_search
{
  "query": {
    "match_phrase" : {
      "content": {
        "query": "tom server",
        "slop": 1
      }
    }
  }
}
```

注意：由于建索引时文本"tom cat is server"会被切分为"tom""cat"和"server"，"is"作为停用词被过滤掉了，分词"tom"和"server"的距离其实是1。

### 5.2.4 短语前缀匹配搜索

短语前缀匹配搜索（match phrase prefix）会首先对搜索文本进行分词，然后将前面的分词作为短语进行搜索，将最后一个分词作为前缀进行搜索。

```
POST ik-text/_search
{
  "query": {
    "match_phrase_prefix" : {
      "content": {
        "query": "tom cat se"
      }
    }
  }
}
```

以上代码会寻找content字段中包含"tom cat"这个短语并且后面以"se"开头的文本，它可以检索到id为2的文档，如果把搜索文本改为"tom cat so"就搜不到，因为最后一个分词前缀匹配失败。这种搜索方式可以用来实现文本输入时的搜索提示功能，当用户输入搜索词时将匹配的文本以下拉条的方式进行呈现。

### 5.2.5 多字段匹配搜索

多字段匹配搜索（multi_match）可以非常方便地用同一段文本同时检索多个字段，如果不指定字段名，将默认搜索全部字段。多字段匹配搜索有6种类型，选择的类型会影响搜索方式和相关度打分机制，这6种类型如表5.1所示。

表 5.1 多字段匹配搜索的类型

| 类型 | 说明 |
|---|---|
| best_fields | 默认的搜索方式。搜索文本与哪个字段相关度最高，就最容易排名靠前，即使匹配的字段数目很少 |
| most_fields | 搜索文本与文档的相关度即使不高，但只要匹配的字段数目越多，排名就会越靠前 |
| cross_fields | 把全部的字段看成一个合并的大字段，搜索文本与这个大字段越匹配，排名越靠前 |
| phrase | 将搜索文本在每个字段上做短语搜索，文档的最终得分采用 best_fields 方式计算 |
| phrase_prefix | 将搜索文本在每个字段上做短语前缀匹配搜索，文档的最终得分采用 best_fields 方式计算 |
| bool_prefix | 将搜索文本在每个字段上做布尔前缀匹配搜索，文档的最终得分采用 most_fields 方式计算 |

典型的多字段匹配搜索的请求如下。

```
POST ik-text/_search
{
  "query": {
    "multi_match": {
      "query": "tom server",
      "fields": ["content","abstract"],
      "operator": "and",
      "type": "best_fields"
    }
  }
}
```

其中，operator 操作符设置为"and"表示文本分析后的每个分词都要在搜索结果的文档中出现，type 用于指定搜索的类型，可选择表 5.1 中介绍的 6 种类型中的一种。

## 5.2.6 查询字符串搜索

查询字符串搜索（query string）是 Elasticsearch 为开发人员提供的功能较为强大的全文检索方法，它可以传入一个复杂的字符串，可以包含逻辑表达式、通配符、正则表达式，也可以通过 fields 参数指定检索字段。

先来看一个简单的实例，使用前面的最细粒度分析器做查询字符串搜索。

```
POST my_analyzer-text/_search
{
  "query": {
    "query_string": {
      "query": "汉大 AND 804",
      "analyzer": "my_analyzer"
    }
```

    }
}
```

上述搜索字符串的本意是必须在搜索结果中包含"汉大"和"804"这两个短语，但该请求会得到下面的搜索结果。

```
"hits" : {
    "total" : {
      "value" : 1,
      "relation" : "eq"
    },
    "max_score" : 1.4577737,
    "hits" : [
      {
        "_index" : "my_analyzer-text",
        "_type" : "_doc",
        "_id" : "1",
        "_score" : 1.4577737,
        "_source" : {
          "content" : "武汉大学",
          "abstract" : "200210452014"
        }
      }
    ]
```

上述搜索结果中并不包含"804"这样的字符串，但为什么会被搜索到呢？原因是自定义的最细粒度分析器 my_analyzer 把"804"切分成了 3 个字符，只要有一个数字在文档中出现过就能被搜到。类似的问题还有搜索词不相邻的问题，比如搜索"张伟"的时候，如果不做任何处理，会把"张大伟""张晓伟"这样的结果一并搜索出来，这显然不是用户想要的。为了达到类似于短语搜索的效果，你只需要将每个搜索词用引号标识起来即可。例如：

```
POST my_analyzer-text/_search
{
  "query": {
    "query_string": {
      "query": "\"汉大\" AND \"84\"",
      "analyzer": "my_analyzer"
    }
  }
}
```

这时候，就不会有任何结果被搜出来，因为索引中并不存在包含"84"的字符串。如果你将搜索的字符串修改成如下形式，就能重新搜到之前添加的数据了。
```

```
POST my_analyzer-text/_search
{
  "query": {
    "query_string": {
      "query": "\" 汉大 \" AND \"4520\"",
      "analyzer": "my_analyzer"
    }
  }
}
```

可以得到如下结果。

```
{
  "took" : 1,
  "timed_out" : false,
  "_shards" : {
    "total" : 1,
    "successful" : 1,
    "skipped" : 0,
    "failed" : 0
  },
  "hits" : {
    "total" : {
      "value" : 1,
      "relation" : "eq"
    },
    "max_score" : 1.7260926,
    "hits" : [
      {
        "_index" : "my_analyzer-text",
        "_type" : "_doc",
        "_id" : "1",
        "_score" : 1.7260926,
        "_source" : {
          "content" : "武汉大学",
          "abstract" : "200210452014"
        }
      }
    ]
  }
}
```

可见，把字符切分到最细粒度，再配合使用引号，就能最大限度地实现开发中的全文检索，而且每个检索的结果都是以短语相邻的方式出现。这种方法还可以用于手机号、身份证号的检索，比单纯使用 IK 分词器或标准分词器的效果好得多。

## 5.3 经纬度搜索

经纬度搜索在 GIS 开发中较为常见，比如你想在地图上搜索有哪些坐标点落在某个圆形、矩形或者多边形的区域内，这时经纬度搜索就会特别管用。

### 5.3.1 圆形搜索

圆形搜索（geo-distance）用于搜索距离某个圆心一定长度的检索半径之内的全部数据，传参时需要传入圆心坐标和检索半径。

先新建一个索引 geo-shop，并添加一些测试数据。

```
PUT geo-shop
{
  "mappings": {
    "properties": {
      "name":{
        "type": "keyword"
      },
      "location": {
        "type": "geo_point"
      }
    }
  }
}

PUT geo-shop/_bulk
{"index":{"_id":"1"}}
{"name":"北京","location":[116.4072154982,39.9047253699]}
{"index":{"_id":"2"}}
{"name":"上海","location":[121.4737919321,31.2304324029]}
{"index":{"_id":"3"}}
{"name":"天津","location":[117.1993482089,39.0850853357]}
{"index":{"_id":"4"}}
{"name":"顺义","location":[116.6569478577,40.1299127031]}
{"index":{"_id":"5"}}
{"name":"石家庄","location":[114.52,38.05]}
{"index":{"_id":"6"}}
{"name":"香港","location":[114.10000,22.20000]}
{"index":{"_id":"7"}}
{"name":"杭州","location":[120.20000,30.26667]}
{"index":{"_id":"8"}}
{"name":"青岛","location":[120.33333,36.06667]}
```

下面的请求会创建一个圆形搜索，它会搜索以经纬度 [116.4107, 39.96820] 为圆心，以

100km 为检索半径的城市列表。

```
POST geo-shop/_search
{
  "query": {
    "geo_distance": {
      "distance": "100km",
      "location": {
        "lat": 39.96820,
        "lon": 116.4107
      }
    }
  }
}
```

得到的结果如下，如果你加大检索半径，搜到的城市会更多。

```
"hits" : {
    "total" : {
      "value" : 2,
      "relation" : "eq"
    },
    "max_score" : 1.0,
    "hits" : [
      {
        "_index" : "geo-shop",
        "_type" : "_doc",
        "_id" : "1",
        "_score" : 1.0,
        "_source" : {
          "name" : "北京",
          "location" : [
            116.4072154982,
            39.9047253699
          ]
        }
      },
      {
        "_index" : "geo-shop",
        "_type" : "_doc",
        "_id" : "4",
        "_score" : 1.0,
        "_source" : {
          "name" : "顺义",
          "location" : [
            116.6569478577,
            40.1299127031
          ]
```

```
        }
      }
    ]
  }
```

## 5.3.2 矩形搜索

与圆形搜索不同,矩形搜索(geo-bounding box)需要提供左上角(top_left)和右下角(bottom_right)的经纬度坐标,这样才能查出所有的矩形范围内的数据。例如:

```
POST geo-shop/_search
{
  "query": {
    "geo_bounding_box": {
      "location": {
        "top_left": {
          "lat": 40.82,
          "lon": 111.65
        },
        "bottom_right": {
          "lat": 36.07,
          "lon": 120.33
        }
      }
    }
  }
}
```

在上面的矩形搜索参数中,top_left 中传入了呼和浩特市的坐标,bottom_right 中传入了青岛市的坐标,于是成功得到以下搜索结果。

```
"hits" : {
  "total" : {
    "value" : 4,
    "relation" : "eq"
  },
  "max_score" : 1.0,
  "hits" : [
    {
      "_index" : "geo-shop",
      "_type" : "_doc",
      "_id" : "1",
      "_score" : 1.0,
      "_source" : {
        "name" : "北京",
```

```
          "location" : [
            116.4072154982,
            39.9047253699
          ]
        }
      },
      {
        "_index" : "geo-shop",
        "_type" : "_doc",
        "_id" : "3",
        "_score" : 1.0,
        "_source" : {
          "name" : "天津",
          "location" : [
            117.1993482089,
            39.0850853357
          ]
        }
      },
      {
        "_index" : "geo-shop",
        "_type" : "_doc",
        "_id" : "4",
        "_score" : 1.0,
        "_source" : {
          "name" : "顺义",
          "location" : [
            116.6569478577,
            40.1299127031
          ]
        }
      },
      {
        "_index" : "geo-shop",
        "_type" : "_doc",
        "_id" : "5",
        "_score" : 1.0,
        "_source" : {
          "name" : "石家庄",
          "location" : [
            114.52,
            38.05
          ]
        }
      }
    ]
  }
```

### 5.3.3 多边形搜索

多边形搜索（geo-polygon）需要传入至少 3 个坐标点的数据，geo-polygon 会搜索出坐标点围成的多边形范围内的数据。例如：

```
POST geo-shop/_search
{
  "query": {
    "geo_polygon": {
      "location": {
        "points": [
          {
            "lat": 39.9,
            "lon": 116.4
          },
          {
            "lat": 41.8,
            "lon": 123.38
          },
          {
            "lat": 30.52,
            "lon": 114.31
          }
        ]
      }
    }
  }
}
```

可以得到以下搜索结果。

```
"hits" : {
  "total" : {
    "value" : 1,
    "relation" : "eq"
  },
  "max_score" : 1.0,
  "hits" : [
    {
      "_index" : "geo-shop",
      "_type" : "_doc",
      "_id" : "3",
      "_score" : 1.0,
      "_source" : {
        "name" : "天津",
        "location" : [
          117.1993482089,
```

```
                    39.0850853357
                ]
            }
        }
    ]
}
```

## 5.4 复合搜索

之前介绍的每种搜索方法都是提供单一的功能，本节介绍的搜索方法可以按照一定的方式组织多条不同的搜索语句，这样的搜索就是复合搜索。

### 5.4.1 布尔查询

布尔查询应该是项目开发中应用得很多的复合搜索方法了，它可以按照布尔逻辑条件组织多条查询语句，只有符合整个布尔条件的文档才会被搜索出来。在布尔条件中，可以包含两种不同的上下文。

（1）搜索上下文（query context）：使用搜索上下文时，Elasticsearch 需要计算每个文档与搜索条件的相关度得分，这个得分的计算需使用一套复杂的计算公式，有一定的性能开销，带文本分析的全文检索的查询语句很适合放在搜索上下文中。

（2）过滤上下文（filter context）：使用过滤上下文时，Elasticsearch 只需要判断搜索条件跟文档数据是否匹配，例如使用 Term query 判断一个值是否跟搜索内容一致，使用 Range query 判断某数据是否位于某个区间等。过滤上下文的查询不需要进行相关度得分计算，还可以使用缓存加快响应速度，很多术语级查询语句都适合放在过滤上下文中。

布尔查询一共支持 4 种组合类型，它们的使用说明如表 5.2 所示。

表 5.2 布尔查询的组合类型

| 类型 | 说明 |
| --- | --- |
| must | 可包含多个查询条件，每个条件均满足的文档才能被搜索到，每次查询需要计算相关度得分，属于搜索上下文 |
| should | 可包含多个查询条件，不存在 must 和 filter 条件时，至少要满足多个查询条件中的一个，文档才能被搜索到，否则需满足的条件数量不受限制，匹配到的查询越多相关度越高，也属于搜索上下文 |
| filter | 可包含多个过滤条件，每个条件均满足的文档才能被搜索到，每个过滤条件不计算相关度得分，结果在一定条件下会被缓存，属于过滤上下文 |
| must_not | 可包含多个过滤条件，每个条件均不满足的文档才能被搜索到，每个过滤条件不计算相关度得分，结果在一定条件下会被缓存，属于过滤上下文 |

下面发起一个布尔查询请求，如下所示。

```
POST test-3-2-1/_search
{
  "query": {
    "bool": {
      "must": [
        {
          "match": {
            "name": "张 刘 赵"
          }
        }
      ],
      "should": [
        {
          "range": {
            "age": {
              "gte": 10
            }
          }
        }
      ],
      "filter": [
        {
          "term": {
            "sex": "true"
          }
        }
      ],
      "must_not": [
        {
          "term": {
            "born": {
              "value": "2020-10-14 00:02:20"
            }
          }
        }
      ]
    }
  }
}
```

这个布尔查询请求中，must 部分使用 match 查询姓名包含"张 刘 赵"的文档，should 部分进一步筛选出年龄大于等于 10 的文档，filter 部分只保留 sex 字段为 true 的文档，must_not 部分去掉了出生日期为 2020-10-14 00:02:20 的文档。实际上在大部分的开发场景中，must 和 filter 是必不可少的，你可以使用下面的通用查询结构模板来完成多条件查询语句的组织。

```
// 通用查询结构模板
{
    "query": {
        "bool": {
            "must": [
                { "match": { "title":"hello"}},
                { "match": { "content": "world" }}
            ],
            "filter": [
                { "term":  { "status": "ok" }},
                { "range": { "born_date": { "gte": "2011-01-01" }}}
            ]
        }
    }
}
```

注意：虽然你可以把 match 放在 filter 里面，但是这样不会计算相关度得分，可能导致搜索结果的排序并不理想；你也可以把 term 放在 must 里面，但是这样就无法用到缓存，还要计算相关度得分，会导致查询变慢。因此，请在使用时养成好的搜索习惯，把需要文本分词的检索条件放到 must 里面，把不需要分词的检索条件放到 filter 里面。

你可以给布尔查询添加参数 minimum_should_match 来控制 should 条件至少需要匹配的数量。如果布尔查询存在 must 或 filter 子句，则该值默认为 1；否则，该值默认为 0。例如：

```
POST test-3-2-1/_search
{
  "query": {
    "bool": {
      "should": [
        {"match": {"name": " 刘 "}},
        {"match": {"name": " 王 "}},
        {"match": {"name": " 张 "}}
      ],
      "minimum_should_match" : 2
    }
  }
}
```

在这个布尔查询请求中，should 子句的 minimum_should_match 设置为 2，表示搜索结果必须匹配 3 个查询子句的 2 个以上。这个参数还可以设置为百分比形式，表示 should 子句至少需要匹配的比例（结果为小数则向下取整）。

## 5.4.2 常量得分查询

常量得分（constant score）查询本质上是过滤上下文，不会对文档计算相关度得分，每个搜索结果的得分会被赋值成请求传入的常数，默认每个文档的得分都是 1.0。例如：

```
POST test-3-2-1/_search
{
  "query": {
    "constant_score": {
      "filter": {
        "term": {
          "sex": "false"
        }
      },
      "boost": 1.2
    }
  }
}
```

由于上面的请求设置了 boost 参数为 1.2，这样搜出的文档得分就被赋值成 1.2。

```
{
  "took" : 1,
  "timed_out" : false,
  "_shards" : {
    "total" : 1,
    "successful" : 1,
    "skipped" : 0,
    "failed" : 0
  },
  "hits" : {
    "total" : {
      "value" : 2,
      "relation" : "eq"
    },
    "max_score" : 1.2,
    "hits" : [
      {
        "_index" : "test-3-2-1",
        "_type" : "_doc",
        "_id" : "4",
        "_score" : 1.2,
        "_source" : {
          "id" : "4",
          "name" : "李四",
          "sex" : false,
          "born" : "2020-10-14 00:02:20",
```

```
          "location" : {
            "lat" : 11.12,
            "lon" : -71.34
          }
        }
      },
      {
        "_index" : "test-3-2-1",
        "_type" : "_doc",
        "_id" : "1",
        "_score" : 1.2,
        "_source" : {
          "id" : "1",
          "sex" : false,
          "name" : "张三",
          "born" : "2020-09-11 00:02:20",
          "location" : {
            "lat" : 41.12,
            "lon" : -71.34
          }
        }
      }
    ]
  }
}
```

## 5.4.3 析取最大查询

析取最大查询（disjunction max）允许添加多个查询条件，符合任意条件的文档就会被搜索到，每个文档的相关度得分取匹配搜索条件的最大的那一个值。某些文档可能会同时匹配多个搜索条件，但可能由于得分均不高而无法排名靠前，这时可以在查询中添加 tie_breaker 参数，将其他匹配的查询得分也计入在内。例如：

```
POST sougoulog/_search
{
  "query": {
    "dis_max": {
      "queries": [
        {"match": {"keywords": "火车"}},
        {"match": {"rank": "1"}}
      ],
      "tie_breaker": 0.8
    }
  },
  "from": 0,
```

```
    "size": 10
}
```

这个请求添加了两个 match 查询条件，还设置了 tie_breaker 为 0.8，你可以把它的值设置为 0 ~ 1 范围内的任意小数，这个值越大，文档匹配的查询条件越多，排名就可以越靠前。该请求的搜索结果会返回至少匹配了一个 match 查询条件的文档。

### 5.4.4 相关度增强查询

相关度增强查询（boosting query）包含一个 positive 查询条件和一个 negative 查询条件，该查询会返回所有匹配 positive 查询条件的相关文档，在这些返回的文档中，匹配 negative 查询条件的文档相关度得分会降低，得分降低的程度可以使用 negative_boost 参数进行控制。例如：

```
POST sougoulog/_search
{
  "query": {
    "boosting": {
      "positive": {
        "match": {"keywords": "车"}},
      "negative": {
        "range": {"rank": {"lte": 10}
        }
      },
      "negative_boost": 0.5
    }
  }
}
```

上述代码会返回所有 keywords 字段包含"车"的文档，但是对于 rank 字段小于等于 10 的文档会将相关度乘 0.5 作为最后得分。上述代码会使符合 negative 查询条件的搜索结果的文档排序靠后，而其他文档的排序则靠前。

## 5.5 搜索结果的总数

从 Elasticsearch 7.x 开始，搜索结果中的 total 值会带有 value 和 relation 两个字段，当搜索结果总数小于等于 10000 时，返回的 relation 为 "eq"，表示此时的搜索结果的总数是准确的。一旦搜索结果的总数超过 10000，就默认会返回下面的内容。

```
...
"hits" : {
    "total" : {
      "value" : 10000,
      "relation" : "gte"
    },
...
```

发现此时搜索结果的 relation 变成了"gte"，表示实际的总数值比现在返回的值 10000 要大。默认最大只能返回 10000，这样设置是为了在不需要搜索结果的精确总数时可以提高查询性能。如果想获得搜索结果的准确总数，需要在查询中将参数 track_total_hits 设置为 true。

```
...
"query": {
    "match_all": {}
  },
  "track_total_hits": true
...
```

从以下返回结果中可以发现此时就能正确返回搜索结果总数了。

```
...
"hits" : {
    "total" : {
      "value" : 10001,
      "relation" : "eq"
    },
...
```

所以，在实际使用中，如果你需要用到搜索结果的总数，就应该主动把 track_total_hits 设置为 true，如果不需要用到它，则设置为 false。

## 5.6 搜索结果的分页

对搜索结果进行分页是极为常用的操作，Elasticsearch 支持的分页方式有 3 种：普通分页、滚动分页和 search after 分页。普通分页类似于关系数据库的分页方法，需要指定页面大小和起始位置的偏移量，它只适合页面数较少的场景，如果起始位置的偏移量太大，分页速度会变得很慢；滚动分页会在开始分页时产生一个数据快照，每个分页请求会返回一个 scroll_id，使用 scroll_id 就能获取下一页的数据；search after 可以用于深度分页，原理是利用上次分页的最后一条记录获取下一页的数据。下面就一一介绍每种分页方式的具体使用方法。本节使用的 sougoulog 索引数据请参考第 8 章的内容进行导入。

## 5.6.1 普通分页

普通分页需要在查询时提供两个参数，size 表示页面大小，from 表示分页记录起始位置，第一条数据的 from 值为 0。例如：

```
POST sougoulog/_search
{
  "query": {
    "match_all": {}
  },
  "size": 10,
  "from": 0,
  "track_total_hits": true
}
```

这个 match all 查询请求会获取搜索结果的前 10 条记录，这是很简单的分页方式，但是在 from+size 的值超过 10000 的时候会报错，原因是 Elasticsearch 不推荐使用这种方式进行深度分页。如果一定要用这种方式分页，需要在索引配置中调大 index.max_result_window 的值。

```
PUT _settings
{
  "index.max_result_window" : "2000000000"
}
```

## 5.6.2 滚动分页

发起滚动分页请求时，需要用 size 指定每次滚动的页面大小，在请求 url 中加上一个 scroll 参数代表滚动分页上下文保存的时间，如果超过指定的时间不往下滚动，则会因上下文过期而无法拉取到下一页的数据。例如：

```
POST sougoulog/_search?scroll=1m
{
  "query": {
    "match_all": {}
  },
  "size": 10,
  "track_total_hits": true
}
```

在上面的请求中，设置了每次滚动可拉取 10 条数据，查询后会得到一个 scroll_id。

```
{
  "_scroll_id" :
```

```
  "FgluY2x1ZGVfY29udGV4dF91dWlkDXF1ZXJ5QW5kRmV0Y2gBFGRGM3hQblVCVEw1
b2pZdXQxSnJlAAAAAAACFQWRUlqTWhOckRTb3ktQmJtbzNXOEpHQQ==",
    "took" : 1,
    "timed_out" : false,
...
```

这个 scroll_id 在 1min 以内有效，你可以使用它发起请求以得到下一条数据。

```
POST /_search/scroll
{
  "scroll": "1m",
  "scroll_id":
  "FgluY2x1ZGVfY29udGV4dF91dWlkDXF1ZXJ5QW5kRmV0Y2gBFGRGM3hQblVCVEw
1b2pZdXQxSnJlAAAAAAACFQWRUlqTWhOckRTb3ktQmJtbzNXOEpHQQ=="
}
```

在这个滚动下一页的请求中，传入了上次请求得到的 scroll_id，并且再一次设置了分页上下文的保存时间是 1min，这意味着分页上下文的时间又被延长了 1min，只要在 1min 以内发起请求以得到下一页数据，滚动分页的过程就不会中断。

滚动分页虽然可以用于深度分页，但是一旦开始分页，新的请求对数据的改变就无法被查询到，所以它不适合实时的分页查询请求，只适合用于导出某个时间点的大量数据。

注意：在某一次滚动分页的查询过程中，每个请求返回的 scroll_id 可能会有变化，所以使用时一定要用最后一次请求得到的那个 scroll_id，否则可能会导致请求失败。

滚动分页产生的分页上下文会占用一些系统资源，超过期限后会被系统自动回收。为了减少资源占用，最好在某个 scroll_id 不需要使用后立即手动回收。例如：

```
DELETE /_search/scroll
{
  "scroll_id" :
  "FgluY2x1ZGVfY29udGV4dF91dWlkDXF1ZXJ5QW5kRmV0Y2gBFGRGM3hQblVCVEw1
b2pZdXQxSnJlAAAAAAACFQWRUlqTWhOckRTb3ktQmJtbzNXOEpHQQ=="
}
```

如果需要清空全部的滚动分页上下文，可以使用如下代码。

```
DELETE /_search/scroll/_all
```

## 5.6.3　Search after 分页

滚动分页无法实时显示最新的数据，Search after 分页则可以有效避免这个问题，它的原理是每次根据上一次分页的最后一条记录的位置来寻找下一页的记录。

使用时先发起一个查询请求获取第一页的数据，与普通分页的唯一区别在于，这个查询请求必须添加一个唯一字段来进行排序，如果你的映射中没有唯一字段，可以使用文档

自带的主键字段"_id"。例如:

```
POST sougoulog/_search
{
  "query": {
    "match_all": {}
  },
  "track_total_hits": true,
  "size": 10,
  "from": 0,
  "sort": [
    {
      "id": {
        "order": "asc"
      }
    }
  ]
}
```

上述代码会取出搜索结果的前 10 条记录,数据按照唯一的字段 id 进行升序排列,在以下结果中你只需要关注最后一条数据的 sort 值。

```
...
{
        "_index" : "sougoulog",
        "_type" : "_doc",
        "_id" : "10",
        "_score" : null,
        "_source" : {
          "clicknum" : 2,
          "id" : 10,
          "keywords" : "[电脑创业]",
          "rank" : 2,
          "url" : "ks.cn.yahoo.com/question/1307120203719.html",
          "userid" : "99756668857142764",
          "visittime" : "00:00:00"
        },
        "sort" : [
          10
        ]
      }
...
```

再把这个 sort 值 10 作为 search_after 分页的参数传入下一次分页的请求,就能得到下一页的数据了。

```
POST sougoulog/_search
{
```

```
  "query": {
    "match_all": {}
  },
  "track_total_hits": true,
  "size": 10,
  "from": 0,
  "sort": [
    {
      "id": {
        "order": "asc"
      }
    }
  ],
  "search_after": [10]
}
```

注意：在使用 search_after 参数的查询中，from 参数必须为 0，否则会报错。另外，排序选择的字段必须是唯一的，不然会因为该字段相同的数据无法决定先后顺序导致分页的结果不正确。

## 5.7 搜索结果的排序

在 5.6 节中，你已经知道了如何给搜索结果添加排序功能，实际上排序的字段可以有多个，可以设置为升序或降序排列，其作用类似于 SQL 的 order by 语句的作用。例如：

```
POST test-3-2-1/_search
{
  "query": {
    "match_all": {}
  },"sort": [
    {
      "name.keyword": {
        "order": "desc"
      },
      "age": {
        "missing": "_last"
      }
    }
  ]
}
```

上述代码使用了 name.keyword 和 age 这两个字段进行排序，先对 name.keyword 按照降序排列，姓名相同时再对 age 使用默认的升序排列，missing 参数表示字段 age 为 null 时把数据排到最后。

Elasticsearch 还支持按照某个数组字段来排序，你可以配置以数组的最大值、最小值、平均值、总和、中间值作为排序依据。下面的请求将 mode 排序参数设置为 max，表示取数组字段 tags.keyword 的最大值作为排序依据。

```
POST shopping/_search
{
  "query": {
    "match_all": {}
  },
  "sort": [
    {
      "tags.keyword": {
        "mode": "max"
      }
    }
  ]
}
```

注意：在指定排序字段时，不可以直接将分词的 text 类型字段作为排序依据，因为 text 类型字段没有在磁盘上保存 doc value 值，而且这样做在业务上没有任何意义。通常用来排序的字段是日期类型的字段、数值类型的字段、关键字类型的字段，还可以是某些元数据字段，比如 _id、_score 等。默认情况下，_score 字段按照降序排列，其他字段按照升序排列。

## 5.8 筛选搜索结果返回的字段

有时候索引的字段数目比较多，而前端并不需要展示或者导出这么多字段，这时候就需要对搜索结果返回的字段进行筛选。以下请求用 _source 参数筛选出需要返回的字段列表 "born" 和 "name"。

```
POST test-3-2-1/_search
{
  "query": {
    "match_all": {}
  },
  "_source": [ "born", "name" ]
}
```

如果需要保留的字段太多，可以用 excludes 参数排除掉不需要的字段，字段中可以有通配符。

```
POST test-3-2-1/_search
{
  "query": {
    "match_all": {}
  },
  "_source": {
    "excludes": [
      "born",
      "id"
    ]
  }
}
```

注意：_source 中不能包含映射的 fields 参数中附带的字段，例如 name.keyword 就不能出现在 _source 的字段列表中。

你还可以实现在返回的结果中查询出字段的 doc value 值，所谓的 doc value 值，就是字段本身的数据内容，它与 _source 的值是一样的。在构建索引时，索引字段的 doc value 值会生成并存放在磁盘上，这个值主要用于排序和聚集统计，text 类型字段不支持 doc value 值。

```
POST test-3-2-1/_search
{
  "query": {
    "match_all": {}
  },
  "docvalue_fields": ["name.keyword"]
}
```

上述请求使用了 docvalue_fields 查看 name.keyword 字段的 doc value 值，可以发现它和 _source 中的 name 字段的内容是一样的，返回结果如下。

```
"hits" : [
    {
      "_index" : "test-3-1-3",
      "_type" : "_doc",
      "_id" : "2",
      "_score" : 1.0,
      "_source" : {
        "id" : "2",
        "name" : "赵二",
        "sex" : true,
        "born" : "2020-09-14 00:02:20",
        "location" : {
          "lat" : 11.12,
          "lon" : -71.34
```

```
          }
        },
        "fields" : {
          "name.keyword" : [
            "赵二"
          ]
        }
      }
```

## 5.9　高亮搜索结果中的关键词

　　高亮是搜索引擎中很常见的功能，使用百度或者谷歌搜索引擎搜索内容的时候，被搜索的关键词会以高亮形式出现在搜索结果中。这个功能在实现时通常要用到倒排索引中像表 2.2 那样记录每个分词出现的位置信息，它们在文本分析的过程中就生成了。

　　高亮功能的使用比较简单，只需要在 highlight 中传入需要高亮显示的字段和高亮标签，默认的高亮标签是 <em></em> 标签，你可以通过参数来自定义。例如：

```
POST my_analyzer-text/_search
{
  "query": {
    "query_string": {
      "query": "武术 \"210\""
    }
  },
  "highlight": {
    "pre_tags" : ["<tag1>"],
    "post_tags" : ["</tag1>"],
    "fields": {
      "abstract": {},
      "content": {}
    }
  }
}
```

　　这个请求表示在 query_string 查询的结果中，对 abstract 和 content 两个字段进行关键词高亮，使用了 pre_tags 和 post_tags 设置高亮标签。该请求会得到以下结果。

```
"hits" : [
  {
    "_index" : "my_analyzer-text",
    "_type" : "_doc",
    "_id" : "1",
    "_score" : 1.1507283,
```

```
      "_source" : {
        "content" : "武汉大学",
        "abstract" : "200210452014"
      },
      "highlight" : {
        "abstract" : [
          "200<tag1>2</tag1><tag1>1</tag1><tag1>0</tag1>452014"
        ],
        "content" : [
          "<tag1>武</tag1>汉大学"
        ]
      }
    }
```

可以看到，搜索结果的高亮文本在 highlight 字段中进行了展示，如果你想直接对所有字段进行高亮显示，可以把字段名设置为 *。

## 5.10 折叠搜索结果

如果你想知道索引中某个字段存在哪些不同的数据，就可以使用搜索的折叠功能，它的效果类似于 SQL 中的"select distinct"的效果，只保留某个字段不重复的数据。

先建立一个索引 collapse-test 并导入测试数据。

```
POST collapse-test/_bulk
{"index":{"_id":"1"}}
{"id":"1","name":"王五","level":5,"score":90}
{"index":{"_id":"2"}}
{"id":"2","name":"李四","level":5,"score":70}
{"index":{"_id":"3"}}
{"id":"3","name":"黄六","level":5,"score":70}
{"index":{"_id":"4"}}
{"id":"4","name":"张三","level":5,"score":50}
{"index":{"_id":"5"}}
{"id":"5","name":"马七","level":4,"score":50}
{"index":{"_id":"6"}}
{"id":"6","name":"黄小","level":4,"score":90}
```

然后在查询中添加一个 collapse 参数，选择在 level 字段上进行数据折叠。

```
POST collapse-test/_search
{
  "query": {
    "match_all": {}
  },
```

```
  "collapse": {
    "field": "level"
  }
}
```

结果如下，每个 level 会选择一条数据进行展示。

```
"hits" : [
    {
      "_index" : "collapse-test",
      "_type" : "_doc",
      "_id" : "1",
      "_score" : 1.0,
      "_source" : {
        "id" : "1",
        "name" : "王五",
        "level" : 5,
        "score" : 90
      },
      "fields" : {
        "level" : [
          5
        ]
      }
    },
    {
      "_index" : "collapse-test",
      "_type" : "_doc",
      "_id" : "5",
      "_score" : 1.0,
      "_source" : {
        "id" : "5",
        "name" : "马七",
        "level" : 4,
        "score" : 50
      },
      "fields" : {
        "level" : [
          4
        ]
      }
    }
]
```

可以看到 level 字段重复的数据都被折叠了，两个 level 各显示了一条数据。如果想展示每个 level 所包含的详细数据，可以使用 inner_hits 参数来获取。

```
POST collapse-test/_search
{
  "query": {
    "match_all": {}
  },
  "collapse": {
    "field": "level",
    "inner_hits": {
      "name": "by_level",
      "size": 2,
      "sort": [ { "score": "asc" } ]
    }
  }
}
```

上面的请求在 inner_hits 中配置了每个相同的 level 数据最多展示两条，并且按照 score 字段升序排列，部分结果如下。

```
"hits" : [
    {
        "_index" : "collapse-test",
        "_type" : "_doc",
        "_id" : "1",
        "_score" : 1.0,
        "_source" : {
            "id" : "1",
            "name" : "王五",
            "level" : 5,
            "score" : 90
        },
        "fields" : {
            "level" : [
                5
            ]
        },
        "inner_hits" : {
            "by_level" : {
                "hits" : {
                    "total" : {
                        "value" : 4,
                        "relation" : "eq"
                    },
                    "max_score" : null,
                    "hits" : [
                        {
                            "_index" : "collapse-test",
                            "_type" : "_doc",
```

```
                    "_id" : "4",
                    "_score" : null,
                    "_source" : {
                      "id" : "4",
                      "name" : "张三",
                      "level" : 5,
                      "score" : 50
                    },
                    "sort" : [
                      50
                    ]
                  },
                  {
                    "_index" : "collapse-test",
                    "_type" : "_doc",
                    "_id" : "2",
                    "_score" : null,
                    "_source" : {
                      "id" : "2",
                      "name" : "李四",
                      "level" : 5,
                      "score" : 70
                    },
                    "sort" : [
                      70
                    ]
                  }
                ]
              }
            }
          ...
```

可以看到 level 为 5 的数据一共有 4 条，但是只外显了 2 条。折叠效果可以嵌套到第二级，但是第二级不可以做 inner_hits 处理。例如下面的请求，我们在 collapse 参数中又嵌套了一个 collapse，但是只能在第一个 collapse 中做 inner_hits。

```
POST collapse-test/_search
{
  "query": {
    "match_all": {}
  },
  "collapse": {
    "field": "level",
    "inner_hits": {
      "name": "by_level",
      "size": 5,
      "sort": [ { "score": "asc" } ],
```

```
          "collapse": { "field": "score" }
     }
  }
}
```

从以下返回的结果的 inner_hits 中，可以看到 score 值相同的数据被折叠起来了。

```
"inner_hits" : {
       "by_level" : {
          "hits" : {
             "total" : {
                "value" : 4,
                "relation" : "eq"
             },
             "max_score" : null,
             "hits" : [
               {
                  "_index" : "collapse-test",
                  "_type" : "_doc",
                  "_id" : "4",
                  "_score" : null,
                  "_source" : {
                    "id" : "4",
                    "name" : "张三",
                    "level" : 5,
                    "score" : 50
                  },
                  "fields" : {
                    "score" : [
                       50
                    ]
                  },
                  "sort" : [
                    50
                  ]
               },
               {
                  "_index" : "collapse-test",
                  "_type" : "_doc",
                  "_id" : "2",
                  "_score" : null,
                  "_source" : {
                    "id" : "2",
                    "name" : "李四",
                    "level" : 5,
                    "score" : 70
                  },
                  "fields" : {
```

```
                    "score" : [
                      70
                    ]
                  },
                  "sort" : [
                    70
                  ]
                },
                {
                  "_index" : "collapse-test",
                  "_type" : "_doc",
                  "_id" : "1",
                  "_score" : null,
                  "_source" : {
                    "id" : "1",
                    "name" : "王五",
                    "level" : 5,
                    "score" : 90
                  },
                  "fields" : {
                    "score" : [
                      90
                    ]
                  },
                  "sort" : [
                    90
                  ]
                }
              ]
            }
          }
        }
```

注意：使用折叠功能时，选择的字段类型必须是关键字类型或者数值类型，否则请求会失败。

## 5.11 解释搜索结果

开发人员或许很想知道为什么一个文档在搜索结果中没有出现，或者为什么它能够出现，这时就可以使用搜索结果的解释 API 来显示原因，例如，下面的请求进行了 range 查询，想想看为什么主键为 4 的文档可以被检索到。

```
POST test-3-2-1/_explain/4
```

```
{
  "query": {
    "range": {
      "born": {
        "gte": "2020-09-11 08:00:00",
        "lte": "now/d",
        "time_zone": "+08:00"
      }
    }
  }
}
```

上面的请求在 url 中传入了文档的主键 4，指明需要解释的文档主键。请求体中是搜索的内容，会得到以下结果。

```
{
  "_index" : "test-3-2-1",
  "_type" : "_doc",
  "_id" : "4",
  "matched" : true,
  "explanation" : {
    "value" : 1.0,
    "description" : "born:[1599782400000 TO 1603987199999]",
    "details" : [ ]
  }
}
```

其中，matched 为 true 表示该文档能被搜到，原因是该文档的 born 值在范围查询的时间区间内，其中区间上界 now/d 参数被转换为时间戳 1603987199999。如果不能被搜索到也能根据搜索结果看出原因，这个工具还能查看文档相关度得分的计算过程，对于开发人员调试一些检索结果比较有用，大家可以多多尝试使用。

## 5.12 本章小结

本章介绍的是 Elasticsearch 功能的核心内容，讲述了各种常用的搜索方法以及对搜索结果的控制方法，本章的主要内容总结如下。

- 使用布尔查询可以构成常用的查询结构模板，它包括过滤上下文和搜索上下文，你可以根据逻辑的需要拼接多个检索条件。
- 精准级查询通常用于精确地查询或匹配某个字段，这个过程大多针对的是不做文本分析的字段，对搜索内容也不进行文本分析。这类查询通常需要放在布尔查询的过滤上下文中，这样可以直接跳过计算相关度得分并使用缓存加快响应速度。

- 全文检索意味着需要对搜索文本和检索字段的文本进行文本分析，通过调节文本分析器可以改变搜索结果，这些查询语句往往出现在布尔查询的搜索上下文中。
- 经纬度搜索支持检索索引的经纬度坐标在指定圆形、矩形、多边形范围内的点。
- 要准确获取搜索结果的总数，需要配置 track_total_hits 参数，否则在搜索结果超过 10000 时，total 值不准确。
- Elasticsearch 支持的分页方式有 3 种，普通分页只适合数据量小的场景，滚动分页和 search after 都可以用于深度分页。但滚动分页一旦开始，后续的查询无法显示索引数据最新的内容，search after 则没有这个问题，它是基于最后一次分页的结果查询下一页的数据，在使用它时要求要对搜索结果按照某个唯一的字段排序。
- 搜索结果可以使用折叠功能去掉某个关键字类型或数值类型字段的重复数据，折叠最多嵌套到第二级，使用折叠功能可以查看索引中某个字段的每种数据包含的文档列表。
- 可以使用 explain 端点来解释某个搜索条件能或者不能搜到一个文档的原因，这个工具常用来进行搜索结果的调试。

# 第6章 聚集统计

Elasticsearch 不仅是一个大数据搜索引擎，也是一个大数据分析引擎。它的聚集（aggregation）统计的 REST 端点可用于实现与统计分析有关的功能。Elasticsearch 提供的聚集分为三大类。

（1）度量聚集（Metric aggregation）：度量聚集可以用于计算搜索结果在某个字段上的数量统计指标，比如平均值、最大值、最小值、总和等。

（2）桶聚集（Bucket aggregation）：桶聚集可以在某个字段上划定一些区间，每个区间是一个"桶"，然后按照搜索结果的文档内容把文档归类到它所属的桶中，统计的结果能明确每个桶中有多少文档。桶聚集还可以嵌套其他的桶聚集或者度量聚集来进行一些复杂的指标计算。

（3）管道聚集（Pipeline aggregation）：管道聚集就是把桶聚集统计的结果作为输入来继续做聚集统计，会在桶聚集的结果中追加一些额外的统计数据。

本章的主要内容如下。

- 了解度量聚集的功能和使用方法，即统计索引的某个字段的最大值、最小值、基数、百分比分布数据等。
- 了解桶聚集的功能和使用方法，即把数据按照字段切分成多个桶并统计每个区间的文档数，以及在桶聚集中嵌套子聚集完成复杂的统计。
- 了解管道聚集的功能和使用方法，即对直方图聚集统计的结果再次做聚集统计。
- 了解 fielddata 字段数据，即对分词的 text 字段做聚集统计。
- 了解全局有序编号，怎样用它提升词条聚集的速度。
- 在聚集请求中使用后过滤器。

## 6.1 度量聚集

度量聚集用于计算搜索结果的数量指标，有些度量聚集只返回一个结果，有的则可以一次性返回多个指标结果。本节就来介绍使用常用的几种度量聚集统计索引的数量指标。本章使用的聚集统计需要用到第 8 章的测试数据来演示效果，请先按照第 8 章的内容导入索引数据。

## 6.1.1 平均值聚集

平均值聚集用来计算索引中某个数值字段的平均值,对索引 sougoulog 的字段 rank 求平均值的聚集请求如下。

```
POST sougoulog/_search
{
  "query": {
    "match_all": {}
  },
  "size": 0,
  "aggs": {
    "rank_avg": {
      "avg": {
        "field": "rank",
        "missing": 0
      }
    }
  }
}
```

在这个请求中,aggs 的参数使用了一个类型为 avg 的聚集,它会对 rank 字段求平均值,请求中的 missing 参数表示如果遇到 rank 字段为 null 的文档,则当作 0 计算。这一聚集被命名为 rank_avg,可以在响应的结果中使用这个名称得到以下统计的结果。

```
{
  "took" : 3,
  "timed_out" : false,
  "_shards" : {
    "total" : 1,
    "successful" : 1,
    "skipped" : 0,
    "failed" : 0
  },
  "hits" : {
    "total" : {
      "value" : 10000,
      "relation" : "eq"
    },
    "max_score" : null,
    "hits" : [ ]
  },
  "aggregations" : {
```

```
      "rank_avg" : {
        "value" : 32.7774
      }
    }
  }
}
```

可以看到，聚集统计的结果在 aggregations 中，平均值为 32.7774。

注意：聚集统计的对象是搜索结果，如果请求搜索了全部的数据，则是对全部的数据求平均值，实际中你可以按照业务逻辑的需要搜索出一部分文档做聚集统计。另外，对于不关心搜索结果的请求，可以把 size 参数设置为 0，这样可以提高统计的响应速度。

## 6.1.2 最大值和最小值聚集

使用最大值和最小值聚集可以快速地得到搜索结果中某个数值字段的最大值、最小值，例如，获取 rank 字段的最大值的请求如下。

```
POST sougoulog/_search
{
  "query": {
    "match_all": {}
  },
  "size": 0,
  "aggs": {
    "rank_max": {
      "max": {
        "field": "rank",
        "missing": 0
      }
    }
  }
}
```

此时把聚集名称设置为 rank_max，聚集类型为 max，得到了以下结果。

```
"aggregations" : {
    "rank_max" : {
      "value" : 1004.0
    }
}
```

同理，如果要得到 rank 字段的最小值，把聚集类型设置为 min 即可。

```
POST sougoulog/_search
{
  "query": {
```

```
      "match_all": {}
    },
    "size": 0,
    "aggs": {
      "rank_min": {
        "min": {
          "field": "rank",
          "missing": 0
        }
      }
    }
}
```

### 6.1.3 求和聚集

与平均值聚集类似，求和聚集可以让搜索结果在某个数值字段上求和。

```
POST sougoulog/_search
{
  "query": {
    "match_all": {}
  },
  "size": 0,
  "aggs": {
    "rank_sum": {
      "sum": {
        "field": "rank",
        "missing": 0
      }
    }
  }
}
```

统计结果依然可以将聚集名称 rank_sum 作为 key 值取出。

```
"aggregations" : {
    "rank_sum" : {
      "value" : 327774.0
    }
}
```

### 6.1.4 统计聚集

统计聚集可以一次性返回搜索结果在某个数值字段上的最大值、最小值、平均值、个数、总和。

```
POST sougoulog/_search
{
  "query": {
    "match_all": {}
  },
  "size": 0,
  "aggs": {
    "rank_stats": {
      "stats": {
        "field": "rank",
        "missing": 0
      }
    }
  }
}
```

使用上述代码可以得到 rank 字段的各种统计数据。

```
"aggregations" : {
    "rank_stats" : {
      "count" : 10000,
      "min" : 1.0,
      "max" : 1004.0,
      "avg" : 32.7774,
      "sum" : 327774.0
    }
  }
```

## 6.1.5 基数聚集

基数聚集用于近似地计算搜索结果在某个字段上有多少个基数——也就是有多少种不同的数据。这个值在基数很大（例如 40000 以上）的时候可能不准确，精准度可以通过阈值参数 precision_threshold 进行控制。

```
POST sougoulog/_search
{
  "query": {
    "match_all": {}
  },
  "size": 0,
  "aggs": {
    "rank_cardinality": {
      "cardinality": {
        "field": "rank",
        "precision_threshold": 10
```

```
            }
          }
        }
      }
```

以上这个请求会计算 rank 字段的基数，precision_threshold 设置为 10 表示如果搜索结果的基数大于 10，统计结果可能存在误差。调大这个阈值有利于提高统计的精准度，其默认值是 3000，最大可以设置为 40000。这个值配置得越大就越消耗内存，所以实际中需要在精准度和内存消耗中进行权衡。该请求会得到以下结果，但由于阈值设置得太低，这个结果是不准确的。

```
"aggregations" : {
    "rank_cardinality" : {
        "value" : 193
    }
}
```

再试试把 precision_threshold 提高到 200，此时统计结果的精准度就提高了，结果如下。

```
"aggregations" : {
    "rank_cardinality" : {
        "value" : 209
    }
}
```

## 6.1.6 百分比聚集

百分比聚集用于近似地查看搜索结果中某个字段的百分比分布数据，你可以根据搜索结果清晰地看出某个值以内的数据在整体数据集中的占比。例如，对 sougoulog 的 rank 字段做百分比聚集的请求如下。

```
POST sougoulog/_search
{
  "query": {
    "match_all": {}
  },
  "size": 0,
  "aggs": {
    "rank_percent": {
      "percentiles": {
        "field": "rank"
      }
    }
  }
}
```

得到的结果是一组数据。

```
"aggregations" : {
    "rank_percent" : {
      "values" : {
        "1.0" : 1.0,
        "5.0" : 1.0,
        "25.0" : 1.0,
        "50.0" : 3.0,
        "75.0" : 8.0,
        "95.0" : 67.0,
        "99.0" : 1001.0
      }
    }
  }
```

这组数据的意思是，有 25% 的文档 rank 值不超过 1.0，有 50% 的文档 rank 值不超过 3.0，有 95% 的文档 rank 值不超过 67.0 等。当然，如果你只关心 90% 和 95% 的文档的 rank 值分布，你可以自定义区间进行传入。

```
POST sougoulog/_search
{
  "query": {
    "match_all": {}
  },
  "size": 0,
  "aggs": {
    "rank_percent": {
      "percentiles": {
        "field": "rank",
        "percents": [ 90, 95 ]
      }
    }
  }
}
```

这里只传入了 90 和 95 作为百分比计算的区间值，也就只得到这两个值对应的百分比分布数据。结果如下。

```
"aggregations" : {
    "rank_percent" : {
      "values" : {
        "90.0" : 22.21875,
        "95.0" : 67.32727272727273
      }
```

    }
  }
```

这个结果表明，有 90% 的文档 rank 值大约不超过 22.2；有 95% 的文档 rank 值大约不超过 67.3。由于这个聚集统计的结果是近似值，每次请求时查询的结果可能有细微的区别。

## 6.1.7　百分比等级聚集

百分比等级聚集跟百分比聚集的参数恰好相反，传入一组值，就可以看到这个值以内的数据占整体数据的百分比。例如：

```
POST sougoulog/_search
{
  "query": {
    "match_all": {}
  },
  "size": 0,
  "aggs": {
    "percent_ranks": {
      "percentile_ranks": {
        "field": "rank",
        "values": [ 10, 50 ]
      }
    }
  }
}
```

在这个聚集请求中，把聚集类型设置为 percentile_ranks 表示发起百分比等级聚集，values 用来设置需要查看的 rank 值，可以得到以下结果。

```
"aggregations" : {
    "percent_ranks" : {
      "values" : {
        "10.0" : 82.98,
        "50.0" : 94.22
      }
    }
  }
```

这个结果表明，有 82.98% 的文档 rank 值小于等于 10，有 94.22% 的文档 rank 值小于等于 50。
```

## 6.1.8 头部命中聚集

头部命中聚集常作为桶聚集的子聚集来使用，你可以先使用桶聚集将文档分发到一系列的桶中，然后使用头部命中聚集展示每个桶中的前几条记录，这样可以得到每个分组的 top-N 的效果。例如：

```
POST sougoulog/_search
{
  "query": {
    "match_all": {}
  },
  "size": 0,
  "aggs": {
    "groupbytime": {
      "terms": {
        "field": "visittime",
        "size": 10
      },
      "aggs": {
        "top-N": {
          "top_hits": {
            "size": 2,
            "_source": {
              "includes": [ "keywords", "rank" ]
            },
            "sort": ["userid.keyword"]
          }
        }
      }
    }
  }
}
```

上面的请求首先创建了一个 terms 聚集，它会按照 visittime 分组统计出每个时间点的文档数。然后嵌套了一个子聚集 top_hits，取名为 top-N，它会展示每个时间点排名前二的文档，文档按照 userid.keyword 字段排序，且每个文档只返回 keywords 和 rank 两个字段。部分聚集统计的结果如下。

```
"aggregations" : {
  "groupbytime" : {
    "doc_count_error_upper_bound" : 0,
    "sum_other_doc_count" : 9718,
    "buckets" : [
      {
        "key" : 60000,
```

```
          "key_as_string" : "00:01:00",
          "doc_count" : 31,
          "top-N" : {
            "hits" : {
              "total" : {
                "value" : 31,
                "relation" : "eq"
              },
              "max_score" : null,
              "hits" : [
                {
                  "_index" : "sougoulog",
                  "_type" : "_doc",
                  "_id" : "1062",
                  "_score" : null,
                  "_source" : {
                    "keywords" : "[q米]",
                    "rank" : 3
                  },
                  "sort" : [
                    "02273127992257179"
                  ]
                },
                {
                  "_index" : "sougoulog",
                  "_type" : "_doc",
                  "_id" : "1057",
                  "_score" : null,
                  "_source" : {
                    "keywords" : "[健身技巧]",
                    "rank" : 1
                  },
                  "sort" : [
                    "03818150758558614"
                  ]
                }
              ]
              ...
```

## 6.1.9 矩阵统计聚集

矩阵统计聚集会根据你指定的索引的一到多个数值字段计算出一组数理统计学方面的指标，包括总数、平均值、方差、偏度、峰度、协方差、相关系数等。向索引 sougoulog 发起一个矩阵统计聚集请求，如下所示。

```
POST sougoulog/_search
{
  "query": {
    "match_all": {}
  },
  "size": 0,
  "aggs": {
    "matrix": {
      "matrix_stats": {
        "fields": ["rank","clicknum"]
      }
    }
  }
}
```

该请求将聚集类型设置为 matrix_stats，fields 设置需要统计的字段列表为 rank 和 clicknum，要求字段为数值型字段。在以下结果中，每个字段的数理统计指标会被分别展示出来。

```
"aggregations" : {
    "matrix" : {
      "doc_count" : 10000,
      "fields" : [
        {
          "name" : "rank",
          "count" : 10000,
          "mean" : 32.77739999999998,
          "variance" : 22898.521301370132,
          "skewness" : 6.06692129359658,
          "kurtosis" : 38.64973077748711,
          "covariance" : {
            "rank" : 22898.521301370132,
            "clicknum" : 19.04506540654058
          },
          "correlation" : {
            "rank" : 1.0,
            "clicknum" : 0.00670311324283664
          }
        },
        {
          "name" : "clicknum",
          "count" : 10000,
          "mean" : 9.396499999999966,
          "variance" : 352.5367414241418,
          "skewness" : 7.864595808414078,
          "kurtosis" : 98.71084172023316,
          "covariance" : {
```

```
              "rank" : 19.04506540654058,
              "clicknum" : 352.5367414241418
            },
            "correlation" : {
              "rank" : 0.00670311324283664,
              "clicknum" : 1.0
            }
          }
        ]
      }
```

## 6.2 桶聚集

桶聚集会按照某个字段划分出一些区间，把搜索结果的每个文档按照字段所在的区间划分到桶中，桶聚集会返回每个桶拥有的文档数目。桶的数目既可以用参数确定，也可以在执行过程中按照数据内容动态生成。桶的默认上限数目是 65535，返回的桶数目超过这个数目会报错。另外，桶聚集可以嵌套其他的聚集来得到一些复杂的统计结果，度量聚集是不能嵌套其他子聚集的。

### 6.2.1 词条聚集

词条聚集是常用的桶聚集，它的功能类似于 SQL 中的 group by 做分组统计的功能。它会根据指定的字段内容给每种值生成一个桶，并返回每种值对应的文档数量。

下面来创建一个词条聚集请求，把聚集类型设置为 terms，选择聚集的字段为 visittime，它会返回每个时间点的文档数目。

```
POST sougoulog/_search
{
  "query": {
    "match_all": {}
  },
  "size": 0,
  "aggs": {
    "group_by_time": {
      "terms": {
        "field": "visittime",
        "size": 3,
        "order": {
          "_count": "desc"
        }
```

```
            }
          }
        }
      }
```

在这个请求中，将 size 设置为 3 表明只需要返回前 3 个桶，在 order 参数中配置了按照文档数目（_count）降序（desc）排列。结果如下。

```
"hits" : {
    "total" : {
      "value" : 10000,
      "relation" : "eq"
    },
    "max_score" : null,
    "hits" : [ ]
},
"aggregations" : {
    "group_by_time" : {
      "doc_count_error_upper_bound" : 0,
      "sum_other_doc_count" : 9911,
      "buckets" : [
        {
          "key" : 60000,
          "key_as_string" : "00:01:00",
          "doc_count" : 31
        },
        {
          "key" : 0,
          "key_as_string" : "00:00:00",
          "doc_count" : 29
        },
        {
          "key" : 117000,
          "key_as_string" : "00:01:57",
          "doc_count" : 29
        }
      ]
    }
}
```

果然，统计结果返回了文档数最多的 3 个桶，如果不指定 size 的大小，则会返回 10 个桶。doc_count_error_upper_bound 的值代表统计错误的边界，这个值大于 0 时，代表统计结果存在遗漏的词条没有返回，如果要做到统计准确，则需要增大 size 的值到足够大而不是只返回 10 个桶。结果参数 sum_other_doc_count 表示除了返回的这 3 个桶的数据，还有多少条数据没在桶中展示。另外，词条聚集还支持按照桶的值排序，只需要把 order 参

数中的 _count 改为 _key 即可。

注意：为什么 size 值较小时统计出的文档数量可能不准确。当把 size 设置为 3 时，该请求会到每个分片上取出每个词条前 3 名的统计值并返回然后汇总合并得到最后结果，由于是根据每个分片的局部结果进行合并，可能导致最后统计出的词条总数不对；也可能词条总数是对的，但是数量计算得不对。所以，要确保得到精确的结果，就应该把 size 设置成大于等于该字段的基数，但这样做需要更多的性能开销。如果觉得 size 太大时返回的桶太多，也可以在 size 参数后面添加一个值比较大的请求参数 shard_size，它表示去每个分片取出的词条数，这样既不会影响返回的桶数目，还可以提高计算精度。

如果想让每个桶返回被遗漏计算的最大错误数，可以在请求中添加参数 show_term_doc_count_error。

```
POST sougoulog/_search
{
  "query": {
    "match_all": {}
  },
  "size": 0,
  "aggs": {
    "group_by_time": {
      "terms": {
        "field": "visittime",
        "size": 3,
        "order": {
          "_count": "desc"
        },
        "show_term_doc_count_error": true
      }
    }
  }
}
```

在得到的结果中，可以从每个桶的结果中找到计算错误的边界。

```
"aggregations" : {
    "group_by_time" : {
      "doc_count_error_upper_bound" : 0,
      "sum_other_doc_count" : 9911,
      "buckets" : [
        {
          "key" : 60000,
          "key_as_string" : "00:01:00",
          "doc_count" : 31,
          "doc_count_error_upper_bound" : 0
        },
```

```
      {
        "key" : 0,
        "key_as_string" : "00:00:00",
        "doc_count" : 29,
        "doc_count_error_upper_bound" : 0
      },
      {
        "key" : 117000,
        "key_as_string" : "00:01:57",
        "doc_count" : 29,
        "doc_count_error_upper_bound" : 0
      }
    ]
  }
}
```

当发现 doc_count_error_upper_bound 的值大于 0 时，就有必要增大 size 或者 shard_size 参数的值来提高统计的精度。

如果想在统计结果中去掉文档数少于某个值的结果，可以配置参数 min_doc_count，下面的请求只返回文档数目大于等于 30 的桶。

```
POST sougoulog/_search
{
  "query": {
    "match_all": {}
  },
  "size": 0,
  "aggs": {
    "group_by_time": {
      "terms": {
        "field": "visittime",
        "size": 10,
        "order": {
          "_count": "desc"
        },
        "show_term_doc_count_error": true,
        "min_doc_count": 30
      }
    }
  }
}
```

词条聚集不但可以按照文档数或桶名称排序，还可以按照子聚集的统计结果排序。

```
POST sougoulog/_search
{
  "query": {
```

```
        "match_all": {}
      },
      "size": 0,
      "aggs": {
        "group_by_time": {
          "terms": {
            "field": "visittime",
            "size": 10,
            "order": {
              "sum_rank": "desc"
            },
            "show_term_doc_count_error": true,
            "min_doc_count": 10
          },
          "aggs": {
            "sum_rank": {
              "sum": {
                "field": "rank"
              }
            }
          }
        }
      }
    }
```

此时把排序的字段设置为子聚集 sum_rank 的名称,表示按照 rank 字段的总和降序排列返回的桶。

注意:在做聚集统计时,所选择的字段一般是 data、keyword 或者数值字段,对于要进行文本分析的 text 字段需要开启 fielddata 功能才能进行聚集统计,这种操作会在 6.4 节中介绍。

## 6.2.2 范围聚集

范围聚集需要你提供一组左闭右开的区间,在返回的结果中会得到搜索结果的某个字段落在每个区间的文档数目,参数 from 用于提供区间下界,to 用于提供区间上界。统计的字段既可以是数值类型的字段也可以是日期类型的字段。例如:

```
POST sougoulog/_search
{
  "query": {
    "match_all": {}
  },
  "size": 0,
```

```
      "aggs": {
        "range_rank": {
          "range": {
            "field": "rank",
            "ranges": [
              {
                "to": 20
              },
              {
                "from": 20,
                "to": 50
              },
              {
                "from": 50
              }
            ]
          }
        }
      }
    }
```

此时的聚集类型为 range，field 设置了统计的字段为 rank，ranges 提供区间内容，得到的结果如下。

```
    "aggregations" : {
      "range_rank" : {
        "buckets" : [
          {
            "key" : "*-20.0",
            "to" : 20.0,
            "doc_count" : 8895
          },
          {
            "key" : "20.0-50.0",
            "from" : 20.0,
            "to" : 50.0,
            "doc_count" : 521
          },
          {
            "key" : "50.0-*",
            "from" : 50.0,
            "doc_count" : 584
          }
        ]
      }
    }
```

这个结果表示，有 8895 个文档的 rank 值小于 20，有 521 个文档的 rank 值大于等于 20 小于 50，rank 值大于等于 50 的文档有 584 个。

### 6.2.3 日期范围聚集

日期范围聚集是一种特殊的范围聚集，它要求统计的字段类型必须是日期类型，在索引 test-3-2-1 中保存的日期字段 born 用的是 UTC 时间，下面的代码会实现在这个 born 字段上做日期范围聚集。

```
POST test-3-2-1/_search
{
  "query": {
    "match_all": {}
  },
  "size": 10,
  "aggs": {
    "range_rank": {
      "date_range": {
        "field": "born",
        "ranges": [
          {
            "from": "2020-09-11 00:00:00",
            "to": "2020-10-11 00:00:00"
          },
          {
            "from": "2020-10-11 00:00:00",
            "to": "2020-11-11 00:00:00"
          }
        ]
      }
    }
  }
}
```

这个请求提供了两个 UTC 时间的区间，这两个区间也是左闭右开的。统计时，请求会把 born 字段属于各个区间内的文档放入桶进行统计。该请求可以得到以下统计结果。

```
"aggregations" : {
    "range_rank" : {
      "buckets" : [
        {
          "key" : "2020-09-11 00:00:00-2020-10-11 00:00:00",
          "from" : 1.5997824E12,
          "from_as_string" : "2020-09-11 00:00:00",
```

```
          "to" : 1.6023744E12,
          "to_as_string" : "2020-10-11 00:00:00",
          "doc_count" : 3
        },
        {
          "key" : "2020-10-11 00:00:00-2020-11-11 00:00:00",
          "from" : 1.6023744E12,
          "from_as_string" : "2020-10-11 00:00:00",
          "to" : 1.6050528E12,
          "to_as_string" : "2020-11-11 00:00:00",
          "doc_count" : 1
        }
      ]
    }
  }
```

如果你觉得传入 UTC 时间不习惯，可以设置时区并传入北京时间来作为区间边界，以下请求跟前面的请求是等价的。

```
POST test-3-2-1/_search
{
  "query": {
    "match_all": {}
  },
  "size": 10,
  "aggs": {
    "range_rank": {
      "date_range": {
        "field": "born",
        "time_zone": "+08:00",
        "ranges": [
          {
            "from": "2020-09-11 08:00:00",
            "to": "2020-10-11 08:00:00"
          },
          {
            "from": "2020-10-11 08:00:00",
            "to": "2020-11-11 08:00:00"
          }
        ]
      }
    }
  }
}
```

注意：如果建索引时 born 字段写入的数据已经是北京时间，那么 ranges 的时间区间可以直接传入北京时间而不需要设置时区，这其实也是一种简化的时区处理方法。但是你需要理解，即使你把一个不带时区的北京时间字符串写进 born 字段，Elasticsearch 在后台还是会把它作为 UTC 时间的时间戳来保存，在 born 字段上进行一次排序就能看到 born 字段存储的时间戳。

## 6.2.4 直方图聚集

直方图聚集经常用于做一些柱状图和折线图的展示，它可以选择一个数值或日期字段，然后根据字段的最小值和区间步长生成一组区间，统计出每个区间的文档数目。例如：

```
POST sougoulog/_search
{
  "query": {
    "match_all": {}
  },
  "size": 0,
  "aggs": {
    "histogram_rank": {
      "histogram": {
        "field": "rank",
        "interval": 400
      }
    }
  }
}
```

这个请求设置了聚集类型为 histogram，会统计 rank 字段的直方图分布数据，还设置了区间步长为 400，返回的结果如下。

```
"aggregations" : {
    "histogram_rank" : {
      "buckets" : [
        {
          "key" : 0.0,
          "doc_count" : 9760
        },
        {
          "key" : 400.0,
          "doc_count" : 9
        },
        {
          "key" : 800.0,
          "doc_count" : 231
        },
      ]
```

```
    }
  }
```

这个结果返回了 3 个左闭右开的区间，如果你想把区间的上界扩展到 1500，可以使用 extended_bounds 参数扩大区间的边界来强制返回空桶，代码如下。

```
POST sougoulog/_search
{
  "query": {
    "match_all": {}
  },
  "size": 0,
  "aggs": {
    "histogram_rank": {
      "histogram": {
        "field": "rank",
        "interval": 400,
        "extended_bounds": {
          "min": 0,
          "max": 1500
        }
      }
    }
  }
}
```

上面的请求使用 extended_bounds 中的 max 设置区间的上限，使用 min 设置区间的下限，可以得到扩展边界中的空桶，因此在结果中比前面多返回了一个桶，该桶的 key 为 1200，表示区间 [1200,1600)。

```
"aggregations" : {
  "histogram_rank" : {
    "buckets" : [
      {
        "key" : 0.0,
        "doc_count" : 9760
      },
      {
        "key" : 400.0,
        "doc_count" : 9
      },
      {
        "key" : 800.0,
        "doc_count" : 231
      },
      {
        "key" : 1200.0,
```

```
            "doc_count" : 0
        }
    ]
  }
}
```

## 6.2.5 日期直方图聚集

日期直方图聚集的功能和直方图聚集的基本一样,但它只能在日期字段上做聚集,常用于做时间维度的统计分析。使用它可以非常方便地设置时间间隔,既可以是固定长度的时间间隔,也可以是日历时间间隔,例如你想了解每个月文档的数量分布,由于大小月的关系,应该把时间间隔设置为 month,而不是固定为 30 天。

参数 calendar_interval 用于设置日历时间间隔,可选的配置如表 6.1 所示。

表 6.1 日历时间间隔的配置

| 配置 | 说明 |
| --- | --- |
| minute | 每个时间区间长度为 1 分钟,每个区间从 0 秒开始到下一分钟的 0 秒结束 |
| hour | 每个时间区间长度为 1 小时,每个区间从 0 分 0 秒开始到下一小时的 0 分 0 秒结束 |
| day | 每个时间区间长度为 1 天,每个区间从 0 点开始到下一天的 0 点结束 |
| week | 每个区间间隔是 1 周,每个区间从所在周那一天的 0 点开始到下一周的同一天的 0 点结束 |
| month | 每个区间间隔是 1 个月,每个区间从 1 号的 0 点开始到下个月 1 号的 0 点结束 |
| quarter | 每个区间间隔是 1 个季度,每个区间从所在月的 1 号 0 点开始到 3 个月后的 1 号 0 点结束 |
| year | 每个区间间隔是 1 年,每个区间从所在年份的 1 月 1 日 0 点开始到下一年的 1 月 1 日 0 点结束 |

下面来尝试实现日期直方图聚集,只需要传入时间间隔就可以切分区间,不用像范围聚集那样需传入每个区间的边界。

```
POST test-3-2-1/_search
{
  "query": {
    "match_all": {}
  },
  "size": 10,
  "aggs": {
    "range_rank": {
      "date_histogram": {
        "field": "born",
        "calendar_interval": "month",
        "time_zone": "+08:00"
      }
```

```
      }
    }
  }
```

在这个请求中,由于 born 字段保存了 UTC 时间,为了得到北京时间的统计结果,参数 time_zone 设置了时区为 +08:00,时间间隔为一个月,得到的结果如下。

```
"aggregations" : {
  "range_rank" : {
    "buckets" : [
      {
        "key_as_string" : "2020-09-01 00:00:00",
        "key" : 1598889600000,
        "doc_count" : 3
      },
      {
        "key_as_string" : "2020-10-01 00:00:00",
        "key" : 1601481600000,
        "doc_count" : 1
      }
    ]
  }
}
```

如果想得到 8 月到 12 月的结果,可以配置范围边界强制返回空桶,这个功能在实际开发中很有用,因为经常需要返回某一年或某一天内的所有桶。

```
POST test-3-2-1/_search
{
  "query": {
    "match_all": {}
  },
  "size": 10,
  "aggs": {
    "range_rank": {
      "date_histogram": {
        "field": "born",
        "calendar_interval": "month",
        "time_zone": "+08:00",
        "extended_bounds": {
          "min": "2020-08-01 00:00:00",
          "max": "2020-12-01 00:00:00"
        }
      }
    }
  }
}
```

会得到如下统计结果。

```
"aggregations" : {
    "range_rank" : {
        "buckets" : [
            {
                "key_as_string" : "2020-08-01 00:00:00",
                "key" : 1596211200000,
                "doc_count" : 0
            },
            {
                "key_as_string" : "2020-09-01 00:00:00",
                "key" : 1598889600000,
                "doc_count" : 3
            },
            {
                "key_as_string" : "2020-10-01 00:00:00",
                "key" : 1601481600000,
                "doc_count" : 1
            },
            {
                "key_as_string" : "2020-11-01 00:00:00",
                "key" : 1604160000000,
                "doc_count" : 0
            },
            {
                "key_as_string" : "2020-12-01 00:00:00",
                "key" : 1606752000000,
                "doc_count" : 0
            }
        ]
    }
}
```

对于固定长度的时间间隔，可以用 fixed_interval 来配置，你可以配置 2d、3d 这样的时间间隔而不是像日历间隔那样只能固定看一天、一周、一月、一季、一年的间隔。例如：

```
POST test-3-2-1/_search
{
  "query": {
    "match_all": {}
  },
  "size": 10,
  "aggs": {
    "range_rank": {
      "date_histogram": {
        "field": "born",
```

```
            "fixed_interval": "30d",
            "time_zone": "+08:00"
        }
      }
    }
}
```

这个结果得到的桶的 key 就不再表示每个月的 1 号了，区间的 key 值是根据数据本身并结合公式计算出来的，代码如下。

```
"aggregations" : {
    "range_rank" : {
      "buckets" : [
        {
          "key_as_string" : "2020-09-05 00:00:00",
          "key" : 1599235200000,
          "doc_count" : 3
        },
        {
          "key_as_string" : "2020-10-05 00:00:00",
          "key" : 1601827200000,
          "doc_count" : 1
        }
      ]
    }
}
```

固定长度的时间间隔最大的时间单位是天（d），还可以使用小时（h）、分钟（m）、秒（s）、毫秒（ms），不支持以周（week）、月（month）、季度（quarter）、年（year）作为固定长度的时间间隔单位。

## 6.2.6　缺失聚集

使用缺失聚集可以很方便地统计出索引中某个字段缺失或者为空的文档数量。例如：

```
POST test-3-2-1/_search
{
  "query": {
    "match_all": {}
  },
  "size": 10,
  "aggs": {
    "miss": {
      "missing": {
        "field": "age"
```

```
            }
          }
        }
      }
    }
```

该聚集请求直接返回 age 字段为空的文档数量。

```
"aggregations" : {
    "miss" : {
        "doc_count" : 4
    }
}
```

## 6.2.7 过滤器聚集

过滤器聚集往往作为其他聚集的父聚集使用，它可以在其他的聚集开始之前去掉一些文档使其不纳入统计，但是过滤器聚集的过滤条件对搜索结果不起作用。也就是说，它只过滤聚集结果，不过滤搜索结果。例如：

```
POST test-3-2-1/_search
{
  "query": {
    "match_all": {}
  },
  "size": 0,
  "aggs": {
    "filteraggs": {
      "filter": {
        "term": {
          "name.keyword": "张三"
        }
      },
      "aggs": {
        "names": {
          "terms": {
            "field": "name.keyword",
            "size": 10
          }
        }
      }
    }
  }
}
```

在这个嵌套聚集请求中，先使用过滤器聚集只保留姓名为"张三"的文档，然后嵌套了词条聚集，聚集的结果只出现一个桶，但是搜索结果还是会返回所有的文档。这里设置了 size 为 0 没有展示搜索详情，但是如下所示 total 已经返回了全部文档总数。

```
  "hits" : {
    "total" : {
      "value" : 4,
      "relation" : "eq"
    },
    "max_score" : null,
    "hits" : [ ]
  },
  "aggregations" : {
    "filteraggs" : {
      "doc_count" : 1,
      "names" : {
        "doc_count_error_upper_bound" : 0,
        "sum_other_doc_count" : 0,
        "buckets" : [
          {
            "key" : "张三",
            "doc_count" : 1
          }
        ]
      }
    }
  }
```

## 6.2.8 多过滤器聚集

跟过滤器聚集相比，多过滤器聚集允许添加多个过滤条件，每个条件生成一个桶，聚集结果会返回每个桶匹配的文档数。你还可以把不属于任何过滤器的文档全部放入一个名为"_other_"的桶。例如：

```
POST test-3-2-1/_search
{
  "query": {
    "match_all": {}
  },
  "size": 0,
  "aggs": {
    "filtersaggs": {
      "filters": {
        "other_bucket": true,
        "filters": {
          "zhang": {
```

```
              "match": {
                "name": "张"
              }
            },
            "wang": {
              "match": {
                "name": "王"
              }
            }
          }
        }
      }
    }
```

这个请求定义了两个过滤条件,分别用 match 搜索姓名包含"张"和"王"的文档,搜索的结果数会各自返回到桶中,other_bucket 参数设置为 true 表示显示不属于任何过滤器的文档数到名为"_other_"的桶中,代码如下。

```
"aggregations" : {
    "filtersaggs" : {
      "buckets" : {
        "wang" : {
          "doc_count" : 1
        },
        "zhang" : {
          "doc_count" : 1
        },
        "_other_" : {
          "doc_count" : 2
        }
      }
    }
}
```

## 6.3 管道聚集

前面谈到的聚集都是对索引的文档数据进行统计,但是管道聚集统计的对象不是索引中的文档数据,它是对桶聚集产生的结果做进一步聚集从而得到一些新的统计结果。管道聚集需要你提供一个桶聚集的相对路径来确定统计的桶对象。根据管道聚集出现的位置,管道聚集可以分为父管道聚集和兄弟管道聚集。

## 6.3.1 平均桶聚集

假如你通过日期直方图聚集或直方图聚集产生了 3 个桶，现在你想对这 3 个桶的统计值取平均值并做展示，这时候就可以使用平均桶聚集，例如：

```
POST sougoulog/_search
{
  "query": {
    "match_all": {}
  },
  "size": 0,
  "aggs": {
    "date": {
      "date_histogram": {
        "field": "visittime",
        "fixed_interval": "4m"
      },
      "aggs": {
        "rank_avg": {
          "avg": {
            "field": "rank"
          }
        }
      }
    },
    "rank_sum":{
      "avg_bucket": {
        "buckets_path": "date>rank_avg"
      }
    }
  }
}
```

在这个聚集请求中，先使用了一个日期直方图聚集把数据切分成了 3 个桶，然后在每个桶内部嵌套一个平均值聚集，它计算出每个桶中 rank 字段的平均值，在请求的末尾追加了一个平均桶聚集 avg_bucket，date>rank_avg 这个相对路径表示对平均值聚集 rank_avg 的桶求平均值。平均桶聚集 rank_sum 出现的位置与日期直方图聚集 date 的位置并列，这样的管道聚集称为兄弟管道聚集。

在以下得到的请求结果中，平均桶聚集的结果也与日期直方图聚集的结果并列，确实求出了 3 个桶数据的平均值。

```
"aggregations" : {
    "date" : {
      "buckets" : [
```

```
              {
                "key_as_string" : "00:00:00",
                "key" : 0,
                "doc_count" : 4231,
                "rank_avg" : {
                  "value" : 13.434885369888915
                }
              },
              {
                "key_as_string" : "00:04:00",
                "key" : 240000,
                "doc_count" : 4115,
                "rank_avg" : {
                  "value" : 46.68262454434994
                }
              },
              {
                "key_as_string" : "00:08:00",
                "key" : 480000,
                "doc_count" : 1654,
                "rank_avg" : {
                  "value" : 47.66142684401451
                }
              }
            ]
        },
        "rank_sum" : {
          "value" : 35.926312252751124
        }
```

## 6.3.2 求和桶聚集

除了可以对桶聚集的值求平均值，还可以使用 sum_bucket 对多个桶的值求和。例如：

```
POST sougoulog/_search
{
  "query": {
    "match_all": {}
  },
  "size": 0,
  "aggs": {
    "date": {
      "date_histogram": {
        "field": "visittime",
        "fixed_interval": "4m"
      },
```

```
      "aggs": {
        "rank_sum": {
          "sum": {
            "field": "rank"
          }
        }
      }
    },
    "rank_sum":{
      "sum_bucket": {
        "buckets_path": "date>rank_sum"
      }
    }
  }
}
```

在这个请求中，把平均值聚集改为了求和聚集，把平均桶聚集改为了求和桶聚集，可以求出 3 个桶的 rank_sum 值之和，结果如下。

```
"aggregations" : {
    "date" : {
      "buckets" : [
        {
          "key_as_string" : "00:00:00",
          "key" : 0,
          "doc_count" : 4231,
          "rank_sum" : {
            "value" : 56843.0
          }
        },
        {
          "key_as_string" : "00:04:00",
          "key" : 240000,
          "doc_count" : 4115,
          "rank_sum" : {
            "value" : 192099.0
          }
        },
        {
          "key_as_string" : "00:08:00",
          "key" : 480000,
          "doc_count" : 1654,
          "rank_sum" : {
            "value" : 78832.0
          }
        }
      ]
```

```
    },
    "rank_sum" : {
      "value" : 327774.0
    }
```

### 6.3.3 最大桶和最小桶聚集

最大桶和最小桶聚集分别用于求多个桶的最大值和最小值，使用方法与求和桶聚集类似。例如：

```
POST sougoulog/_search
{
  "query": {
    "match_all": {}
  },
  "size": 0,
  "aggs": {
    "date": {
      "date_histogram": {
        "field": "visittime",
        "fixed_interval": "4m"
      },
      "aggs": {
        "rank_data": {
          "stats": {
            "field": "rank"
          }
        }
      }
    },
    "max_rank":{
      "max_bucket": {
        "buckets_path": "date>rank_data.max"
      }
    }
  }
}
```

这个请求在日期直方图聚集里面嵌套了一个统计聚集，统计聚集包含多个值，因此在指定桶的相对路径时使用了 date>rank_data.max 指定对统计聚集的 max 字段求最大值，得到的结果是 3 个桶中的最大值。由于最大值桶的 key 值可能有多个，所以 max_rank 返回的 keys 是一个数组，结果如下。

```
"aggregations" : {
    "date" : {
```

```
      "buckets" : [
        {
          "key_as_string" : "00:00:00",
          "key" : 0,
          "doc_count" : 4231,
          "rank_data" : {
            "count" : 4231,
            "min" : 1.0,
            "max" : 1004.0,
            "avg" : 13.434885369888915,
            "sum" : 56843.0
          }
        },
        {
          "key_as_string" : "00:04:00",
          "key" : 240000,
          "doc_count" : 4115,
          "rank_data" : {
            "count" : 4115,
            "min" : 1.0,
            "max" : 1003.0,
            "avg" : 46.68262454434994,
            "sum" : 192099.0
          }
        },
        {
          "key_as_string" : "00:08:00",
          "key" : 480000,
          "doc_count" : 1654,
          "rank_data" : {
            "count" : 1654,
            "min" : 1.0,
            "max" : 1001.0,
            "avg" : 47.66142684401451,
            "sum" : 78832.0
          }
        }
      ]
    },
    "max_rank" : {
      "value" : 1004.0,
      "keys" : [
        "00:00:00"
      ]
    }
  }
}
```

## 6.3.4 累计求和桶聚集

累计求和桶聚集用于对直方图聚集或日期直方图聚集的桶中的某些数据做累计求和，每次求和的结果会分别放入直方图聚集的各个桶。例如：

```
POST sougoulog/_search
{
  "query": {
    "match_all": {}
  },
  "size": 0,
  "aggs": {
    "date": {
      "date_histogram": {
        "field": "visittime",
        "fixed_interval": "4m"
      },
      "aggs": {
        "sum_rank": {
          "sum": {
            "field": "rank"
          }
        },
        "acc_sum":{
          "cumulative_sum": {
            "buckets_path": "sum_rank"
          }
        }
      }
    }
  }
}
```

在这个请求中，由于管道聚集 cumulative_sum 出现在日期直方图聚集的子聚集中，所以称 cumulative_sum 是一个父管道聚集。由于 buckets_path 指定的路径是相对路径，所以这里直接把路径设置为求和聚集的名称"sum_rank"就可以了，并不需要写成"date>sum_rank"。结果如下。

```
"aggregations" : {
    "date" : {
      "buckets" : [
        {
          "key_as_string" : "00:00:00",
          "key" : 0,
          "doc_count" : 4231,
```

```
          "sum_rank" : {
            "value" : 56843.0
          },
          "acc_sum" : {
            "value" : 56843.0
          }
        },
        {
          "key_as_string" : "00:04:00",
          "key" : 240000,
          "doc_count" : 4115,
          "sum_rank" : {
            "value" : 192099.0
          },
          "acc_sum" : {
            "value" : 248942.0
          }
        },
        {
          "key_as_string" : "00:08:00",
          "key" : 480000,
          "doc_count" : 1654,
          "sum_rank" : {
            "value" : 78832.0
          },
          "acc_sum" : {
            "value" : 327774.0
          }
        }
      ]
    }
  }
```

## 6.3.5 差值聚集

差值聚集用于计算直方图聚集的相邻桶数据的增量值,它也是父管道聚集。例如:

```
POST sougoulog/_search
{
  "query": {
    "match_all": {}
  },
  "size": 0,
  "aggs": {
    "date": {
      "date_histogram": {
```

```
        "field": "visittime",
        "fixed_interval": "4m"
      },
      "aggs": {
        "avg_rank": {
          "avg": {
            "field": "rank"
          }
        },
        "hb":{
          "derivative": {
            "buckets_path": "avg_rank"
          }
        }
      }
    }
  }
}
```

差值聚集可以用于计算相邻桶数据的环比增长值,因此从第二个桶开始才有统计结果,结果如下。

```
"aggregations" : {
    "date" : {
      "buckets" : [
        {
          "key_as_string" : "00:00:00",
          "key" : 0,
          "doc_count" : 4231,
          "avg_rank" : {
            "value" : 13.434885369888915
          }
        },
        {
          "key_as_string" : "00:04:00",
          "key" : 240000,
          "doc_count" : 4115,
          "avg_rank" : {
            "value" : 46.68262454434994
          },
          "hb" : {
            "value" : 33.247739174461024
          }
        },
        {
          "key_as_string" : "00:08:00",
          "key" : 480000,
```

```
          "doc_count" : 1654,
          "avg_rank" : {
            "value" : 47.66142684401451
          },
          "hb" : {
            "value" : 0.9788022996645651
          }
        }
      ]
    }
  }
```

## 6.4 使用 fielddata 聚集 text 字段

通过前面的讲解，你应该已经学会了 Elasticsearch 支持的各种常用的聚集方式，然而这些聚集请求的聚集字段均未使用 text 字段，原因是实现聚集统计时需要使用字段的 doc value 值，而 text 字段不支持 doc value。在 5.8 节中，已经演示过怎么查看字段的 doc value 值，为了让 text 字段也能做聚集统计，Elasticsearch 给 text 字段提供了 fielddata 字段数据功能，使用该功能可以在内存中临时生成字段的 doc value 值，从而实现对 text 字段做聚集统计。字段数据是一种缓存机制，它会取出字段的值放入内存，可用于排序和聚集统计。

先建立一个映射 fielddata-test，它只有一个 text 字段，在映射中开启字段数据功能。

```
PUT fielddata-test
{
  "mappings": {
    "properties": {
      "content": {
        "type": "text",
        "fielddata": true
      }
    }
  }
}
```

然后向其中添加一条数据。

```
PUT fielddata-test/_doc/1
{
  "content":"hello php java"
}
```

尝试在这个 text 字段上做词条聚集。

```
POST fielddata-test/_search
{
  "query": {
    "match_all": {}
  },
  "aggs": {
    "termdata": {
      "terms": {
        "field": "content",
        "size": 10
      }
    }
  }
}
```

这时候每个单词都会被放到桶中成为最终结果，如果文档很多而且文本较长，则这个过程需要消耗大量内存，结果如下。

```
"aggregations" : {
  "termdata" : {
    "doc_count_error_upper_bound" : 0,
    "sum_other_doc_count" : 0,
    "buckets" : [
      {
        "key" : "hello",
        "doc_count" : 1
      },
      {
        "key" : "java",
        "doc_count" : 1
      },
      {
        "key" : "php",
        "doc_count" : 1
      }
    ]
  }
}
```

要显示内存中的 content 字段数据所占用的大小，可以使用以下代码。

```
GET /_cat/fielddata?v&fields=content
```

只要传入需要查看的字段名就能查出，代码如下。

```
id                      host        ip          node    field   size
```

```
EijMhNrDSoy-Bbmo3W8JGA 127.0.0.1 127.0.0.1 node-1 content    512b
```

字段数据可能会消耗大量内存，为了防止内存被字段数据过度消耗，可以在 elasticsearch.yml 中使用 indices.fielddata.cache.size 配置字段数据消耗内存的上限，可以给定一个百分比值，也可以给定具体大小值，该参数配置完后需要重启集群才能生效。

除了内存上限的配置，还可以使用字段数据的断路器，它会评估一个请求使用字段数据消耗的内存量，如果消耗的内存量超过 indices.breaker.request.limit 中配置的数值，它就会终止该请求继续消耗内存，这种配置可以使用 REST 端点动态修改，代码如下。

```
PUT /_cluster/settings
{
  "persistent" : {
    "indices.breaker.request.limit" : "30%"
  }
}
```

## 6.5 使用全局有序编号加快聚集速度

当你在某个 keyword 字段（使用 doc value）或 text 字段（使用 fielddata）上做词条聚集时，Elasticsearch 在每个分片中会按照字典顺序给每个词条分配一个全局有序的编号，然后统计每个分片各个编号出现的次数，最后将各个分片的统计结果汇总，返回最终结果时会把每个词条的编号换转回词条。全局有序编号到各个词条的映射关系会形成一个字典，这个字典会成为字段数据缓存的一部分。Elasticsearch 不直接对原始文本做词条聚集，而是改为对全局有序编号做聚集，是为了减少聚集统计过程中的内存消耗并加快统计速度。如果你一定要使用字段原始的文本做聚集统计，可以参考下面的例子。

```
POST sougoulog/_search
{
  "query": {
    "match_all": {}
  },
  "size": 0,
  "aggs": {
    "user-stats": {
      "terms": {
        "field": "userid.keyword",
        "execution_hint": "map"
      }
    }
  }
}
```

参数 execution_hint 设置为 map，表示会使用词条的文本做聚集，这会导致性能降低，在实际开发中不推荐这种设置，通常直接保持默认值 global_ordinals 即可。

虽然使用全局有序编号能够减少内存消耗并加快聚集统计的速度，但是当聚集的字段基数太大时（也就是桶的个数太多时），全局有序编号到词条的映射所形成的字典会变得很大导致构建的过程比较耗时，反而会使聚集的速度变得很慢，甚至会因为消耗内存过多而触发字段数据的断路器导致聚集请求失败。因此，当聚集统计的字段基数过大时，为了减少生成全局有序编号的开销，可以在映射中将字段的 eager_global_ordinals 设置为 true，这样在数据写入索引后，一旦分片被刷新，每个词条的全局有序编号会自动生成，聚集统计时就能直接使用它们。在建索引时为一个 keyword 字段生成全局有序编号的方法如下。

```
PUT eager-ordinals
{
  "mappings": {
    "properties": {
      "username": {
        "type": "keyword",
        "eager_global_ordinals": true
      }
    }
  }
}
```

在索引 eager-ordinals 中，字段 username 开启了 eager_global_ordinals 功能，表示将全局有序编号的生成时机从聚集时转移到索引分片刷新时，这样在 username 字段上做词条聚集时可以直接使用已经生成的全局有序编号，从而加快聚集统计的速度。这个过程虽然能加快词条聚集的速度，但是会降低索引构建的速度，只有在聚集字段的基数过大时才有必要使用该功能。

## 6.6　给聚集请求添加后过滤器

前面已经介绍过两种过滤器，一种是在布尔查询的过滤上下文中添加搜索条件，另一种是过滤器聚集。本节介绍的后过滤器与它们都有区别，具体情况如表 6.2 所示。

表 6.2　3 种过滤器的说明

| 类型 | 说明 |
| --- | --- |
| 布尔查询的过滤条件 | 对搜索和聚集统计结果都起作用 |
| 过滤器聚集 | 只影响聚集统计结果，对搜索结果不起作用 |
| 后过滤器 | 只影响搜索结果，对聚集统计结果不起作用 |

由于后过滤器是在生成聚集统计结果之后对搜索结果进行过滤，所以它对聚集统计的结果没有任何影响，你可以在聚集请求的后面添加一个后过滤器，例如：

```
POST test-3-2-1/_search
{
  "query": {
    "match_all": {}
  },
  "size": 10,
  "aggs": {
    "names": {
      "terms": {
        "field": "name.keyword",
        "size": 10
      }
    }
  },
  "post_filter": {
    "term": {
      "name.keyword": "张三"
    }
  }
}
```

这个请求把后过滤器的过滤条件放到了聚集请求的后面，表示搜索结果只显示名字为"张三"的数据，聚集统计的结果是索引的全部文档，代码如下。

```
"hits" : {
    "total" : {
      "value" : 1,
      "relation" : "eq"
    },
    "max_score" : 1.0,
    "hits" : [
      {
        "_index" : "test-3-2-1",
        "_type" : "_doc",
        "_id" : "1",
        "_score" : 1.0,
        "_source" : {
          "id" : "1",
          "sex" : false,
          "name" : "张三",
          "born" : "2020-09-11 00:02:20",
          "location" : {
            "lat" : 41.12,
            "lon" : -71.34
```

```
            }
          }
        }
      ]
    },
    "aggregations" : {
      "names" : {
        "doc_count_error_upper_bound" : 0,
        "sum_other_doc_count" : 0,
        "buckets" : [
          {
            "key" : "王五",
            "doc_count" : 1
          },
          {
            "key" : "张三",
            "doc_count" : 1
          },
          {
            "key" : "赵二",
            "doc_count" : 1
          },
          {
            "key" : "李四",
            "doc_count" : 1
          }
        ]
      }
    }
  }
```

## 6.7 本章小结

本章介绍了 Elasticsearch 聚集统计的使用方法，主要包含以下内容。

- 度量聚集可以将搜索结果在某个字段上做数量统计，例如求和、求平均值、求最大值、最小值、计算基数、计算百分比分布数据等。
- 桶聚集可以在某个字段上划分一些区间，计算出每个区间的文档数目并进行统计。桶聚集可以嵌套其他的桶聚集或度量聚集来完成复杂的统计计算。
- 管道聚集需要指定聚集的相对路径，它可以对桶聚集的计算结果进行再次统计，例如求和、求平均值、求差值等。
- 由于 text 字段不支持 doc value，它无法直接用来做聚集统计，为了解决这一问题，可以在映射中开启 text 字段的 fielddata 功能。在这个 text 字段做聚集统计时，该功能会实现在内存中产生一个正排索引起到类似于 doc value 的作用从而完成 text 字段的聚集统计。这个过程比较耗内存，使用前可以配置字段数据的断路器或者设置 fielddata 内存消耗的上限，防止出现内存不足导致集群故障。

- 当进行词条聚集时，由于 Elasticsearch 需要为每个词条分配全局有序编号并维持编号到词条的映射关系，如果字段的基数太大，则这个过程存在很大的性能开销，会导致聚集的速度变慢。此时可以将聚集字段的 eager_global_ordinals 设置为 true，在索引数据写入时自动完成全局有序编号的构建，从而加快词条聚集的速度。
- 在聚集请求中使用后过滤器，可以对搜索结果做进一步筛选，但是对聚集统计的结果无影响，它的效果与过滤器聚集的恰好相反。

# 第7章 父子关联

在使用关系数据库进行开发的过程中，你可能会经常使用外键来表示父表和子表之间的关联关系，在 Elasticsearch 中，有哪些方法可以用来让开发者解决索引之间一对多和多对多的关联关系的问题呢？由于多对多的关联可以转换为两个一对多的关联来处理，所以本章将主要探讨在 Elasticsearch 中解决索引之间一对多父子关联的方法。本章在列举一对多的关系实例时，会以一个订单包含多个商品的数据为例，来说明 Elasticsearch 支持的几种不同方式在解决父子关联的问题时有哪些不同的特点。本章的主要内容如下。

- 用对象数组保存父子关联关系时存在的问题。
- 对比嵌套对象和对象数组的区别，了解嵌套对象的使用、搜索和统计方法以及优缺点。
- 使用 join 字段类型解决父子关系的存储和搜索问题，以对 join 字段做统计分析。join 字段的优缺点。
- 在应用层解决父子关联的问题，有哪些优缺点。

## 7.1 使用对象数组存在的问题

第 3 章中介绍过对象和数组类型，你可以很方便地把一个对象以数组的形式放在索引的字段中。下面的请求将建立一个订单索引，里面包含对象字段"goods"，它用来存放订单包含的多个商品的数据，从而在订单和商品之间建立起一对多的关联。

```
PUT order-obj-array
{
  "mappings": {
    "properties": {
      "orderid": {
        "type": "integer"
      },
      "buyer": {
        "type": "keyword"
      },
```

```
      "order_time": {
        "type": "date",
        "format": "yyyy-MM-dd HH:mm:ss"
      },
      "goods": {
        "properties": {
          "goodsid": {
            "type": "integer"
          },
          "goods_name": {
            "type": "keyword"
          },
          "price": {
            "type": "double"
          },
          "produce_time": {
            "type": "date",
            "format": "yyyy-MM-dd HH:mm:ss"
          }
        }
      }
    }
  }
}
```

现在，向这个索引中添加一条订单数据，里面包含两个商品的数据。

```
PUT order-obj-array/_doc/1
{
  "orderid": "1",
  "buyer": "tom",
  "order_time": "2020-11-04 00:00:00",
  "goods": [
    {
      "goodsid": "1",
      "goods_name": "milk",
      "price": 5.2,
      "produce_time": "2020-10-04 00:00:00"
    },
    {
      "goodsid": "2",
      "goods_name": "juice",
      "price": 8.2,
      "produce_time": "2020-10-12 00:00:00"
    }
  ]
}
```

这样做虽然可以把商品数据关联到订单数据中，但是在做多条件搜索的时候会出现问题，比如下面的布尔查询相关代码，其中包含两个简单的 match 搜索条件。

```
POST order-obj-array/_search
{
  "query": {
    "bool": {
      "must": [
        {
          "match": {
            "goods.goods_name": "juice"
          }
        },
        {
          "match": {
            "goods.produce_time": "2020-10-04 00:00:00"
          }
        }
      ]
    }
  }
}
```

从业务的角度讲，由于"juice"的生产日期是"2020-10-12 00:00:00"，所以这一搜索不应该搜到订单数据，然而实际上却能搜到，代码如下。

```
"hits" : {
    "total" : {
      "value" : 1,
      "relation" : "eq"
    },
    "max_score" : 1.3616575,
    "hits" : [
      {
        "_index" : "order-obj-array",
        "_type" : "_doc",
        "_id" : "1",
        "_score" : 1.3616575,
        "_source" : {
          "orderid" : "1",
          "buyer" : "tom",
          "order_time" : "2020-11-04 00:00:00",
          "goods" : [
            {
              "goodsid" : "1",
              "goods_name" : "milk",
              "price" : 5.2,
```

```
                "produce_time" : "2020-10-04 00:00:00"
            },
            {
                "goodsid" : "2",
                "goods_name" : "juice",
                "price" : 8.2,
                "produce_time" : "2020-10-12 00:00:00"
            }
        ]
    }
  }
]
}
```

之所以会产生这种效果，是因为 Elasticsearch 在保存对象数组的时候会把数据展平，产生类似下面代码的效果。

```
"goods.goods_name" : [ "milk", "juice" ],
 "goods.produce_time" : [ "2020-10-04 00:00:00", "2020-10-12 00:00:00" ]
```

这导致的直接后果是你无法将每个商品的数据以独立整体的形式进行检索，使得检索结果存在错误。因此在实际项目中，开发人员一般应避免使用对象数组。

## 7.2 嵌套对象

嵌套对象可以用于很好地解决使用对象数组时搜索过程中存在的问题，它会把子表中的每条数据作为一个独立的文档进行保存。要使用嵌套对象，就需要在创建索引映射的时候把相应的字段定义好。

### 7.2.1 在索引中使用嵌套对象

下面的请求会新建一个订单索引 order-nested，该映射结构包含嵌套对象的字段类型 nested，它的 properties 属性定义了每个订单数据所关联的商品信息。

```
PUT order-nested
{
  "mappings": {
    "properties": {
      "orderid": {
        "type": "integer"
```

```
      },
      "buyer": {
        "type": "keyword"
      },
      "order_time": {
        "type": "date",
        "format": "yyyy-MM-dd HH:mm:ss"
      },
      "goods": {
        "type": "nested",
        "properties": {
          "goodsid": {
            "type": "integer"
          },
          "goods_name": {
            "type": "keyword"
          },
          "price": {
            "type": "double"
          },
          "produce_time": {
            "type": "date",
            "format": "yyyy-MM-dd HH:mm:ss"
          }
        }
      }
    }
  }
}
```

然后往订单索引中添加数据。

```
PUT order-nested/_doc/1
{
  "orderid":"1",
  "buyer":"tom",
  "order_time":"2020-11-04 00:00:00",
  "goods":[
    {
      "goodsid":"1",
      "goods_name":"milk",
      "price":5.2,
      "produce_time":"2020-10-04 00:00:00"
    },
    {
      "goodsid":"2",
      "goods_name":"juice",
```

```
            "price":8.2,
            "produce_time":"2020-10-12 00:00:00"
        }
    ]
}
```

数据就这样被添加成功了。但如果该订单的商品列表发生了变化需要修改，例如你想给订单添加一条商品数据，就需要在修改 goods 字段时提供最新的完整商品列表，代码如下。

```
POST order-nested/_update/1
{
    "doc": {
        "goods": [
            {
                "goodsid": "1",
                "goods_name": "milk",
                "price": 5.2,
                "produce_time": "2020-10-04 00:00:00"
            },
            {
                "goodsid": "2",
                "goods_name": "juice",
                "price": 8.2,
                "produce_time": "2020-10-12 00:00:00"
            },
            {
                "goodsid": "3",
                "goods_name": "apple",
                "price": 18.2,
                "produce_time": "2020-10-05 00:00:00"
            }
        ]
    }
}
```

也就是说，使用嵌套对象时，如果子表数据需要修改或删除，无法单独修改嵌套对象中的某一条数据，必须把最新的子表数据全部写入嵌套对象，子表的修改会变得较为麻烦。

## 7.2.2 嵌套对象的搜索

下面来测试嵌套对象在搜索时是否会出现对象数组那样的问题，嵌套对象在搜索时需要使用 nested 查询，对于该查询需要在参数 path 中指定嵌套对象的路径。

```
POST order-nested/_search
{
  "query": {
    "nested": {
      "path": "goods",
      "query": {
        "bool": {
          "must": [
            {
              "match": {
                "goods.goods_name": "juice"
              }
            },
            {
              "match": {
                "goods.produce_time": "2020-10-04 00:00:00"
              }
            }
          ]
        }
      }
    }
  }
}
```

这个请求无法搜索到之前添加的订单数据,说明嵌套对象的每个文档是独立保存的,解决了对象数组在搜索时会跨对象检索的问题。

如果你想把嵌套对象中匹配搜索条件的文档单独展示出来,可以使用 inner_hits 参数,它会指明命中搜索条件的子文档,这个过程还可以实现字段高亮。

```
POST order-nested/_search
{
  "query": {
    "nested": {
      "path": "goods",
      "query": {
        "bool": {
          "must": [
            {
              "match": {
                "goods.goods_name": "milk"
              }
            }
          ]
        }
      },
```

```
          "inner_hits": {
            "highlight": {
              "fields": {
                "*":{}
              }
            }
          }
        }
      }
    }
```

可以在搜索结果中找到嵌套对象中命中的子文档，在 _nested 字段里面包含命中子文档的 offset（偏移量），highlight 字段包含搜索命中的高亮效果。

```
...
"inner_hits" : {
          "goods" : {
            "hits" : {
              "total" : {
                "value" : 1,
                "relation" : "eq"
              },
              "max_score" : 0.9808291,
              "hits" : [
                {
                  "_index" : "order-nested",
                  "_type" : "_doc",
                  "_id" : "1",
                  "_nested" : {
                    "field" : "goods",
                    "offset" : 0
                  },
                  "_score" : 0.9808291,
                  "_source" : {
                    "goods_name" : "milk",
                    "goodsid" : "1",
                    "price" : 5.2,
                    "produce_time" : "2020-10-04 00:00:00"
                  },
                  "highlight" : {
                    "goods.goods_name" : [
                      "<em>milk</em>"
                    ]
                  }
                }
              ]
            }
```

      }
    }

你还可以对搜索结果按照嵌套对象的某个字段进行排序,由于子文档有多个,你需要指定将嵌套对象的文档之和、最大值或最小值作为排序依据。为了演示排序效果,下面再添加一条商品数据到索引 order-nested 中。

```
PUT order-nested/_doc/2
{
  "orderid":"2",
  "buyer":"mark",
  "order_time":"2020-11-05 00:00:00",
  "goods":[
    {
      "goodsid":"5",
      "goods_name":"milk",
      "price":15.2,
      "produce_time":"2020-08-04 00:00:00"
    },
    {
      "goodsid":"6",
      "goods_name":"meat",
      "price":38.1,
      "produce_time":"2020-09-12 00:00:00"
    }
  ]
}
```

然后构建一个 match_all 查询,将搜索结果按照子文档商品价格之和降序排列。

```
POST order-nested/_search
{
  "query": {
    "match_all": {}
  },
  "sort": [
    {
      "goods.price": {
        "order": "desc",
        "nested": {
          "path": "goods"
        },
        "mode": "sum"
      }
    }
  ]
}
```

在上述代码的排序参数中，goods.price 表示排序字段的路径，path 用来设置嵌套对象的字段，mode 用于设置排序模式，这里选择了子文档商品价格之和作为订单列表的排序依据，得到的结果如下，可以看到 sort 中的值确实是子文档商品价格之和。

```
...
"hits" : {
    "total" : {
      "value" : 2,
      "relation" : "eq"
    },
    "max_score" : null,
    "hits" : [
      {
        "_index" : "order-nested",
        "_type" : "_doc",
        "_id" : "2",
        "_score" : null,
        "_source" : {
          "orderid" : "2",
          "buyer" : "mark",
          "order_time" : "2020-11-05 00:00:00",
          "goods" : [
            {
              "goodsid" : "5",
              "goods_name" : "milk",
              "price" : 15.2,
              "produce_time" : "2020-08-04 00:00:00"
            },
            {
              "goodsid" : "6",
              "goods_name" : "meat",
              "price" : 38.1,
              "produce_time" : "2020-09-12 00:00:00"
            }
          ]
        },
        "sort" : [
          53.3
        ]
      },
      {
        "_index" : "order-nested",
        "_type" : "_doc",
        "_id" : "1",
        "_score" : null,
        "_source" : {
```

```
          "orderid" : "1",
          "buyer" : "tom",
          "order_time" : "2020-11-04 00:00:00",
          "goods" : [
            {
              "goods_name" : "milk",
              "goodsid" : "1",
              "price" : 5.2,
              "produce_time" : "2020-10-04 00:00:00"
            },
            {
              "goods_name" : "juice",
              "goodsid" : "2",
              "price" : 8.2,
              "produce_time" : "2020-10-12 00:00:00"
            },
            {
              "goods_name" : "apple",
              "goodsid" : "3",
              "price" : 18.2,
              "produce_time" : "2020-10-05 00:00:00"
            }
          ]
        },
        "sort" : [
          31.599999999999998
        ]
      }
    ]
  }
```

注意：由于 float 和 double 类型都是浮点数类型，在做求和操作时可能会丢失精度，这一点需要在开发时做一些灵活处理。例如需要存储包含两位小数的金额数据时，可以先乘 100 并将其保存到 integer 变量中，计算完再除以 100。

## 7.2.3 嵌套对象的聚集

**1. 嵌套聚集**

如果你想对索引中的嵌套对象做聚集统计，需要使用一种专门的聚集方式：嵌套聚集。你可以在嵌套聚集中指定嵌套对象的路径，从而对嵌套在文档中的子文档进行聚集统计。下面的代码会发起一个嵌套聚集请求，它指定对索引中的嵌套路径为 goods 的子文档做 terms 聚集。

```
POST order-nested/_search
{
  "query": {
    "match_all": {}
  },
  "aggs": {
    "nest_agg": {
      "nested": {
        "path": "goods"
      },
      "aggs": {
        "items": {
          "terms": {
            "field": "goods.goods_name"
          }
        }
      }
    }
  }
}
```

可以看到，在请求中设置了聚集类型为 nested，它里面包含一个 terms 聚集。该请求可以查看所有订单中每个商品的总数，代码如下。

```
"aggregations" : {
  "nest_agg" : {
    "doc_count" : 5,
    "items" : {
      "doc_count_error_upper_bound" : 0,
      "sum_other_doc_count" : 0,
      "buckets" : [
        {
          "key" : "milk",
          "doc_count" : 2
        },
        {
          "key" : "apple",
          "doc_count" : 1
        },
        {
          "key" : "juice",
          "doc_count" : 1
        },
        {
          "key" : "meat",
```

```
                    "doc_count" : 1
                }
            ]
        }
    }
}
```

### 2. 反转嵌套聚集

虽然使用嵌套聚集可以让开发人员很方便地统计索引的子文档数据，但有时候你可能会想查看每个子文档对应的父文档的统计结果，这时就需要用到反转嵌套聚集（reverse nested aggregation）。

只需在前面介绍的嵌套聚集中嵌入一个反转嵌套聚集，就可以反向获取每个子文档对应的父文档，然后在父文档上嵌入一个词条聚集，就能获取每个商品的购买者统计数据，代码如下。

```
POST order-nested/_search
{
  "query": {
    "match_all": {}
  },
  "aggs": {
    "nest_agg": {
      "nested": {
        "path": "goods"
      },
      "aggs": {
        "sum_price": {
          "terms": {
            "field": "goods.goods_name"
          },
          "aggs": {
            "reverse": {
              "reverse_nested": {
              },
              "aggs": {
                "parent": {
                  "terms": {
                    "field": "buyer",
                    "size": 10
                  }
                }
              }
            }
          }
        }
```

```
                }
              }
            }
          }
        }
```

可以看到，反转嵌套聚集 reverse 要放在嵌套聚集的内部，然后在反转嵌套聚集中再添加对父文档的聚集。果然在以下结果中，你能看到每个商品的购买者统计数据，这里只展示了部分结果。

```
"aggregations" : {
    "nest_agg" : {
        "doc_count" : 5,
        "sum_price" : {
            "doc_count_error_upper_bound" : 0,
            "sum_other_doc_count" : 0,
            "buckets" : [
                {
                    "key" : "milk",
                    "doc_count" : 2,
                    "reverse" : {
                        "doc_count" : 2,
                        "parent" : {
                            "doc_count_error_upper_bound" : 0,
                            "sum_other_doc_count" : 0,
                            "buckets" : [
                                {
                                    "key" : "mark",
                                    "doc_count" : 1
                                },
                                {
                                    "key" : "tom",
                                    "doc_count" : 1
                                }
                            ]
                        }
                    }
                },
                {
                    "key" : "apple",
                    "doc_count" : 1,
                    "reverse" : {
                        "doc_count" : 1,
                        "parent" : {
                            "doc_count_error_upper_bound" : 0,
                            "sum_other_doc_count" : 0,
                            "buckets" : [
```

```
                    {
                      "key" : "tom",
                      "doc_count" : 1
                    }
                  ]
                }
              }
            },
    ...
```

最后总结一下嵌套对象的一些优缺点，要使用嵌套对象就需要在索引建立的阶段获取关联的子文档，然后将其随父文档写入索引中，这意味着你在建索引时需要通过额外的操作来查询子文档。同时，对子文档进行修改、删除、添加操作时，你需要在关联的父文档中更新整个子文档列表，因为你不能单独修改其中的某一个子文档。使用嵌套对象查询父文档时，其能够自动携带关联的子文档数据，因为它们本来就嵌在同一个文档中，这使得关联查询的速度变得很快。总之，使用嵌套对象时，索引建立和维护子文档更新的开销较大，但是查询、统计的性能较好。

## 7.3 join 字段

join 是一种特殊的字段类型，它允许你把拥有父子关联的数据写进同一个索引，并且使用索引数据的路由规则把父文档和它关联的子文档分发到同一个分片上，本节就来谈谈如何使用 join 类型来完成一对多的父子关联。

### 7.3.1 在索引中使用 join 字段

创建一个带有 join 字段的映射时，你需要在 join 字段中指明父关系和子关系的名称，中间用冒号隔开。下面新建一个带有 join 字段的订单索引 order-join，结构如下。

```
PUT order-join
{
  "settings": {
    "number_of_shards": "5",
    "number_of_replicas": "1"
  },
  "mappings": {
    "properties": {
      "orderid": {
        "type": "integer"
```

```
      },
      "buyer": {
        "type": "keyword"
      },
      "order_time": {
        "type": "date",
        "format": "yyyy-MM-dd HH:mm:ss"
      },
      "goodsid": {
        "type": "integer"
      },
      "goods_name": {
        "type": "keyword"
      },
      "price": {
        "type": "double"
      },
      "produce_time": {
        "type": "date",
        "format": "yyyy-MM-dd HH:mm:ss"
      },
      "my_join_field": {
        "type": "join",
        "relations": {
          "order": "goods"
        }
      }
    }
  }
}
```

可以看出这个映射包含订单父文档和商品子文档的全部字段，并且在末尾添加了一个名为 my_join_field 的 join 字段。在 relations 属性中，定义了一对父子关系：order 是父关系的名称，goods 是子关系的名称。由于父文档和子文档被写进了同一个索引，在添加索引数据的时候，需要指明是在为哪个关系添加文档。

先添加一个父文档，它是一条订单数据，在这条数据中把 join 字段的关系名称指定为 order，表明它是一个父文档。

```
PUT order-join/_doc/1
{
  "orderid": "1",
  "buyer": "tom",
  "order_time": "2020-11-04 00:00:00",
  "my_join_field": {
    "name":"order"
  }
```

}
```

然后，为该订单数据添加两个子文档，也就是商品数据。

```
PUT order-join/_doc/2?routing=1
{
  "goodsid": "1",
  "goods_name": "milk",
  "price": 5.2,
  "produce_time": "2020-10-04 00:00:00",
  "my_join_field": {
    "name": "goods",
    "parent": "1"
  }
}

PUT order-join/_doc/3?routing=1
{
  "goodsid": "2",
  "goods_name": "juice",
  "price": 8.2,
  "produce_time": "2020-10-12 00:00:00",
  "my_join_field": {
    "name": "goods",
    "parent": "1"
  }
}
```

在添加子文档时，有两个地方需要注意。一是必须使用父文档的主键作为路由值，由于订单数据的主键是 1，因此这里使用 1 作为路由值，这能确保子文档被分发到父文档所在的分片上。如果路由值设置错误，搜索的时候就会出现问题。二是在 join 字段 my_join_field 中，要把 name 设置为 goods，表示它是一个子文档，parent 要设置为父文档的主键，类似于一个外键。

由于 join 字段中每个子文档是独立添加的，你可以对某个父文档添加、删除、修改某个子文档，嵌套对象则无法实现这一点。由于写入数据时带有路由值，如果要修改主键为 3 的子文档，修改时也需要携带路由值，代码如下。

```
POST order-join/_update/3?routing=1
{
  "doc": {
    "price": 18.2
  }
}
```
```

## 7.3.2 join 字段的搜索

由于 join 类型把父、子文档都写入了同一个索引，因此如果你需要单独检索父文档或者子文档，只需要用简单的 term 查询就可以筛选出它们。

```
POST order-join/_search
{
  "query": {
    "term": {
      "my_join_field": "goods"
    }
  }
}
```

可见，整个搜索过程与普通的索引过程没有什么区别。但是包含 join 字段的索引支持一些用于检索父子关联的特殊搜索方式。例如，以父搜子允许你使用父文档的搜索条件查出子文档，以子搜父允许你使用子文档的搜索条件查出父文档，父文档主键搜索允许使用父文档的主键值查出与其存在关联的所有子文档。接下来逐个说明。

**1. 以父搜子**

以父搜子指的是使用父文档的条件搜索子文档，例如，你可以用订单的购买者数据作为条件搜索相关的商品数据。

```
POST order-join/_search
{
  "query": {
    "has_parent": {
      "parent_type": "order",
      "query": {
        "term": {
          "buyer": {
            "value": "tom"
          }
        }
      }
    }
  }
}
```

在这个请求体中，把搜索类型设置为 has_parent，表示这是一个以父搜子的请求，参数 parent_type 用于设置父关系的名称，在查询条件中使用 term query 检索了购买者 tom 的订单，但是返回的结果是 tom 的与订单关联的商品列表，如下所示。

```
      "hits" : [
        {
          "_index" : "order-join",
          "_type" : "_doc",
          "_id" : "2",
          "_score" : 1.0,
          "_routing" : "1",
          "_source" : {
            "goodsid" : "1",
            "goods_name" : "milk",
            "price" : 5.2,
            "produce_time" : "2020-10-04 00:00:00",
            "my_join_field" : {
              "name" : "goods",
              "parent" : "1"
            }
          }
        },
        {
          "_index" : "order-join",
          "_type" : "_doc",
          "_id" : "3",
          "_score" : 1.0,
          "_routing" : "1",
          "_source" : {
            "goodsid" : "2",
            "goods_name" : "juice",
            "price" : 18.2,
            "produce_time" : "2020-10-12 00:00:00",
            "my_join_field" : {
              "name" : "goods",
              "parent" : "1"
            }
          }
        }
      ]
```

需要记住，以父搜子的时候提供的查询条件用于筛选父文档，返回的结果是对应的子文档。如果需要在搜索结果中把父文档也一起返回，则需要加上 inner_hits 参数。

```
POST order-join/_search
{
  "query": {
    "has_parent": {
      "parent_type": "order",
      "query": {
        "term": {
```

```
              "buyer": {
                "value": "tom"
              }
            }
          },
          "inner_hits": {}
        }
      }
    }
```

在以下结果中，每个子文档后面会"携带"对应的父文档。

```
"hits" : [
      {
        "_index" : "order-join",
        "_type" : "_doc",
        "_id" : "2",
        "_score" : 1.0,
        "_routing" : "1",
        "_source" : {
          "goodsid" : "1",
          "goods_name" : "milk",
          "price" : 5.2,
          "produce_time" : "2020-10-04 00:00:00",
          "my_join_field" : {
            "name" : "goods",
            "parent" : "1"
          }
        },
        "inner_hits" : {
          "order" : {
            "hits" : {
              "total" : {
                "value" : 1,
                "relation" : "eq"
              },
              "max_score" : 0.2876821,
              "hits" : [
                {
                  "_index" : "order-join",
                  "_type" : "_doc",
                  "_id" : "1",
                  "_score" : 0.2876821,
                  "_source" : {
                    "orderid" : "1",
                    "buyer" : "tom",
                    "order_time" : "2020-11-04 00:00:00",
```

```
                    "my_join_field" : {
                      "name" : "order"
                    }
                  }
                }
              ]
            }
...
```

## 2. 以子搜父

以子搜父跟以父搜子相反，提供子文档的查询条件会返回父文档的数据。例如：

```
POST order-join/_search
{
  "query": {
    "has_child": {
      "type": "goods",
      "query": {
        "match_all": {}
      }
    }
  }
}
```

上面的请求把搜索类型设置为 has_child，在参数 type 中指明子关系的名称，它会返回所有子文档对应的父文档。但是如果一个父文档没有子文档，则其不会出现在搜索结果中。相关代码如下。

```
"hits" : [
    {
      "_index" : "order-join",
      "_type" : "_doc",
      "_id" : "1",
      "_score" : 1.0,
      "_source" : {
        "orderid" : "1",
        "buyer" : "tom",
        "order_time" : "2020-11-04 00:00:00",
        "my_join_field" : {
          "name" : "order"
        }
      }
    }
]
```

你还可以根据子文档匹配搜索结果的数目来限制返回结果，例如：

```
POST order-join/_search
{
  "query": {
    "has_child": {
      "type": "goods",
      "query": {
        "match_all": {}
      },
      "max_children": 1
    }
  }
}
```

上述代码表示，如果子文档在 query 参数中指定的搜索结果数量大于 1，就不返回它对应的父文档。你还可以使用 min_children 参数限制子文档匹配数目的下限。

如果需要一起返回每个父文档关联的子文档，则需要使用 inner_hits 参数。

```
POST order-join/_search
{
  "query": {
    "has_child": {
      "type": "goods",
      "query": {
        "match_all": {}
      },
      "inner_hits": {}
    }
  }
}
```

## 3. 父文档主键搜索

父文档主键搜索只需要提供父文档的主键就能返回该父文档所有的子文档。例如，你可以提供订单的主键返回该订单所有的子文档。

```
POST order-join/_search
{
  "query": {
    "parent_id": {
      "type": "goods",
      "id": "1"
    }
  }
}
```

其中，type 用于指定子文档的关系名称，id 表示父文档的主键，该查询请求会搜出订单号为 1 的所有商品的数据，如下所示。

```
"hits" : [
    {
      "_index" : "order-join",
      "_type" : "_doc",
      "_id" : "2",
      "_score" : 0.13353139,
      "_routing" : "1",
      "_source" : {
        "goodsid" : "1",
        "goods_name" : "milk",
        "price" : 5.2,
        "produce_time" : "2020-10-04 00:00:00",
        "my_join_field" : {
          "name" : "goods",
          "parent" : "1"
        }
      }
    },
    {
      "_index" : "order-join",
      "_type" : "_doc",
      "_id" : "3",
      "_score" : 0.13353139,
      "_routing" : "1",
      "_source" : {
        "goodsid" : "2",
        "goods_name" : "juice",
        "price" : 18.2,
        "produce_time" : "2020-10-12 00:00:00",
        "my_join_field" : {
          "name" : "goods",
          "parent" : "1"
        }
      }
    }
]
```

### 7.3.3 join 字段的聚集

join 字段有两种专门的聚集方式，一种是 children 聚集，它可用于统计每个父文档的子文档数据；另一种是 parent 聚集，它可用于统计每个子文档的父文档数据。

## 1. children 聚集

你可以在一个父文档的聚集中嵌套一个 children 聚集，这样就可以在父文档的统计结果中加入子文档的统计结果。为了演示效果，下面再添加两条测试数据。

```
POST order-join/_doc/4
{
  "orderid": "4",
  "buyer": "mike",
  "order_time": "2020-12-04 00:00:00",
  "my_join_field": {
    "name":"order"
  }
}

POST order-join/_doc/5?routing=4
{
  "goodsid": "5",
  "goods_name": "milk",
  "price": 3.6,
  "produce_time": "2020-11-04 00:00:00",
  "my_join_field": {
    "name": "goods",
    "parent": "4"
  }
}
```

然后发起一个聚集请求，统计出每个购买者购买的商品名称和数量。

```
POST order-join/_search
{
  "query": {
    "match_all": {}
  },
  "aggs": {
    "orders": {
      "terms": {
        "field": "buyer",
        "size": 10
      },
      "aggs": {
        "goods_data": {
          "children": {
            "type": "goods"
          },
          "aggs": {
            "goods_name": {
```

```
                "terms": {
                  "field": "goods_name",
                  "size": 10
                }
              }
            }
          }
        }
      }
    }
```

可以看到，这个请求首先对 buyer 做了词条聚集，它会得到每个购买者的订单统计数据，为了获取每个购买者购买的商品详情，在词条聚集中嵌套了一个 children 聚集，在其中指定了子文档的关系名，然后继续嵌套一个词条聚集统计每个商品的数据，得到每个购买者的商品列表。结果如下。

```
"aggregations" : {
    "orders" : {
      "doc_count_error_upper_bound" : 0,
      "sum_other_doc_count" : 0,
      "buckets" : [
        {
          "key" : "mike",
          "doc_count" : 1,
          "goods_data" : {
            "doc_count" : 1,
            "goods_name" : {
              "doc_count_error_upper_bound" : 0,
              "sum_other_doc_count" : 0,
              "buckets" : [
                {
                  "key" : "milk",
                  "doc_count" : 1
                }
              ]
            }
          }
        },
        {
          "key" : "tom",
          "doc_count" : 1,
          "goods_data" : {
            "doc_count" : 2,
            "goods_name" : {
              "doc_count_error_upper_bound" : 0,
```

```
              "sum_other_doc_count" : 0,
              "buckets" : [
                {
                  "key" : "juice",
                  "doc_count" : 1
                },
                {
                  "key" : "milk",
                  "doc_count" : 1
                }
              ]
            }
          }
        ]
      }
    }
```

## 2. parent 聚集

parent 聚集跟 children 聚集相反，你可以在子文档的聚集中嵌套一个 parent 聚集，就能得到每个子文档数据对应的父文档统计数据。例如：

```
POST order-join/_search
{
  "aggs": {
    "goods": {
      "terms": {
        "field": "goods_name",
        "size": 10
      },
      "aggs": {
        "goods_data": {
          "parent": {
            "type": "goods"
          },
          "aggs": {
            "orders": {
              "terms": {
                "field": "buyer",
                "size": 10
              }
            }
          }
        }
      }
    }
```

```
            }
        }
    }
```

上面的请求首先在 goods_name 字段上对子文档做了词条聚集，会得到每个商品的统计数据，为了查看每个商品的购买者统计数据，在词条聚集中嵌套了一个 parent 聚集，需注意该聚集需要指定子关系的名称，而不是父关系的名称。最后在 parent 聚集中，又嵌套了一个词条聚集，以获得每种商品的购买者统计数据，结果如下。

```
"aggregations" : {
    "goods" : {
        "doc_count_error_upper_bound" : 0,
        "sum_other_doc_count" : 0,
        "buckets" : [
            {
                "key" : "milk",
                "doc_count" : 2,
                "goods_data" : {
                    "doc_count" : 2,
                    "orders" : {
                        "doc_count_error_upper_bound" : 0,
                        "sum_other_doc_count" : 0,
                        "buckets" : [
                            {
                                "key" : "mike",
                                "doc_count" : 1
                            },
                            {
                                "key" : "tom",
                                "doc_count" : 1
                            }
                        ]
                    }
                }
            },
            {
                "key" : "juice",
                "doc_count" : 1,
                "goods_data" : {
                    "doc_count" : 1,
                    "orders" : {
                        "doc_count_error_upper_bound" : 0,
                        "sum_other_doc_count" : 0,
                        "buckets" : [
                            {
                                "key" : "tom",
```

```
                    "doc_count" : 1
                }
            ]
        }
    }
]
}
```

最后来总结一下 join 字段在解决父子关联时的优缺点。它允许单独更新或删除子文档，嵌套对象则做不到；建索引时需要先写入父文档的数据，然后携带路由值写入子文档的数据，由于父、子文档在同一个分片上，join 关联查询的过程没有网络开销，可以快速地返回查询结果。但是由于 join 字段会带来一定的额外内存开销，建议使用它时父子关联的层级数不要大于 2，它在子文档的数量远超过父文档的时比较适用。

## 7.4 在应用层关联数据

所谓在应用层关联数据，实际上并不使用任何特别的字段，直接像关系数据库一样在建模时使用外键字段做父子关联，做关联查询和统计时需要多次发送请求。这里还是以订单和商品为例，需要为它们各建立一个索引，然后在商品索引中添加一个外键字段 orderid 来指向订单索引，代码如下。

```
PUT orders
{
  "mappings": {
    "properties": {
      "orderid": {
        "type": "integer"
      },
      "buyer": {
        "type": "keyword"
      },
      "order_time": {
        "type": "date",
        "format": "yyyy-MM-dd HH:mm:ss"
      }
    }
  }
}

PUT goods
{
```

```
    "mappings": {
      "properties": {
        "goodsid": {
          "type": "integer"
        },
        "goods_name": {
          "type": "keyword"
        },
        "price": {
          "type": "double"
        },
        "produce_time": {
          "type": "date",
          "format": "yyyy-MM-dd HH:mm:ss"
        },
        "orderid": {
          "type": "integer"
        }
      }
    }
  }
```

然后向两个索引中添加数据。

```
PUT orders/_doc/1
{
  "orderid": "1",
  "buyer": "tom",
  "order_time": "2020-11-04 00:00:00"
}

PUT goods/_bulk
{"index":{"_id":"1"}}
{"goodsid":"1","goods_name":"milk","price":5.2,"produce_time":"2020-10-04 00:00:00","orderid":1}
{"index":{"_id":"2"}}
{"goodsid":"2","goods_name":"juice","price":8.2,"produce_time":"2020-10-12 00:00:00","orderid":1}
```

此时，如果你想获得以父搜子的效果，就得发送两次请求，例如搜索 tom 的所有订单以及它们包含的商品，先使用 term 查询 tom 的所有订单数据。

```
POST orders/_search
{
  "query": {
    "term": {
      "buyer": {
        "value": "tom"
```

```
          }
        }
      }
    }
```

然后使用搜索结果返回的 orderid 去搜索商品索引。

```
POST goods/_search
{
  "query": {
    "terms": {
      "orderid": [
        "1"
      ]
    }
  }
}
```

可以看到，这样做也能达到目的，但是如果第一次搜索返回的 orderid 太多就会引起性能下降甚至出错。总之，在应用层关联数据的优点是操作比较简单，缺点是请求次数会变多，如果用于二次查询的条件过多也会引起性能下降，在实际使用时需要根据业务逻辑来进行权衡。

## 7.5 本章小结

本章探讨了 Elasticsearch 如何处理带有父子关联的数据，逐一讲解了用对象数组、嵌套对象、join 字段和应用层关联这 4 种方式解决一对多关联关系问题的方法和优缺点，主要包含以下内容。

- 对象数组虽然可以保存一对多的关联数据，但是它无法让子文档作为独立的检索单元，常常会导致搜索出现歧义，因此一般要避免使用。
- 嵌套对象可以弥补对象数组的不足，它把子文档直接嵌在父文档中（当然你也可以把父文档嵌在子文档中），每个嵌套对象的文档数据可以被独立检索，但是不能单独地更新某个嵌套对象中的子文档，并且在建索引时需要把关联的数据一并写入，这会导致额外的维护开销。
- join 字段把父、子文档都写入同一个索引，必须先写入父文档，然后用父文档的主键作为路由值写入子文档，子文档可以被独立更新。父、子文档处于同一个分片，导致搜索返回结果的速度很快，但要尽量避免使用多级 join 关联以避免出现性能下降。
- 嵌套对象和 join 字段都有自己特定的搜索和统计方式，使用时通过添加 inner_hits

参数可以将父、子文档一起返回。
- 在应用层关联数据不需要使用特别的字段就能实现，实现时只需要在子文档的索引中添加外键字段指向父文档，但是在做关联查询和统计时需要多次发送请求。其很适合多对多的关系映射，但是在请求的条件过多时也会导致查询效率降低。

# 第8章　Java 高级客户端编程

前面已经使用了大量的篇幅介绍 Elasticsearch 的各种功能，并且这些功能都是采用 Kibana 的开发工具进行演示的。但是在实际开发过程中，开发人员需要使用编程语言完成对 Elasticsearch 的读写操作。本章就来讲解如何在 Spring Boot 的项目中操作 Elasticsearch，本章采用的 API 是官方的 Java High Level REST Client 7.9.1。在学习本章以前，你最好已经掌握基本的 Java 后端开发知识并会使用 Spring Boot 开发框架。由于篇幅的限制，本章只讲解比较常用的代码的实现，很多代码可以复用，大家可以在实际项目中举一反三。本章的主要内容如下。

- 使用 Java 客户端建立索引映射并向索引写入数据。
- 使用 Java 客户端搜索数据。
- 使用 Java 客户端对数据进行统计分析。
- 使用 Java 客户端操作父子关联的嵌套对象和 join 字段类型。

## 8.1　开发前的准备

从配套资源中获取本章的源代码，然后将 Spring-elastic_search 源码导入 IDE，它是一个标准的 Spring Boot 项目，该项目的各个包的说明如下。

（1）boot.spring.config：包含全局的配置类，例如允许接口跨域的配置。

（2）boot.spring.controller：包含各种后台接口的控制器。

（3）boot.spring.elastic.client：包含连接 Elasticsearch 的客户端配置类。

（4）boot.spring.elastic.service：包含读写 Elasticsearch 的通用方法服务，有建索引、搜索和统计分析这 3 个服务类。

（5）boot.spring.pagemodel：包含主要用于下发到前端的对象类。

（6）boot.spring.po：包含索引字段结构的对象。

（7）boot.spring.util：包含常用的工具类。

在 pom.xml 中，需要引入相关的依赖：

```xml
<dependency>
    <groupId>org.elasticsearch.client</groupId>
    <artifactId>elasticsearch-rest-high-level-client</artifactId>
    <version>7.9.1</version>
</dependency>
<dependency>
    <groupId>org.elasticsearch</groupId>
    <artifactId>elasticsearch</artifactId>
    <version>7.9.1</version>
</dependency>
```

在 boot.spring.elastic.client 包中，有一个 RestHighLevelClient 的客户端，它会读取 application.yml 中的 es.url，向配置的 Elasticsearch 地址发送请求。启动工程时，请把 es.url 的配置改为实际的地址，多个节点之间用逗号隔开。客户端配置类的代码如下。

```java
@Configuration
public class Client {
    @Value("${es.url}")
    private String esUrl;

    @Bean
    RestHighLevelClient configRestHighLevelClient() throws Exception {
        String[] esUrlArr = esUrl.split(",");
        List<HttpHost> httpHosts = new ArrayList<>();
        for(String es : esUrlArr){
            String[] esUrlPort = es.split(":");
            httpHosts.add(new HttpHost(esUrlPort[0], Integer.parseInt(esUrlPort[1]), "http"));
        }
        return new RestHighLevelClient(RestClient.builder(httpHosts.toArray(new HttpHost[0])));
    }
}
```

现在运行该 Spring Boot 项目，访问 http://localhost:8080/index 就能进入项目首页，如图 8.1 所示。在后文中，将会陆续介绍导航菜单中涉及的各种功能，以及索引的建立、搜索和统计分析。

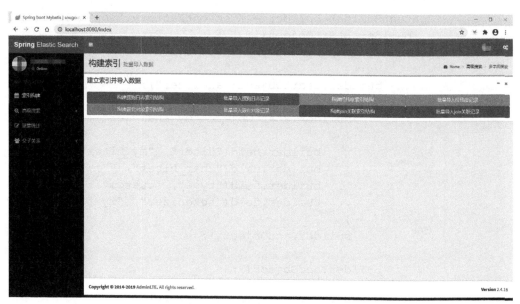

图 8.1　项目首页

## 8.2　建立索引并写入数据

本节探讨如何使用 Java 代码创建索引的映射并将数据写入索引，演示的实例包括 4 个索引：使用最细粒度分析器进行分词的映射 sougoulog、包含经纬度坐标的映射 shop、包含嵌套对象的映射 city、包含 join 字段的映射 cityjoincountry。

### 8.2.1　创建映射

**1. 自定义分析器的映射 sougoulog**

创建 sougoulog 索引的映射接口在 IndexController 类中，你可以使用 XContentBuilder 对象非常优雅地创建 JSON 格式的映射，其中关键的代码如下。

```
@ApiOperation("创建索引 sougoulog")
@RequestMapping(value="/createIndexMapping",method = RequestMethod.GET)
@ResponseBody
MSG createMapping() throws Exception{
    // 创建 sougoulog 索引映射
    boolean exsit = indexService.existIndex("sougoulog");
    if ( exsit == false ) {
```

```
            XContentBuilder builder = XContentFactory.jsonBuilder();
            builder.startObject();
            {
                ......
                builder.startObject("analyzer");
                {
                    builder.startObject("my_analyzer");
                    {
                        builder.field("filter", "my_filter");
                        builder.field("char_filter", "");
                        builder.field("type", "custom");
                        builder.field("tokenizer", "my_tokenizer");
                    }
                    builder.endObject();
                }
                builder.endObject();
                ......
                builder.startObject("keywords");
                {
                    builder.field("type", "text");
                    builder.field("analyzer", "my_analyzer");
                    builder.startObject("fields");
                    {
                        builder.startObject("keyword");{
                        builder.field("type", "keyword");
                        builder.field("ignore_above", "256");
                        }
                        builder.endObject();
                    }
                    builder.endObject();
                }
                builder.endObject();
                ......
            }
            builder.endObject();
            System.out.println(builder.prettyPrint());
            indexService.createMapping("sougoulog", builder);
        }
        return new MSG("index success");
    }
```

在这个接口中，创建的映射 sougoulog 包含一个名为 my_tokenizer 的分析器，并且将这个分析器应用到了 keywords、url、userid 这 3 个字段中，它会把这 3 个字段的文本切分到最细粒度，用于多文本字段的搜索。在接口代码的末尾 createMapping 方法会根据写好的 JSON 结构创建名为 sougoulog 的映射。indexService 的方法 createMapping 的内容如下：

```
@Override
public void createMapping(String indexname, XContentBuilder mapping) {
    try {
        CreateIndexRequest index = new CreateIndexRequest(indexname);
        index.source(mapping);
        client.indices().create(index, RequestOptions.DEFAULT);
    } catch (IOException e) {
        // TODO Auto-generated catch block
        e.printStackTrace();
    }
}
```

创建映射时，需要新建一个 CreateIndexRequest 对象，为该对象设置 XContentBuilder 载入映射的具体字段信息，最后使用 RestHighLevelClient 对象发起构建映射的请求。

## 2. 包含经纬度坐标的映射 shop

下面的接口 createShopMapping 创建了一个名为 shop 的索引，里面包含一个经纬度坐标字段，其部分代码如下。

```
@ApiOperation(" 创建 shop 索引 ")
@RequestMapping(value="/createShopMapping",method = RequestMethod.GET)
@ResponseBody
MSG createShopMapping() throws Exception{
    // 创建 shop 索引
    boolean exsit = indexService.existIndex("shop");
    if ( exsit == false ) {
        XContentBuilder builder = XContentFactory.jsonBuilder();
        builder.startObject();
        {
            ……
            builder.startObject("location");
            {
                builder.field("type", "geo_point");
            }
            builder.endObject();
            ……
        }
        builder.endObject();
        System.out.println(builder.prettyPrint());
        indexService.createMapping("shop",builder);
    }
    return new MSG("index success");
}
```

shop 索引的实现过程跟 sougoulog 索引的是一样的，都是先用 XContentBuilder 构建映射内容，然后由客户端发起 CreateIndexRequest 请求把索引创建出来。

### 3. 包含嵌套对象的映射 city

下面的接口 createCityMapping 创建了一个名为 city 的索引，它包含一个嵌套对象，用于存放城市所属的国家数据，部分代码如下。

```
@ApiOperation(" 创建城市索引 ")
@RequestMapping(value="/createCityMapping",method = RequestMethod.GET)
@ResponseBody
MSG createCityMapping() throws Exception{
    // 创建city索引
    boolean exsit = indexService.existIndex("city");
    if ( exsit == false ) {
        XContentBuilder builder = XContentFactory.jsonBuilder();
        builder.startObject();
        {
            ……
            builder.startObject("country");
            {
                builder.field("type", "nested");
                builder.startObject("properties");
                {
                    ……
                }
            ……
            indexService.createMapping("city",builder);
    }
    return new MSG("index success");
}
```

### 4. 包含 join 字段的映射 cityjoincountry

下面的接口 createJoinMapping 创建了一个带有 join 字段的索引 cityjoincountry，该索引包含父关系 country、子关系 city，其创建方法与前面的是类似的，部分代码如下。

```
@ApiOperation(" 创建一对多关联索引 ")
@RequestMapping(value="/createJoinMapping",method = RequestMethod.GET)
@ResponseBody
MSG createJoinMapping() throws Exception {
    // 创建cityjoincountry索引
    boolean exsit = indexService.existIndex("cityjoincountry");
```

```
        if ( exsit == false ) {
            XContentBuilder builder = XContentFactory.jsonBuilder();
            builder.startObject();
            {
                ......
                builder.startObject("joinkey");
                {
                    builder.field("type", "join");
                    builder.startObject("relations");
                    {
                        builder.field("country", "city");
                    }
                    builder.endObject();
                }
                builder.endObject();
                ......
            }
            builder.endObject();
            indexService.createMapping("cityjoincountry",builder);
        }
        return new MSG("index success");
    }
```

## 8.2.2 写入、修改、删除数据

向索引写入数据的格式通常有两种，一种是使用 JSON 字符串，另一种是使用 Hashmap 对象。

### 1. 使用 JSON 字符串写入数据

向索引写入数据的请求需要使用 IndexRequest 对象来实现，它可以接收索引名称并将其作为参数，通过 id 方法为索引指定主键，你还需要使用 source 方法指定传入的数据格式和数据本身的 JSON 字符串，代码如下。

```
    @ApiOperation("索引一个日志文档")
    @RequestMapping(value="/indexSougoulog", method = RequestMethod.POST)
    @ResponseBody
    MSG indexDoc(@RequestBody Sougoulog log){
        IndexRequest indexRequest = new IndexRequest("sougoulog").id(String.valueOf(log.getId()));
        indexRequest.source(JSON.toJSONString(log), XContentType.JSON);
        try {
            client.index(indexRequest, RequestOptions.DEFAULT);
```

```
        } catch(ElasticsearchException e ) {
            if (e.status() == RestStatus.CONFLICT) {
                System.out.println("写入索引产生冲突 "+e.getDetailedMessage());
            }
        } catch(IOException e) {
            e.printStackTrace();
        }
        return new MSG("index success");
    }
```

## 2. 使用 Hashmap 对象写入数据

使用 Hashmap 对象写入数据与使用 JSON 字符串写入数据的主要区别是在使用 source 方法时，要传入 Hashmap 对象，在源码的 IndexServiceImpl、java 文件中包含了这一方法，代码如下。

```
    @Override
    public void indexDoc(String indexName, String id, Map<String, Object> doc) {
        IndexRequest indexRequest = new IndexRequest(indexName).id(id).source(doc);
        try {
            IndexResponse response = client.index(indexRequest, RequestOptions.DEFAULT);
            System.out.println("新增成功" + response.toString());
        } catch(ElasticsearchException e ) {
            if (e.status() == RestStatus.CONFLICT) {
            System.out.println("写入索引产生冲突 "+e.getDetailedMessage());
        }
        } catch(IOException e) {
            e.printStackTrace();
        }
    }
```

## 3. 批量写入数据

批量写入数据在实际应用中更为常见，也支持 JSON 格式或 Hashmap 格式，需要用到批量请求对象 BulkRequest。这里列出使用 Hashmap 批量写入数据的关键代码。

```
    @Override
    public void indexDocs(String indexName, List<Map<String, Object>> docs) {
        try {
            if (null == docs || docs.size() <= 0) {
                return;
```

```
            }
            BulkRequest request = new BulkRequest();
            for (Map<String, Object> doc : docs) {
                request.add(new IndexRequest(indexName).id((String)doc.get("key")).source(doc));
            }
            BulkResponse bulkResponse = client.bulk(request, RequestOptions.DEFAULT);
            ......
        } catch (IOException e) {
            e.printStackTrace();
        }
    }
```

在这个方法中，传入的参数是包含多个 Hashmap 对象的列表，BulkRequest 需要循环将每个 Hashmap 数据载入进来，最后通过客户端的 bulk 方法一次性提交、写入所有的数据。

实际上，4 个索引的数据写入都是采用 Hashmap 格式进行批量写入的，数据源在 resources 文件夹下，有 4 个 TXT 文件，有 4 个接口会分别读取这 4 个文本文件并将其写入对应的索引。当你在写入嵌套对象的字段时，你需要将嵌入的文本作为单独的 Hashmap 来写入。

### 4. 写入带有路由值的数据

当你想为 join 字段写入数据时，需要先写入父文档，再写入子文档，并且写入子文档时会带有路由参数，写入数据时需要给 indexRequest 对象设置 routing 参数来指定路由值，关键的代码如下。

```
    @Override
    public void indexDocWithRouting(String indexName, String route, Map<String, Object> doc) {
        IndexRequest indexRequest = new IndexRequest(indexName).id((String)doc
                .get("key")).source(doc);
        indexRequest.routing(route);
        try {
            IndexResponse response = client.index(indexRequest, RequestOptions.DEFAULT);
            System.out.println("新增成功" + response.toString());
        } catch(ElasticsearchException e ) {
            if (e.status() == RestStatus.CONFLICT) {
                System.out.println("写入索引产生冲突"+e.getDetailedMessage());
            }
        } catch (IOException e) {
            e.printStackTrace();
```

        }
    }

### 5. 修改数据

修改数据的请求需要使用 UpdateRequest 对象来实现，对于该对象需要指定修改数据的主键，如果主键不存在则会报错。为了达到 upsert（当修改的数据不存在时，自动新增）的效果，也就是主键不存在时执行添加操作，需要设置 docAsUpsert 参数为 true。最后调用客户端的 update 方法即可更新成功。代码如下。

```
    @Override
    public void updateDoc(String indexName, String id, Map<String, Object> doc) {
        UpdateRequest request = new UpdateRequest(indexName, id).doc(doc);
        request.docAsUpsert(true);
        try {
            UpdateResponse updateResponse = client.update(request, RequestOptions.DEFAULT);
            long version = updateResponse.getVersion();
            if (updateResponse.getResult() == DocWriteResponse.Result.CREATED) {
                System.out.println("insert success, version is " + version);
            } else if (updateResponse.getResult() == DocWriteResponse.Result.UPDATED) {
                System.out.println("update success, version is " + version);
            }
        } catch (IOException e) {
            // TODO Auto-generated catch block
            e.printStackTrace();
        }
    }
```

### 6. 删除数据

删除数据需要使用 DeleteRequest 对象，传入索引的名称和主键，调用客户端的 delete 方法即可，代码如下。

```
    @Override
    public int deleteDoc(String indexName, String id) {
        DeleteResponse deleteResponse = null;
        DeleteRequest request = new DeleteRequest(indexName, id);
        try {
            deleteResponse = client.delete(request, RequestOptions.DEFAULT);
            System.out.println("删除成功" + deleteResponse.toString());
            if (deleteResponse.getResult() == DocWriteResponse.Result.
```

```
NOT_FOUND) {
                System.out.println("删除失败，文档不存在 " + deleteResponse.
toString());
                return -1;
            }
        } catch (ElasticsearchException e) {
            if (e.status() == RestStatus.CONFLICT) {
                System.out.println("删除失败，版本号冲突 " + deleteResponse.
toString());
                return -2;
            }
        } catch (IOException e) {
            e.printStackTrace();
            return -3;
        }
        return 1;
    }
```

以上就是几种常规的数据写入等的方式，请进入项目首页，在"索引构建"菜单下单击相应按钮，完成每个索引的建立和数据的写入，8.3 节将演示如何搜索这些索引的数据。

## 8.3 搜索数据

本节演示前面介绍的 4 种索引数据的几种常规的搜索方法，搜索时，为了实现 5.4.1 小节描述的通用查询结构模板，需要使用的布尔查询代码如下。

```
// 创建搜索请求对象
SearchRequest searchRequest = new SearchRequest(request.getQuery().
getIndexname());
// 创建搜索请求的构造对象
SearchSourceBuilder searchSourceBuilder = new SearchSourceBuilder();
// 设置布尔查询的内容
BoolQueryBuilder builder;
// 添加搜索上下文
builder = QueryBuilders.boolQuery().must(QueryBuilders.
matchQuery("name", "zhangsan"));
// 添加过滤上下文
builder.filter(QueryBuilders.rangeQuery("born").from("2010-01-01").
to("2011-01-01"));
// 设置布尔查询的 BoolQueryBuilder 对象到搜索请求
searchSourceBuilder.query(builder);
// 载入搜索请求的参数
searchRequest.source(searchSourceBuilder);
// 由客户端发起布尔查询请求并得到结果
```

```
searchResponse = client.search(searchRequest, RequestOptions.DEFAULT);
```

SearchSourceBuilder 用于构建搜索请求的查询条件，为了创建布尔查询，这里使用了 BoolQueryBuilder 的 must 方法创建搜索上下文，然后使用了 filter 方法创建过滤上下文，你可以把实际用到的查询条件都放入这些上下文组成需要的业务逻辑。搜索条件的参数设置好以后需要将其载入 SearchSourceBuilder 对象，除了搜索条件，与排序、高亮、字段折叠有关的其他搜索参数也可以添加到 SearchSourceBuilder 中。设置完毕后，将构建好的搜索请求结构写入 SearchRequest，最后由客户端发起 search 请求得到搜索结果。

### 1. 多文本字段搜索

类 SearchServiceImpl 中包含了各种不同的搜索方法，为了实现对 sougoulog 数据做多文本字段搜索，在搜索上下文中使用 QueryBuilders 创建 queryStringQuery，并且在过滤上下文中添加范围查询 rangeQuery，核心代码如下。

```
    @Override
    public SearchResponse query_string(ElasticSearchRequest request) {
        SearchRequest searchRequest = new SearchRequest(request.getQuery().getIndexname());
        // 如果关键词为空，则返回索引中的全部文档
        String content = request.getQuery().getKeyWords();
        Integer rows = request.getQuery().getRows();
        if (rows == null || rows == 0) {
            rows = 10;
        }
        Integer start = request.getQuery().getStart();
        if (content == null || "".equals(content)) {
        // 查询索引中的全部文档
        content = "*";
        }
        SearchSourceBuilder searchSourceBuilder = new SearchSourceBuilder();
        // 提取搜索内容
        BoolQueryBuilder builder;
        if("*".equalsIgnoreCase(content)){
            builder = QueryBuilders.boolQuery().must(QueryBuilders.queryStringQuery (content));
        }else {
            builder = QueryBuilders.boolQuery()
                    .must(QueryBuilders.queryStringQuery(ToolUtils.handKeyword(content)));
        }
        // 提取过滤条件
```

```
    FilterCommand filter = request.getFilter();
    if (filter != null) {
        if (filter.getStartdate()!=null&&filter.getEnddate()!=null) {
            builder.filter(QueryBuilders.rangeQuery(filter.getField())
                .from(filter.getStartdate()).to(filter.getEnddate()));
        }
    }
    ......
    searchSourceBuilder.query(builder);
    searchRequest.source(searchSourceBuilder);
    SearchResponse searchResponse = null;
    try {
        searchResponse = client.search(searchRequest, RequestOptions.DEFAULT);
    } catch (IOException e) {
        // TODO Auto-generated catch block
        e.printStackTrace();
    }
    return searchResponse;
}
```

以上代码先使用 SearchRequest 对象创建一个搜索请求，它接收索引名称的参数用于确定搜索范围，然后使用 BoolQueryBuilder 创建一个布尔查询。若要设置搜索的排序，需要给 SearchSourceBuilder 设置排序的参数，代码如下。

```
searchSourceBuilder.sort(request.getQuery().getSort(), SortOrder.ASC);
```

第一个参数是排序的字段，第二个参数可以控制升序或降序排列。

为了添加搜索的高亮功能，需要使用 HighlightBuilder，在 field 方法中指定高亮的字段列表，这里设置了对所有字段高亮，最后要将高亮参数添加到 SearchSourceBuilder 中。

```
// 处理高亮
HighlightBuilder highlightBuilder = new HighlightBuilder();
highlightBuilder.field("*");
searchSourceBuilder.highlighter(highlightBuilder);
```

为了搜索全部数据并设置分页参数，需要在 SearchSourceBuilder 中设置以下参数。

```
// 搜索全部数据
searchSourceBuilder.trackTotalHits(true);
searchSourceBuilder.from(start);
searchSourceBuilder.size(rows);
```

query_string 是功能强大的多文本字段搜索方法，具体的使用方式在 5.2.6 小节介绍过，它的搜索效果如图 8.2 所示。

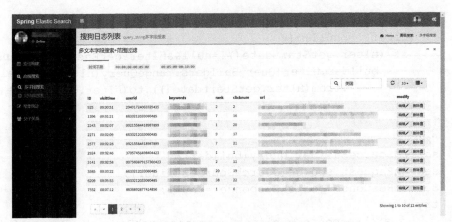

图 8.2　多文本字段搜索效果

### 2. 经纬度圆形搜索

为了实现 5.3.1 小节中介绍的经纬度圆形搜索，需要对 QueryBuilders 使用 geoDistanceQuery，其他的部分与多文本字段搜索类似，其关键代码如下。

```
@Override
public SearchResponse geoDistanceSearch(String index, GeoDistance geo, Integer pagenum, Integer pagesize) {
    SearchRequest searchRequest = new SearchRequest("shop");
    SearchSourceBuilder searchSourceBuilder = new SearchSourceBuilder();
    BoolQueryBuilder builder;
    builder = QueryBuilders.boolQuery().must(QueryBuilders.geoDistanceQuery("location")
            .point(geo.getLatitude(), geo.getLongitude())
            .distance(geo.getDistance(), DistanceUnit.KILOMETERS));
    SearchResponse searchResponse = null;
    try {
        searchSourceBuilder.query(builder);
        searchSourceBuilder.trackTotalHits(true);
        searchRequest.source(searchSourceBuilder);
        int start = (pagenum - 1) * pagesize;
        searchSourceBuilder.from(start);
        searchSourceBuilder.size(pagesize);
        searchResponse = client.search(searchRequest, RequestOptions.DEFAULT);
    } catch (IOException e) {
        // TODO Auto-generated catch block
        e.printStackTrace();
    }
    return searchResponse;
}
```

经纬度搜索的前端效果如图 8.3 所示,你只需要填入检索半径就能找到中心点范围内的城市列表。

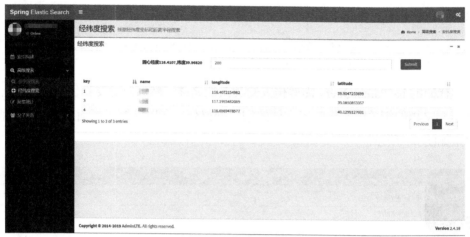

图 8.3 经纬度搜索效果

## 3. 嵌套对象搜索

嵌套对象搜索与其他搜索的重要区别是需要对 QueryBuilders 使用 nestedQuery,该搜索需要传入嵌套对象的路径参数,其关键代码如下。

```
BoolQueryBuilder builder = QueryBuilders.boolQuery()
        .must(QueryBuilders.nestedQuery(path, QueryBuilders.matchQuery(field, value),
            ScoreMode.None));
```

单击工程首页的"父子关系"下的"嵌套对象"导航菜单,你可以在相应页面中用国家作为搜索条件来搜索嵌套对象,其效果如图 8.4 所示。

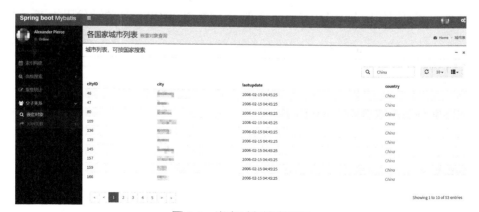

图 8.4 嵌套对象搜索效果

### 4. 以父搜子

索引 cityjoincountry 已经包含 join 类型的父子关联数据，要实现以父搜子，就需要使用对象 JoinQueryBuilders 的 hasParentQuery 来构建查询条件，代码如下。

```
builder = JoinQueryBuilders.hasParentQuery(parenttype, QueryBuilders
    .termQuery(field, value), false);
```

上述代码的 hasParentQuery 需要传入父关系的名称，然后对父文档做 term 搜索，参数 false 表示父文档的相关度不影响子文档的相关度得分。在以父搜子页面中，用国家搜索城市的效果如图 8.5 所示。

图 8.5　以父搜子效果

### 5. 以子搜父

反过来，你可以使用 hasChildQuery 实现以子搜父的效果，其关键代码如下。

```
builder = JoinQueryBuilders.hasChildQuery(childtype, QueryBuilders.
termQuery(field, value),
    ScoreMode.None);
```

对应的前端搜索效果如图 8.6 所示。

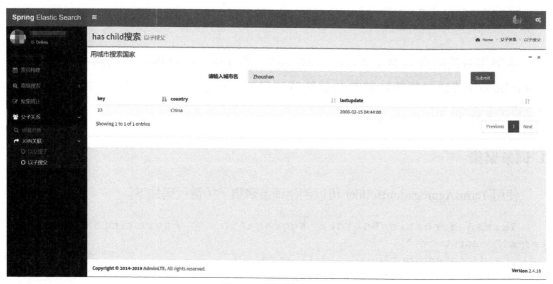

图 8.6 以子搜父效果

以上就是几种常规的搜索方法的实现，搜索请求返回的 SearchResponse 可以用于取出搜索结果并下发到前端，常规的方法如下。

```
SearchHits hits = searchResponse.getHits();
SearchHit[] searchHits = hits.getHits();
for (SearchHit hit : searchHits) {
    Map<String, Object> map = hit.getSourceAsMap();
    ……
}
```

除了这种使用 Map 得到搜索结果的方式，还可以直接以 JSON 字符串的方式得到搜索结果。

```
String result = hit.getSourceAsString();
```

如果要获取高亮结果，可以使用 SearchHit 对象的 getHighlightFields 方法，最后得到的 fragmentString 就是高亮的内容文本。

```
// 获取高亮结果
Map<String, HighlightField> highlightFields = hit.getHighlightFields();
for (Map.Entry<String, HighlightField> entry : highlightFields.entrySet()) {
    String mapKey = entry.getKey();
    HighlightField mapValue = entry.getValue();
    Text[] fragments = mapValue.fragments();
    String fragmentString = fragments[0].string();
    ……
}
```

## 8.4 统计分析

本节来对前面介绍的 4 个索引做常用的统计分析，你只需要给前面介绍的 Search SourceBuilder 传递聚集统计的参数就能达到目的，实现聚集统计的方法在源代码的类 AggsServiceImpl 中。

### 1. 词条聚集

使用 TermsAggregationBuilder 可以创建词条聚集，关键代码如下。

```
TermsAggregationBuilder aggregation = AggregationBuilders.terms("countnumber")
    .field(content.getAggsField()).size(10)
    .order(BucketOrder.key(true));
searchSourceBuilder.query(queryBuilder).aggregation(aggregation);
```

这里创建了一个名为 countnumber 的词条聚集，field 参数用于指定聚集的字段，桶的数目为 10，返回的桶按照 key 的升序排列。

发送请求后，你需要在 SearchResponse 中使用聚集的名称取出每个桶的聚集结果。

```
Aggregations result = searchResponse.getAggregations();
Terms byCompanyAggregation = result.get("countnumber");
List<? extends Terms.Bucket> bucketList = byCompanyAggregation.getBuckets();
List<BucketResult> list = new ArrayList<>();
for (Terms.Bucket bucket : bucketList) {
    BucketResult br = new BucketResult(bucket.getKeyAsString(), bucket.getDocCount());
    list.add(br);
}
```

这个例子选择了日期字段 visittime 做词条聚集，它会选择前 10s 的数据统计出每个时间点/段的文档数，效果如图 8.7 所示。

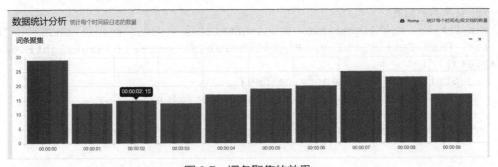

图 8.7　词条聚集的效果

## 2. 日期直方图聚集

日期直方图聚集需要使用 DateHistogramAggregationBuilder 进行构建，实现它的关键代码如下。

```
DateHistogramAggregationBuilder dateHistogramAggregationBuilder =
AggregationBuilders
        .dateHistogram("aggsName")
        .field(dateField)
        .fixedInterval(DateHistogramInterval.seconds(step))
        // .extendedBounds(new ExtendedBounds("2020-09-01 00:00:00", "2020-
09-02 05:00:00")
        .minDocCount(0L);
searchSourceBuilder.query(queryBuilder).aggregation(dateHistogramAg
gregationBuilder);
```

上面代码传入的参数分别是聚集的名称、聚集的字段、固定的步长以及最小文档数。如果需要控制返回桶的上下界，则需要添加注释中介绍的参数 extendedBounds。

然后，需要使用聚集的名称取出该请求的结果。

```
Aggregations jsonAggs = searchResponse.getAggregations();
Histogram dateHistogram = (Histogram) jsonAggs.get("aggsName");
List<? extends Histogram.Bucket> bucketList = dateHistogram.
getBuckets();
List<BucketResult> list = new ArrayList<>();
for (Histogram.Bucket bucket : bucketList) {
    BucketResult br = new BucketResult(bucket.getKeyAsString(),
bucket.getDocCount());
    list.add(br);
}
```

以 3min 为时间间隔，在 sougoulog 索引的 visittime 字段上实现的日期直方图聚集效果如图 8.8 所示。

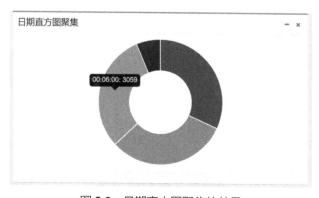

图 8.8　日期直方图聚集的效果

### 3. 范围聚集

使用 DateRangeAggregationBuilder 可以构建一个范围聚集，你只需传入聚集名称、聚集的字段和区间数据就可以实现。代码如下。

```
DateRangeAggregationBuilder dateRangeAggregationBuilder =
AggregationBuilders
        .dateRange("aggsName")
        .field(dateField);
// 添加只有下界的区间
dateRangeAggregationBuilder.addUnboundedFrom(from);
// 添加只有上界的区间
dateRangeAggregationBuilder.addUnboundedTo(to);
// 添加上下界都有的区间
dateRangeAggregationBuilder.addRange(from, to);
searchSourceBuilder.query(queryBuilder).aggregation(dateRangeAggregationBuilder);
```

要取出范围聚集的桶结果，可以使用下面的代码。

```
Aggregations jsonAggs = searchResponse.getAggregations();
Range range = (Range) jsonAggs.get("aggsName");
List<? extends Range.Bucket> bucketList = range.getBuckets();
List<BucketResult> list = new ArrayList<>();
for (Range.Bucket bucket : bucketList) {
    BucketResult br = new BucketResult(bucket.getKeyAsString(), bucket.getDocCount());
    list.add(br);
}
```

在本实例中，前端向聚集请求传递了 3 个时间范围区间，得到 sougoulog 在每个区间的文档数量，效果如图 8.9 所示。

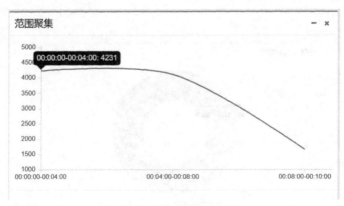

图 8.9 范围聚集的效果

## 4. 嵌套聚集

嵌套聚集请求要使用 NestedAggregationBuilder 进行构造，它的 nested 方法需要传入聚集的名称和嵌套对象的路径，然后使用 subAggregation 来添加子聚集完成对嵌套对象的统计，其关键代码如下。

```
NestedAggregationBuilder aggregation = AggregationBuilders.nested("nestedAggs", "country")
        .subAggregation(AggregationBuilders.terms("groupbycountry")
        .field("country.countryname.keyword").size(100)
        .order(BucketOrder.count(false)));
searchSourceBuilder.query(queryBuilder).aggregation(aggregation);
```

这个请求配置了嵌套对象的路径为 country，然后在子聚集中配置了一个词条聚集，它会统计出每个国家出现的次数，从而得到各个国家的城市数目。为了取出聚集桶的结果，需要先获取嵌套聚集对象，然后获取子聚集对象，代码如下。

```
Nested result = searchResponse.getAggregations().get("nestedAggs");
Terms groupbycountry = result.getAggregations().get("groupbycountry");
List<? extends Terms.Bucket> bucketList = groupbycountry.getBuckets();
List<BucketResult> list = new ArrayList<>();
for (Terms.Bucket bucket : bucketList) {
    BucketResult br = new BucketResult(bucket.getKeyAsString(), bucket.getDocCount());
    list.add(br);
}
```

该嵌套聚集会统计出各个国家的城市数量的前 10 名，用柱状图展示的效果如图 8.10 所示。

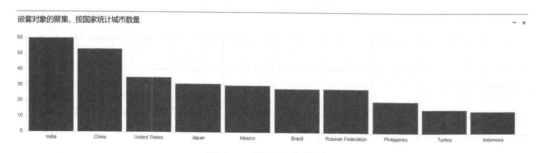

图 8.10 嵌套聚集的效果

## 8.5 为索引接入实时数据

在实际项目的开发中，只有为索引接入了实时数据，搜索的结果对用户而言才有意义。使用 ETL 工具将实时数据写入索引固然是一种可行的办法，但是很多开发人员可能不太习惯使用 ETL 工具，因为实时数据采集后往往需要进行大量的数据处理和格式转换，会导致 ETL 的处理逻辑变得十分复杂。因此，本节介绍一种面向开发人员的实时数据接入方式，直接使用通过 Java 客户端编程的手段为索引接入实时数据。

实时数据接入的流程如图 8.11 所示。

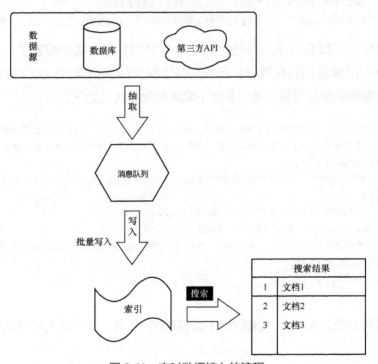

图 8.11 实时数据接入的流程

对于数据源中的实时数据，例如关系表的新数据或第三方 API 的新数据，可以通过 JDBC 查询或接口调用找到这些增量数据，然后将其投递到 Kafka 消息队列，使 Kafka 上拥有实时的索引数据。

对于原有数据发生的修改，也需要投递到 Kafka 中，以保证索引中能得到修改后的最新数据，避免在业务中查询到过时的数据。

然后创建一个 Kafka 的消费者来消费这些实时数据，根据业务逻辑做必要的数据转换，将转换好的数据列表使用 Java High Level REST Client 的 bulk API 来批量写入索引，从而为各个索引接入实时数据。由于被修改的数据也被投递到了 Kafka 中，写入时记得为每个索引配置好文档的主键字段，这样可以直接用主键去重。写入索引时要充分考虑集群的承受能力，根据情况调节批量写入的大小，让数据写入吞吐量保持在一个较高的水平。

## 8.6 本章小结

本章介绍了把 Java High Level REST Client 7.9.1 整合到 Spring Boot 项目中完成对 Elasticsearch 的读写和统计分析，主要包含以下内容。

- 使用 CreateIndexRequest 请求可以创建一个索引映射，你可以使用 XContentBuilder 来配置映射的字段结构。
- 使用 IndexRequest 请求可以往索引写入数据，数据的格式可以是 JSON 字符串也可以是 Hashmap 对象，批量写入索引数据时需要使用 BulkRequest 对象，写入时可以使用 routing 方法设置写入数据的路由值。
- 使用 UpdateRequest 对象可以发起一个修改数据的请求，DeleteRequest 对象可用于发起删除数据的请求。
- 使用 SearchRequest 对象可以发起一个搜索请求，你需要使用 SearchSourceBuilder 对象来设置搜索、聚集、排序、高亮的参数。
- 使用 QueryBuilders 可以构建各种不同的搜索类型，使用 HighlightBuilder 可以设置搜索的高亮参数。
- AggregationBuilders 可以在搜索请求中构建聚集统计的参数，在请求结果中使用 getAggregations 方法可以获取聚集的结果。
- 为了给索引接入实时数据，可以先将实时数据投递到 Kafka 中，然后消费 Kafka 中的实时数据并把数据批量写入索引，写入时需要为数据指定主键，以防止索引中出现重复的数据。

# 第9章 集群扩展和性能优化

截至目前，本书已经讨论了 Elasticsearch 的很多核心功能，你应该已经能在项目中熟练地使用 Elasticsearch 开发一些系统进行数据搜索和统计分析了。然而，为了能在生产环境中高效地应对大数据的搜索和分析，学习 Elasticsearch 集群的搭建和使用很有必要。本章的主要内容如下。

- Elasticsearch 节点的角色，每种角色具有的功能。
- 在 CentOS 7 上搭建 Elasticsearch 集群。
- 优化集群的参数配置。
- 对集群的运行状态进行监控。
- 确定索引的分片数，扩展索引的容量。
- 优化索引的写入速度。
- 优化搜索的响应速度。
- 正确地重启集群。
- 备份和恢复 Elasticsearch 集群。
- 配置并使用远程集群。

## 9.1 节点的角色类型

Elasticsearch 将集群中的节点分成了 6 种不同的角色，每种角色有不同的功能。在默认情况下，每个节点拥有全部角色，分别如下。

（1）master 角色：拥有该角色的节点会成为主候选节点，如果你想让一个节点成为专门的主候选节点而不处理其他操作，需要在 elasticsearch.yml 中配置：

```
node.roles: [ master ]
```

如果想让主候选节点参与投票选举而不成为主节点，可以配置：

```
node.roles: [ master, voting_only ]
```

（2）data 角色：拥有该角色的节点将成为数据节点，它会存放索引的分片数据并处理增删改查的读写请求。如果你要配置一个专门的数据节点，需要配置：

`node.roles: [ data ]`

（3）ingest 角色：拥有该角色的节点将成为预处理节点，该节点在数据写入索引之前可以对数据做一些转换和修改。你可以配置一些专用的预处理节点在数据写入索引之前完成数据转换，这样的节点在 elasticsearch.yml 中的配置如下。

`node.roles: [ ingest ]`

（4）remote_cluster_client 角色：拥有该角色的节点可以连接到远程集群以发起对远程集群的搜索。配置一个专门的远程集群客户端节点需要在 elasticsearch.yml 中添加如下代码。

`node.roles: [ remote_cluster_client ]`

（5）ml 角色：也就是机器学习（machine learning）角色，拥有该角色的节点可以完成一些机器学习方面的操作，实现该功能需要使用 X-Pack 插件。创建一个专门的机器学习节点需要在 elasticsearch.yml 中添加如下代码。

`node.roles: [ ml ]`

（6）transform 角色：拥有该角色的节点可以完成一些转换操作。一次转换操作可以把一个索引的搜索结果转换后写入另一个索引，这在某些数据分析场景中会很有用，该功能的实现也需要使用 X-Pack 插件。创建一个专门的数据转换节点需要在 elasticsearch.yml 中添加如下代码。

`node.roles: [ transform ]`

如果你把一个节点的 node.roles 参数配置为空，它将成为一个专用的协调节点。

`node.roles: [ ]`

协调节点既不能存放、转换数据，也不能选举主节点，它就像一个负载均衡器一样只能够处理客户端请求的转发操作。由于所有的节点都自带这种能力，通常并没有必要单独配置协调节点。

注意：在一个正常的 Elasticsearch 集群中，主候选节点和数据节点是必选的，其他的节点类型是可选的。所以一般情况下，配置好主候选节点和数据节点就可以了。即使你保持默认设置让每个节点拥有所有角色，这往往也没有什么错。

## 9.2 在 CentOS 7 上搭建 Elasticsearch 集群

在生产环境中,通常需要搭建 Elasticsearch 的集群来支撑大数据场景的搜索和统计分析,本节就来谈谈在 CentOS 7 上搭建 Elasticsearch 集群的方法。

### 9.2.1 准备工作

在安装 Elasticsearch 集群以前,你需要做一些准备工作,以便安装过程可以顺利进行。首先需要准备 3 台虚拟机(安装好 CentOS 7 操作系统),然后进行下述一系列的配置修改。

**1. 关闭防火墙**

3 台虚拟机均需要关闭防火墙,否则 Elasticsearch 集群无法正常工作。

```
systemctl stop firewalld
systemctl disable firewalld
```

**2. 卸载 OpenJDK**

CentOS 7 已经安装了 OpenJDK,但是 Elasticsearch 7.9.1 自带了 JDK,所以最好先卸载 OpenJDK。

```
rpm -qa|grep java
rpm -e --nodeps java-1.7.0-openjdk-headless-1.7.0.191-2.6.15.5.el7.x86_64
rpm -e --nodeps java-1.8.0-openjdk-headless-1.8.0.181-7.b13.el7.x86_64
```

卸载后,可以使用 java -version 进行测试,如果代码不能运行则说明 OpenJDK 卸载成功。

**3. 下载 Elasticsearch 7.9.1**

本节将使用 tar.gz 格式的安装包搭建集群。登录 Elastic 官方网站,在 Elasticsearch 7.9.1 的下载页面选择 LINUX X86_64 的安装包并下载。

**4. 增大文件句柄数**

Elasticsearch 在运行时会消耗大量的文件句柄,使用前应该增大文件句柄数的值以防止文件句柄不够用导致丢失数据。以管理员权限打开 /etc/security/limits.conf，在末尾添加以下两行代码。

```
* soft nofile 65535
* hard nofile 65535
```

这两行代码的意思是，对于任意用户（*），将应用软件（soft）级别和操作系统（hard）级别的最大可打开文件数设置为 65535。

## 5. 增大线程池的大小

Elasticsearch 运行时会拥有很多线程池，各种线程池能处理不同类型的请求。为了让线程池拥有的线程够用，需要增大线程池中可创建线程的数量。打开 /etc/security/limits.conf，在末尾添加以下两行代码。

```
* soft nproc 9000
* hard nproc 9000
```

由于上述配置受到 /etc/security/limits.d/20-nproc.conf 的限制，需要在这个文件中把普通用户的线程数量也增大到 9000。

```
*          soft    nproc    9000
root       soft    nproc    unlimited
```

## 6. 关闭内外存交换

在 1.6.2 小节中已经讲过关闭内外存交换的必要性，打开内存锁对于提升 Elasticsearch 的搜索性能非常重要。为了打开内存锁，需在文件 /etc/security/limits.conf 的末尾添加如下代码。

```
* hard memlock unlimited
* soft memlock unlimited
```

## 7. 增大虚拟内存地址空间

由于 Elasticsearch 默认使用 mmapfs 文件系统存储数据，它会消耗很多虚拟内存，因此需要增大虚拟内存地址空间。在文件 /etc/sysctl.conf 的末尾添加以下代码。

```
vm.max_map_count = 262144
```

在 3 台虚拟机中修改完以上配置后，需要重启虚拟机以使配置生效。

## 9.2.2 安装集群

本节准备好的 3 台虚拟机的 IP 地址分别为 192.168.34.128、192.168.34.129、192.168.34.130，现在就使用这 3 个节点搭建一个 Elasticsearch 集群。

### 1. 解压安装包

先将 Elasticsearch 安装到 opt 目录下，使用以下解压命令。

```
sudo tar -zxvf elasticsearch-7.9.1-linux-x86_64.tar.gz -C /opt
```

### 2. 添加用户并授权

由于 TAR 包不能通过 root 用户启动，需要单独创建用户 elasticsearch 并授予其安装目录的读写权限。

```
useradd elasticsearch
chown -R elasticsearch:elasticsearch /opt/elasticsearch-7.9.1/
```

### 3. 编辑 elasticsearch.yml 文件

修改节点 192.168.34.128 的 elasticsearch.yml 文件，代码如下，里面的配置的含义在第 1 章和第 2 章都有讲过。注意，配置项 discovery.seed_hosts 和 cluster.initial_master_nodes 要包含整个集群的主候选节点列表，这里把 3 个节点都配置为主候选节点。

```
cluster.name: my-application
node.name: node-1
path.data: /opt/elasticsearch-7.9.1/data
path.logs: /opt/elasticsearch-7.9.1/logs
bootstrap.memory_lock: true
network.host: 192.168.34.128
http.port: 9200
discovery.seed_hosts: ["192.168.34.128", "192.168.34.129", "192.168.34.130"]
cluster.initial_master_nodes: ["node-1", "node-2", "node-3"]
gateway.expected_data_nodes: 3
```

修改节点 192.168.34.129 的 elasticsearch.yml 文件，代码如下。

```
cluster.name: my-application
node.name: node-2
path.data: /opt/elasticsearch-7.9.1/data
path.logs: /opt/elasticsearch-7.9.1/logs
```

```
    bootstrap.memory_lock: true
    network.host: 192.168.34.129
    http.port: 9200
    discovery.seed_hosts: ["192.168.34.128", "192.168.34.129",
"192.168.34.130"]
    cluster.initial_master_nodes: ["node-1", "node-2", "node-3"]
    gateway.expected_data_nodes: 3
```

修改节点 192.168.34.130 的 elasticsearch.yml 文件，代码如下。

```
    cluster.name: my-application
    node.name: node-3
    path.data: /opt/elasticsearch-7.9.1/data
    path.logs: /opt/elasticsearch-7.9.1/logs
    bootstrap.memory_lock: true
    network.host: 192.168.34.130
    http.port: 9200
    discovery.seed_hosts: ["192.168.34.128", "192.168.34.129",
"192.168.34.130"]
    cluster.initial_master_nodes: ["node-1", "node-2", "node-3"]
    gateway.expected_data_nodes: 3
```

注意：非主候选节点不需要配置 cluster.initial_master_nodes，它用于指定集群引导时的主候选节点列表，该配置只有在新集群启动时才有效。

### 4. 修改 JVM 堆内存大小

参照 1.6.3 小节的描述修改 JVM 的堆内存，由于这里使用的节点内存为 4GB，因此堆内存大小应该设置为 2GB。在实际中要根据服务器的内存进行配置，确保压缩对象指针是开启的。在 jvm.options 文件中配置以下两行内容。

```
    -Xms2g
    -Xmx2g
```

### 5. 启动集群

在 3 个节点上分别运行以下代码。

```
    su elasticsearch
    cd /opt/elasticsearch-7.9.1
    ./bin/elasticsearch -d -p pid
```

上述启动命令使用了 -d 实现在后台运行 Elasticsearch 服务，并且将服务的进程 id 写入 pid 文件进行保存。如果需要关闭 Elasticsearch 服务，直接可以使用以下代码。

```
kill -9 `cat pid`
```

### 9.2.3　验证安装

#### 1. 检查文件句柄数和线程池大小

在控制台输入并运行以下代码。

```
su elasticsearch
ulimit -a
```

从以下结果可以确定 open files 应该为 65535、max user processes 应该为 9000。

```
core file size          (blocks, -c) 0
data seg size           (kbytes, -d) unlimited
scheduling priority             (-e) 0
file size               (blocks, -f) unlimited
pending signals                 (-i) 11048
max locked memory       (kbytes, -l) unlimited
max memory size         (kbytes, -m) unlimited
open files                      (-n) 65535
pipe size            (512 bytes, -p) 8
POSIX message queues     (bytes, -q) 819200
real-time priority              (-r) 0
stack size              (kbytes, -s) 8192
cpu time               (seconds, -t) unlimited
max user processes              (-u) 9000
virtual memory          (kbytes, -v) unlimited
file locks                      (-x) unlimited
```

#### 2. 检查虚拟内存配置

在控制台输入并运行以下代码。

```
sysctl -a|grep vm.max_map_count
```

可以在控制台看到 vm.max_map_count 的值为 262144。

#### 3. 检查集群服务的健康状态和节点数

在 Kibana 中运行以下代码。

```
GET _cat/health?v&format=json
```

得到集群的健康状态是 green，还可以看到集群的节点数为 3。

```
[
  {
    "epoch" : "1608628888",
    "timestamp" : "09:21:28",
    "cluster" : "my-application",
    "status" : "green",
    "node.total" : "3",
    "node.data" : "3",
    "shards" : "12",
    "pri" : "6",
    "relo" : "0",
    "init" : "0",
    "unassign" : "0",
    "pending_tasks" : "0",
    "max_task_wait_time" : "-",
    "active_shards_percent" : "100.0%"
  }
]
```

## 4. 检查内存锁的开启状态

在 Kibana 中运行以下代码。

```
GET _nodes?filter_path=**.mlockall
```

可得到 3 个节点的内存锁的开启结果，mlockall 为 true 表示开启成功。

```
{
  "nodes" : {
    "fIlyks8-TeGtOc7CLWvDjA" : {
      "process" : {
        "mlockall" : true
      }
    },
    "NXoscOVBTA-amhqTp1iQbg" : {
      "process" : {
        "mlockall" : true
      }
    },
    "4YJwxDrQT86vkg4yD54g-Q" : {
      "process" : {
        "mlockall" : true
      }
    }
  }
}
```

如果以上配置均无误，那么恭喜你集群已搭建成功。在 9.3 节中，本书将探讨如何改进集群的配置，使它能够在更好的状态下运行。

## 9.3 推荐的集群配置

在 9.2 节中，你已经搭建了一个拥有 3 个节点的集群。然而在实际项目中，有一些配置在搭建集群时虽然不是必选的，但是其有利于使整个集群在更好的状态下运行，建议在实际的项目中尽可能采用这些可选配置。

**1. 主候选节点不是越多越好**

在 9.2 节介绍搭建集群时，给 cluster.initial_master_nodes 配置了 3 个节点，用于在集群启动时指明主候选节点的列表。在配置主候选节点的列表时，往往选择集群中比较稳定、很少会下线的节点。在集群环境下，主候选节点至少要有 3 个。对于比较小的集群而言，例如 20 个节点的集群，3 个或 5 个主候选节点就足够了。当主候选节点有一半以上没有成功启动时，整个集群将处于不可用的状态，这在集群重启或者有大量主候选节点需要下线时非常不方便。因此在集群中挑选少数几（奇数）个比较固定的节点使其作为主候选节点是比较明智的。如果你想一次性下线超过一半的主候选节点，则需要调用以下 REST 端点来把它们从投票配置中删除。例如，删除两个主候选节点的投票配置 node-1 和 node-2 可以使用以下代码。

```
POST /_cluster/voting_config_exclusions?node_names=node-1,node-2
```

为了能看到效果，你可以从集群的元数据中找到投票配置的节点信息。

```
GET /_cluster/state?filter_path=metadata.cluster_coordination
```

可以看到响应结果的 voting_config_exclusions 中的就是已经删除的主候选节点。

```
{
  "metadata" : {
    "cluster_coordination" : {
      "term" : 14,
      "last_committed_config" : [
        "NXoscOVBTA-amhqTp1iQbg"
      ],
      "last_accepted_config" : [
        "NXoscOVBTA-amhqTp1iQbg"
      ],
      "voting_config_exclusions" : [
```

```
        {
          "node_id" : "4YJwxDrQT86vkg4yD54g-Q",
          "node_name" : "node-2"
        },
        {
          "node_id" : "fIlyks8-TeGtOc7CLWvDjA",
          "node_name" : "node-1"
        }
      ]
    }
  }
}
```

而 last_committed_config 中的就是当前有效投票配置的节点 id 列表，它会在主节点选举的时候进行投票。要下线的主候选节点被删除后，它们就可以安全地下线而不会影响集群的正常运转。

如果希望下线的节点回到集群，你可以使用以下 REST 端点清空投票配置删除的节点列表。

```
DELETE /_cluster/voting_config_exclusions?wait_for_removal=false
```

运行上述代码后，可以从集群的元数据看到投票配置的节点信息又恢复成了 3 条。

```
GET /_cluster/state?filter_path=metadata.cluster_coordination
{
  "metadata" : {
    "cluster_coordination" : {
      "term" : 14,
      "last_committed_config" : [
        "NXoscOVBTA-amhqTp1iQbg",
        "4YJwxDrQT86vkg4yD54g-Q",
        "fIlyks8-TeGtOc7CLWvDjA"
      ],
      "last_accepted_config" : [
        "NXoscOVBTA-amhqTp1iQbg",
        "4YJwxDrQT86vkg4yD54g-Q",
        "fIlyks8-TeGtOc7CLWvDjA"
      ],
      "voting_config_exclusions" : [ ]
    }
  }
}
```

## 2. 每个节点的内存最好是 64GB

在实际项目中，如果你有条件使用虚拟机，请为安装 Elasticsearch 的每个节点分配 64GB

的内存，这会让 Elasticsearch 运行在最佳的状态。如果节点内存小于 16GB，运行时内存容易被耗尽。如果内存大于 64GB，你依然应把 Elasticsearch 的 JVM 的堆内存配置在 31GB 以内，以开启对象压缩指针从而提高内存的使用效率，其中 JVM 堆内存的配置请参考 1.6.3 小节。

### 3. 有条件使用固态盘更好

Elasticsearch 最终会将索引的数据持久化到硬盘上，对于搜索时不在内存中的数据也需要到硬盘中读取，使用读写速度更快的固态盘对提升索引和搜索的效率都有好处。由于硬盘的写入速度比内存的慢很多，它可能会成为索引写入性能的短板，因此如果条件允许，建议多使用固态盘。

### 4. 限制单个节点能够容纳的分片上限

一个节点拥有的分片数越多，查询时需要消耗的内存就越大。使用时，节点的每 1GB 堆内存不要容纳超过 20 个分片，否则就容易出现内存耗尽的风险。对于一个堆内存大小为 30GB 的节点而言，你可以使用以下请求配置集群中每个节点的分片不超过 600 个。

```
PUT /_cluster/settings
{
  "persistent" : {
    "cluster.routing.allocation.total_shards_per_node" : "600"
  }
}
```

### 5. 限制单个索引在每个节点上的分片上限

如果同一个索引在单个节点上的分片数过多，在搜索时就很可能会选择来自同一个节点的多个分片，这些分片会消耗同一个节点上的硬件资源。当分片的容量较大时很容易耗尽内存，会导致集群崩溃。为了避免这种情况，你可以限制某个索引在每个节点上分配的分片上限。例如：

```
PUT test
{
  "settings": {
    "number_of_shards": "5",
    "number_of_replicas": "1",
    "index.routing.allocation.total_shards_per_node" : 2
  },
  "mappings": {
    "properties": {
      "userid": {
```

```
            "type": "text"
          }
        }
      }
    }
```

配置项 index.routing.allocation.total_shards_per_node 指定索引 test 在每个节点上最多拥有两个分片。如果你在单节点上执行该请求，则索引的状态会变成红色，因为没有足够的节点可以用来分配主分片。为了让集群重新回归到健康状态，你需要新增节点，让每一个分片都得到分配。

## 6. 遵守集群高可用的原则

为了确保集群在生产环境中能够保持高可用，以下原则必须遵守。

（1）集群节点至少要有 3 个，主候选节点也至少要有 3 个。

（2）存放索引分片的数据节点至少要有 2 个，以避免出现单点故障。

（3）每个索引分片至少要有 1 个副本分片，以避免节点掉线引发数据丢失。

（4）集群健康状态要为绿色，以确保所有的副本分片都得到分配。

## 7. 大规模的集群可以考虑分区容错

针对大规模的集群，可以按照 2.3.3 小节的描述，使用分片分配的感知把分片分发到不同的区域上。可以使用同一服务器机架、同一机房或同一地区作为分区的边界，这样即使同一区域的节点全部掉线也不会影响集群的正常运转。分区至少要有 3 个，因为只拥有 2 个分区的集群会导致某个分区挂掉，可能会引起整个集群不可用。图 9.1 展示了只拥有 2 个分区的集群存在的问题，当 zone1 挂掉时会引起整个集群不可用。这是因为不管 3 个主候选节点在 2 个分区中如何分配，拥有主候选节点多的分区一旦挂掉，整个集群就会处于不可用的状态。

图 9.1 只拥有 2 个分区的集群存在的问题

当分区达到 3 个或 3 个以上时，你就可以从中挑出 3 个分区，每个分区指定 1 个主候选节点，这样任何一个分区的节点全部挂掉，依然至少能保证 2 个主候选节点正常，使得整个集群依然可用，如图 9.2 所示。

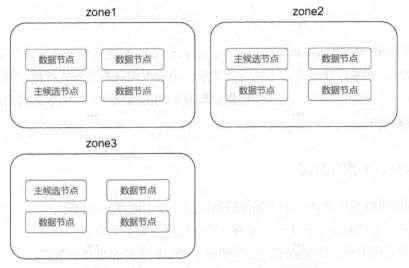

图 9.2　使用 3 个以上的分区保持集群高可用

## 9.4　监控集群

集群运行以后，可以使用一系列的监控端点对 Elasticsearch 的运行状态进行监控，以便于开发和运维人员及时掌握 Elasticsearch 的运行情况。

### 9.4.1　监控集群的状态信息

本书在 2.2.2 小节中讲述了集群状态信息发布的整个过程，现在就来介绍集群的状态信息所包含的内容。集群状态信息是一种数据结构，里面包含节点的信息、集群的配置、索引的映射和每个节点分片分配的情况信息等元数据。你可以使用以下请求查看集群的状态信息。

```
GET /_cluster/state
```

得到的数据结果如下。

```
{
  "cluster_name" : "my-application",
  "cluster_uuid" : "45D020CvStK3T1Jo8vSvVw",
```

```
    "version" : 700,
    "state_uuid" : "kU5o_wUFTWCAOsNJWFMAPw",
    "master_node" : "4YJwxDrQT86vkg4yD54g-Q",
    "blocks" : { },
    "nodes" : {
      "fIlyks8-TeGtOc7CLWvDjA" : {
        "name" : "node-1",
        "ephemeral_id" : "XA_djmQhQNKwat-EvLqNAg",
        "transport_address" : "192.168.34.128:9300",
        "attributes" : {
          "ml.machine_memory" : "3733966848",
          "ml.max_open_jobs" : "20",
          "xpack.installed" : "true",
          "transform.node" : "true"
        }
      },
      ……
    },
    "metadata" : {
      "cluster_uuid" : "45D020CvStK3T1Jo8vSvVw",
      "cluster_uuid_committed" : true,
      "cluster_coordination" : {
        "term" : 910,
        "last_committed_config" : [
          "NXoscOVBTA-amhqTp1iQbg",
          "fIlyks8-TeGtOc7CLWvDjA",
          "4YJwxDrQT86vkg4yD54g-Q"
        ],
        "last_accepted_config" : [
          "NXoscOVBTA-amhqTp1iQbg",
          "fIlyks8-TeGtOc7CLWvDjA",
          "4YJwxDrQT86vkg4yD54g-Q"
        ],
        "voting_config_exclusions" : [ ]
      },
      "templates" : {……},
      "indices" : {……},
      "component_template" :{……},
      "index-graveyard" : {……},
      "index_template" : {……},
      "index_lifecycle":{……},
      "ingest" : {……}
    },
    "routing_table" : {……},
    "routing_nodes" : {……}
}
```

其中 nodes 代表的是集群节点的列表；metadata 代表的是集群的元数据，包含集群的投票配置、索引映射、索引模板等信息；routing_table 中罗列了每个索引的分片在集群中分布的位置信息；routing_nodes 列出了每个节点包含的索引分片的列表和未得到分配的分片列表。由于这种数据结构比较大，查看不太方便，你可以通过传参的方式只查看部分结果，代码如下。

```
GET /_cluster/state/routing_table/allocation-test
```

这个请求表示只查看索引 allocation-test 的 routing_table 信息，也就是分片分配的信息。

以下请求表示只返回状态数据中的节点列表信息，使用时可以根据实际的需要来选择有用的状态信息进行查看。

```
GET /_cluster/state/nodes
```

## 9.4.2　监控集群的健康状态

在 3.9.1 小节中探讨了怎样监控索引的健康状态，集群的健康状态跟健康状态最差的索引的是一致的，也就是说，如果集群中某个索引的健康状态是红色，则集群的健康状态也是红色。查看集群的健康状态可以使用以下请求。

```
GET _cluster/health
```

可以得到如下结果。

```
{
  "cluster_name" : "my-application",
  "status" : "green",
  "timed_out" : false,
  "number_of_nodes" : 3,
  "number_of_data_nodes" : 3,
  "active_primary_shards" : 9,
  "active_shards" : 18,
  "relocating_shards" : 0,
  "initializing_shards" : 0,
  "unassigned_shards" : 0,
  "delayed_unassigned_shards" : 0,
  "number_of_pending_tasks" : 0,
  "number_of_in_flight_fetch" : 0,
  "task_max_waiting_in_queue_millis" : 0,
  "active_shards_percent_as_number" : 100.0
}
```

你可以从 status 中看出集群的健康状态是绿色，还可以看到集群的节点总数、分片总数、未得到分配的分片总数等信息。如果你想查看某个索引的健康状态，可以在该请求中添加索引名称的参数，代码如下。

```
GET _cluster/health/allocation-test
```

这样返回的结果就只包含该索引的健康状态信息。

```
{
  "cluster_name" : "my-application",
  "status" : "green",
  "timed_out" : false,
  "number_of_nodes" : 3,
  "number_of_data_nodes" : 3,
  "active_primary_shards" : 3,
  "active_shards" : 6,
  "relocating_shards" : 0,
  "initializing_shards" : 0,
  "unassigned_shards" : 0,
  "delayed_unassigned_shards" : 0,
  "number_of_pending_tasks" : 0,
  "number_of_in_flight_fetch" : 0,
  "task_max_waiting_in_queue_millis" : 0,
  "active_shards_percent_as_number" : 100.0
}
```

### 9.4.3　监控集群节点的统计指标

在 3.9.5 小节中讲述了索引的统计指标的监控方法，本小节来介绍如何监控整个集群或某个节点的统计数据。要查看整个集群的统计指标，可以使用以下请求。

```
GET /_cluster/stats
```

该请求返回的结果如下。

```
{
  "_nodes" : {
    "total" : 3,
    "successful" : 3,
    "failed" : 0
  },
  "cluster_name" : "my-application",
  "cluster_uuid" : "45D020CvStK3T1Jo8vSvVw",
  "timestamp" : 1609213394821,
  "status" : "green",
  "indices" : {……},
  "nodes" : {……}
```

}

其中 indices 部分包含索引在整个集群中拥有的分片数、文档数、占用空间、缓存量等统计数据；nodes 部分包含整个集群的节点数、JVM 内存大小等统计数据。

如果你想查看每个节点的统计指标，可以使用 _nodes 端点返回各个节点的统计数据的列表。

```
GET /_nodes/stats
```

该请求返回每个节点的统计结果，而非整个集群的统计结果。结果如下。

```
{
  "_nodes" : {
    "total" : 3,
    "successful" : 3,
    "failed" : 0
  },
  "cluster_name" : "my-application",
  "nodes" : {
    "fIlyks8-TeGtOc7CLWvDjA" : {
      "timestamp" : 1609226259229,
      "name" : "node-1",
      "transport_address" : "192.168.34.128:9300",
      "host" : "192.168.34.128",
      "ip" : "192.168.34.128:9300",
      "roles" : [
        "data",
        "ingest",
        "master",
        "ml",
        "remote_cluster_client",
        "transform"
      ],
      "attributes" : {
        "ml.machine_memory" : "3733966848",
        "ml.max_open_jobs" : "20",
        "xpack.installed" : "true",
        "transform.node" : "true"
      },
      "indices" : {
        "docs" : {
          "count" : 638,
          "deleted" : 876
        },
......
```

Elasticsearch 还为使用者提供了一个 usage 端点用来查看每个节点处理每种请求的次

数，这个端点的响应结果也能够作为节点的统计依据，代码如下。

```
GET /_nodes/usage
```

部分响应结果如下。

```
……
"4YJwxDrQT86vkg4yD54g-Q" : {
      "timestamp" : 1609226406386,
      "since" : 1609208684704,
      "rest_actions" : {
        "ilm_get_action" : 1,
        "nodes_usage_action" : 7,
        "document_update_action" : 628,
        "get_index_template_action" : 313,
        "nodes_info_action" : 6945,
        "get_mapping_action" : 314,
        "get_indices_action" : 10,
        "create_index_action" : 14,
        "ml_get_jobs_action" : 1,
        "nodes_stats_action" : 15,
        "nodes_hot_threads_action" : 3,
        "nodes_reload_action" : 1,
        "update_by_query_action" : 5715,
        "document_index_action" : 2,
        "document_create_action_auto_id" : 1,
        "indices_stats_action" : 3,
        "document_create_action" : 6,
        "cluster_state_action" : 7,
        "cluster_stats_action" : 17,
        "put_index_template_action" : 1,
        "search_action" : 6710,
        "get_aliases_action" : 313,
        "document_mget_action" : 2,
        "list_tasks_action" : 2,
        "bulk_action" : 132
      },
      "aggregations" : { }
    },
……
```

其中 since 表示节点的启动时间、timestamp 表示请求响应的时间，可以从结果中看到节点处理各种操作的统计数据，例如 search_action 表示处理搜索的次数，get_mapping_action 表示查询映射的次数。

### 9.4.4 监控节点的热点线程

使用监控节点的热点线程能够找出 CPU 占用多的操作，可便于开发和运维人员及时发现集群的性能瓶颈。发送监控节点的热点线程的请求如下。

```
GET /_nodes/hot_threads
```

以下返回结果是每个节点的一段文本，结果文本包含各个节点热点线程的描述。

```
:::{node-1}{fIlyks8-TeGtOc7CLWvDjA}{XA_djmQhQNKwat-
EvLqNAg}{192.168.34.128}{192.168.34.128:9300}{dilmrt}{ml.machine_
memory=3733966848, ml.max_open_jobs=20, xpack.installed=true, transform.
node=true}
   Hot threads at 2020-12-29T07:37:14.033Z, interval=500ms,
busiestThreads=3, ignoreIdleThreads=true:
:::{node-2}{4YJwxDrQT86vkg4yD54g-Q}{xNx_15hcQi-0-WQCcCnTIw}
{192.168.34.129}{192.168.34.129:9300}{dilmrt}{ml.machine_
memory=3954159616, xpack.installed=true, transform.node=true, ml.max_
open_jobs=20}
   Hot threads at 2020-12-29T07:37:14.339Z, interval=500ms,
busiestThreads=3, ignoreIdleThreads=true:
:::{node-3}{NXoscOVBTA-amhqTp1iQbg}{jvkUnt9BSMOESY19kqHFFg}
{192.168.34.130}{192.168.34.130:9300}{dilmrt}{ml.machine_
memory=3954159616, ml.max_open_jobs=20, xpack.installed=true, transform.
node=true}
   Hot threads at 2020-12-29T07:37:14.625Z, interval=500ms,
busiestThreads=3, ignoreIdleThreads=true:
```

### 9.4.5 查看慢搜索日志

Elasticsearch 还允许你通过慢搜索日志查看那些搜索速度比较慢的请求，你可以设置每个索引查询耗时的阈值来界定哪些慢搜索请求会被写入慢搜索日志，例如：

```
PUT allocation-test/_settings
{
  "index.search.slowlog.threshold.query.warn": "10ms",
  "index.search.slowlog.threshold.query.info": "0ms",
  "index.search.slowlog.threshold.query.debug": "0ms",
  "index.search.slowlog.threshold.query.trace": "0ms",
  "index.search.slowlog.threshold.fetch.warn": "10ms",
  "index.search.slowlog.threshold.fetch.info": "0ms",
  "index.search.slowlog.threshold.fetch.debug": "0ms",
  "index.search.slowlog.threshold.fetch.trace": "0ms",
  "index.search.slowlog.level": "info"
```

}

该设置表示把 allocation-test 索引的 query 请求阶段耗时达到 10ms 的请求输出为 warn 日志，fetch 取回阶段超过 10ms 的请求也输出为 warn 日志。配置 slowlog.level 为 info 表示只记录 info 及其以上级别的日志。查询索引后，超过阈值并达到相应级别的慢日志会被记录在查询涉及的每个节点中，可以到各个节点的 logs 文件夹中查看，慢日志文件名为 my-application_index_search_slowlog.log。例如在 node-1 上，做一次 match_all 查询后，logs 文件夹生成的慢日志片段如下。

```
[2020-12-29T00:45:15,497][INFO ][i.s.s.query              ] [node-1][allocation-test][1]
  took[79.6micros], took_millis[0], total_hits[0 hits], types[], stats[],
  search_type[QUERY_THEN_FETCH], total_shards[3], source[{"query":{"match_all":{"boost":1.0}}}],
  id[],
```

慢日志是分片级别的，这个片段只展示了 match_all 查询在 node-1 上耗费的时间、命中数量等信息，进入其他节点可以看到查询请求在其他节点分片上产生的慢搜索日志。

## 9.4.6 查看慢索引日志

慢索引日志允许你把写入索引较慢的请求记录到日志中，用于定位写入速度慢的请求，以便有针对性地优化它们。首先，设置慢索引日志的记录阈值。

```
PUT allocation-test/_settings
{
  "index.indexing.slowlog.threshold.index.warn": "10ms",
  "index.indexing.slowlog.threshold.index.info": "0ms",
  "index.indexing.slowlog.threshold.index.debug": "0ms",
  "index.indexing.slowlog.threshold.index.trace": "0ms",
  "index.indexing.slowlog.level": "info",
  "index.indexing.slowlog.source": "1000"
}
```

以上设定的意思是，写入索引 allocation-test 耗时超过 10ms 的请求将生成一个 warn 日志，slowlog.level 限定了只记录 info 及其以上级别的日志。配置 slowlog.source 为 1000 表示在日志中最多记录索引数据的前 1000 个字符。向 allocation-test 中写入一条数据，然后在 logs 文件夹下打开 my-application_index_indexing_slowlog.log，可以看到以下片段。

```
[2020-12-29T00:58:03,011][WARN ][i.i.s.index              ] [node-2]
```

```
[allocation-
    test/Z5c4xtukQGqXYwYx8xuBiA] took[76ms], took_millis[76], type[_
    doc], id[2], routing[], source[{"name":"bai","age":22}]
```

该日志记录了写入请求的数据、耗时、节点名称以及日志的级别。慢索引日志也是分片级别的，因此只有数据写入分片所在的节点才能看到该数据的慢索引日志。

## 9.5 索引分片数的设置与横向扩容

在 9.x 版本的 Elasticsearch 中，新建的索引默认包含 5 个主分片，每个主分片有 1 个副本分片。而在 7.9.1 版本中，新建的索引默认只包含一个主分片和一个副本分片。那么一个索引的主分片到底设置为多大比较合适呢？本节就来详细地探讨这个问题。

一个索引拥有的主分片越多，它就能容纳越多的数据。由于主分片个数属于索引的静态配置，一旦索引被创建就无法修改，这意味着索引创建以后它能够容纳的数据的上限就基本固定了。为了维持集群的稳定性，单个分片的数据容量不宜过大，最好不要超过 25GB。过大的分片会使得分片的恢复极为缓慢，而且在搜索时也会消耗更多的内存。所以，当你为一个索引确定分片个数时，你要考虑该索引需要容纳的存量数据有多少，每个月的增量数据有多少，然后来设置主分片的个数。如果在每个分片中容纳的数据已经达到 25GB，还有新的数据需要写入，就需要把它们保存到新的索引中。

本节举一个 IoT 的例子来说明索引的扩容方法，假如有一些传感器每个月会产生 100GB 数据，传感器产生的数据的字段说明如表 9.1 所示。

表 9.1 传感器产生的数据的字段说明

| 字段名 | 说明 |
| --- | --- |
| deviceid | 设备编号 |
| produce_time | 数据产生的时间 |
| type | 数据类型 |
| data | 数据内容 |
| state | 设备状态 |

为了在索引中保存上述结构的传感器数据并进行搜索和数据分析，下面将采取一系列的步骤来完成数据的存储并对索引容量进行线性扩展。

**1. 容量规划**

根据传感器每个月的增量数据大小 100GB，为每个分片规划 25GB 大小，可以按照月份对索引进行切分。每月写入 1 个索引，每个索引包含 4 个主分片，每个主分片有 1 个副本分片即可。为了使用时间条件快速定位索引，可以把年月数据放入索引的名称，例如

2021 年 1 月的数据保存的名称为 device-202101，其他月份的索引以此类推。

## 2. 创建索引模板

使用索引模板的好处是可以方便开发者快速定义一批映射结构相同的索引。为索引模板配置一个别名 device-all 作为全局搜索的范围，最新的数据总是会写入最后一个索引，效果如图 9.3 所示。

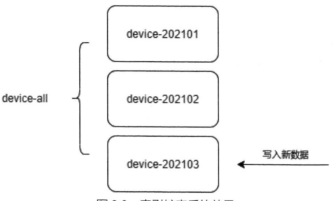

图 9.3　索引扩容后的效果

创建索引模板 device-template，该模板会匹配所有前缀为 device 的索引，并在模板中设置主分片个数为 4、副本分片个数为 1，添加传感器的字段列表并配置别名 device-all，代码如下。

```
PUT _index_template/device-template
{
  "index_patterns": [
    "device-*"
  ],
  "template": {
    "settings": {
      "number_of_shards": 4,
      "number_of_replicas": 1
    },
    "mappings": {
      "properties": {
        "deviceid": {
          "type": "keyword"
        },
        "produce_time": {
          "type": "date",
          "format": "yyyy-MM-dd HH:mm:ss"
        },
```

```
          "type": {
            "type": "keyword"
          },
          "data": {
            "type": "text",
            "fields": {
              "keyword": {
                "type": "keyword",
                "ignore_above": 256
              }
            }
          },
          "state": {
            "type": "keyword"
          }
        }
      },
      "aliases": {
        "device-all": {}
      }
    },
    "priority": 200,
    "version": 1,
    "_meta": {
      "description": "device templates"
    }
}
```

### 3. 创建索引并写入数据

当使用别名写入索引数据时,最多只有一个索引的 is_write_index 属性可以设置为 true,这在写入时显得不够灵活。因为除了写入最新的数据,某些历史数据也可能需要修改。因此,在写入数据时,直接根据数据的 produce_time 字段推断出索引的名称直接写入即可;搜索数据时,使用别名 device-all 搜索全部数据。

当写入时间为 2021-01-01 00:00:01 的数据时,可以执行以下写入请求。

```
PUT device-202101/_doc/a1-20200010100001-os
{
  "deviceid":"a1",
  "produce_time":"2021-01-01 00:00:01",
  "type":"os",
  "data":"os version is 7.6",
  "state":"normal"
}
```

根据时间可以判断写入的索引为 device-202101，写入后可以查到该索引的映射结构和别名，它们跟之前在索引模板中定义的一致。

如果需要写入时间为 2021-02-01 00:00:01 的数据，则写入索引的名称需要相应修改，以确保每个月的索引只存储当月的数据。

```
PUT device-202102/_doc/a2-20200201000001-memory
{
  "deviceid":"a2",
  "produce_time":"2021-02-01 00:00:01",
  "type":"memory",
  "data":"memory size is 4GB",
  "state":"normal"
}
```

在搜索和统计分析时，直接使用索引别名 device-all 来搜索全部的数据。

```
POST device-all/_search
{
  "query": {
    "match_all": {}
  },
  "aggs": {
    "type_stats": {
      "terms": {
        "field": "type",
        "size": 10
      }
    }
  }
}
```

以上便是简单的对索引横向扩容的过程，实际项目中需要根据每个月增量数据的大小来设置主分片的大小，避免所有的数据全部写入同一个索引导致分片过大引起集群故障。

## 9.6 优化索引的写入速度

当你有大量数据需要写入时，你肯定希望数据写入的速度很快，本节将列举几种常规的优化索引的写入速度的办法。

### 9.6.1 避免写入过大的文档

虽然 Elasticsearch 支持二进制类型的字段，但保存文件显然不是 Elasticsearch 的强项。

对于非结构化数据的保存请尽量使用专门的分布式文件系统，把它们写入 Elasticsearch 对 Elasticsearch 的性能是一种损害。另外，在建立索引映射时，字段的数量越少越好。在实际项目中，你可能会遇到一张表动辄有 200 ~ 300 个字段，这么多字段都写入 Elasticsearch 显然并不明智。通常写入 Elasticsearch 的字段需要符合以下几种情况。

（1）该字段被用作检索条件。

（2）该字段用于统计分析。

（3）该字段经常用于前端展示。

（4）该字段是文档主键。

对于文档中不满足以上 4 种情况的字段并无必要写入 Elasticsearch，写入太多的字段既浪费存储空间又影响搜索速度，费力且效果不好。如果偶尔需要查看其余的字段，可以配合其他的存储方案一起使用。例如你可以在 HBase 中保存完整的文档数据，需要查看完整的字段时直接使用主键到 HBase 中抓取即可。

### 9.6.2 合并写入请求

在本书的 3.2.3 小节中，已经介绍了使用 bulk 和 reindex 操作批量地向索引中写入数据，它们确实能够大大提高索引的建立效率。在使用 bulk 操作时，你可以逐步增大每一批文档的数量，并观察索引写入的速度以便让建索引的效率变得更高。除了这些操作之外，本小节会再讲几种写入操作，其用于加快特定场景数据的写入速度。

**1. delete_by_query 按查询结果删除**

通常情况下开发者会使用主键删除索引中的数据，然而删除大量文档数据时，这个操作会变得比较缓慢。Elasticsearch 提供了按查询结果删除的方法，你可以传入一个查询条件，所有命中查询结果的文档会被自动批量删除，使用该方法能够大大提高删除文档的效率。

以下请求将批量删除索引 test-3-2-1 中的全部文档。

```
POST test-3-2-1/_delete_by_query?conflicts=proceed
{
  "query": {
    "match_all": {}
  }
}
```

该请求会返回删除的文档数目，如果有数据删除失败在结果中也会有相应的输出。

```
{
  "took" : 509,
```

```
    "timed_out" : false,
    "total" : 3,
    "deleted" : 3,
    "batches" : 1,
    "version_conflicts" : 0,
    "noops" : 0,
    "retries" : {
      "bulk" : 0,
      "search" : 0
    },
    "throttled_millis" : 0,
    "requests_per_second" : -1.0,
    "throttled_until_millis" : 0,
    "failures" : [ ]
}
```

按查询结果删除会先执行查询得到匹配的文档结果，然后按照每批删除 1000 个的速度删除文档，如果删除时文档的版本号发生了变化则删除失败。为了不中断删除的执行，上面的请求传入了 conflicts=proceed 参数，表示遇到错误会继续执行。即使删除中遇到错误，成功删除的文档不会被回滚。如果出现了删除失败的情况，你可以多尝试几次直到没有错误输出为止。

### 2. update_by_query 按查询更新

Elasticsearch 提供了一个按查询更新的端点，你可以使用它快速地更新索引中的一组文档。下面先新建一个索引 person 并导入测试数据。

```
PUT person
{
  "mappings": {
    "properties": {
      "name": {
        "type": "text"
      },
      "age": {
        "type": "integer"
      }
    }
  }
}
POST person/_bulk
{"index":{"_id":"1"}}
{"name":"王朝","age":20}
{"index":{"_id":"2"}}
```

```
{"name":"马汉","age":30}
```

假如你想使索引中每个文档的 age 字段加 1，可以使用下面的请求。

```
POST person/_update_by_query?conflicts=proceed
{
  "script": {
    "source": "ctx._source.age++",
    "lang": "painless"
  },
  "query": {
    "match_all": {}
  }
}
```

这个请求使用了一个简单的 painless 脚本，它的意思是将索引文档的 age 字段加 1。query 部分使用了一个 match_all 查询，表示所有的文档都要执行该脚本。你可以根据业务逻辑的需要调节脚本的内容来批量更新数据。

当你给索引映射新增字段时，update_by_query 也会很有用。例如，你想给 name 字段添加一个带 fields 参数的 keyword 字段，你可以先修改映射。

```
PUT person/_mapping
{
  "properties": {
    "name": {
      "type": "text",
      "fields": {
        "keyword": {
          "type": "keyword"
        }
      }
    }
  }
}
```

虽然添加了一个 name.keyword 字段，但是由于此时该字段为空，无法在该字段上做精准搜索和聚集统计。为了解决这个问题，你只需要执行一次 update_by_query 操作。

```
POST person/_update_by_query?conflicts=proceed
{
  "query": {
    "match_all": {}
  }
}
```

然后测试一下精准搜索的效果。

```
GET person/_search
{
  "query": {
    "term": {
      "name.keyword": {
        "value": "马汉"
      }
    }
  }
}
```

会发现相应的数据确实能被搜索出来了。

```
"hits" : [
          {
            "_index" : "person",
            "_type" : "_doc",
            "_id" : "2",
            "_score" : 0.6931471,
            "_source" : {
              "name" : "马汉",
              "age" : 31
            }
          }
        ]
```

### 9.6.3 适当增大写入的线程数和索引缓冲区

为了更大限度地利用集群资源，使用多线程写入索引数据能够提高索引构建的效率。多线程的数量可以通过实际测试来灵活调节，以确保集群能够"扛住"，在索引数据时不报错。

数据写入 Elasticsearch 后会首先进入索引的缓冲区，如果缓冲区被写满，里面的文档会被冲刷到磁盘上。适当增大索引缓冲区的大小能够减少索引的冲刷次数从而提供更高的索引吞吐量。一般来讲，某个节点写入的索引的分片数越多则节点的缓冲区就应该设置得越大。默认情况下，每个节点索引缓冲区的大小为堆内存的 10%，如果你想修改它的大小，可以在 elasticsearch.yml 文件中新增以下配置。

```
indices.memory.index_buffer_size: 15%
```

## 9.7 优化搜索的响应速度

尽管搜索是 Elasticsearch 的强项，但你还是需要正确地使用搜索以便结果能够更快地被获取，本节将探讨几种常规的方法，它们可用来优化搜索的速度以改善使用体验。

### 9.7.1 避免深度分页

当你使用普通分页时，from+size 值超过 10000 就属于深度分页，该值越大就越消耗内存，不利于快速得到搜索结果。用户使用搜索引擎时往往只喜欢查阅非常相关的第一页数据，排名过于靠后的搜索结果通常展示的频率不应该太高。如果确实有类似的需求，请尽量使用滚动分页和 Search after 分页。

### 9.7.2 合并搜索请求

你可能会遇到这样的场景，对于某个功能需要执行多次搜索才能获取最终结果，如果你能将这些查询条件合并到一个搜索请求中，搜索的效率就会得到提高。

**1. Multi get 多主键查询**

Multi get 查询允许你使用多个主键一次性从一到多个索引中查询数据，当你有多个主键查询请求需要同时执行时，它会非常有效。例如：

```
GET /_mget
{
  "docs": [
    {
      "_index": "test-3-2-1",
      "_id": "4"
    },
    {
      "_index": "person",
      "_id": "2"
    }
  ]
}
```

这个请求会一次性查询出索引 test-3-2-1 中主键为 4 的文档和索引 person 中主键为 2 的文档，得到的结果如下。

```
{
  "docs" : [
    {
      "_index" : "test-3-2-1",
      "_type" : "_doc",
```

```
        "_id" : "4",
        "_version" : 3,
        "_seq_no" : 13,
        "_primary_term" : 3,
        "found" : true,
        "_source" : {
          "id" : "4",
          "name" : "李四",
          "sex" : false,
          "born" : "2020-10-14 00:02:20",
          "location" : {
            "lat" : 11.12,
            "lon" : -71.34
          }
        }
      },
      {
        "_index" : "person",
        "_type" : "_doc",
        "_id" : "2",
        "_version" : 3,
        "_seq_no" : 5,
        "_primary_term" : 1,
        "found" : true,
        "_source" : {
          "name" : "马汉",
          "age" : 31
        }
      }
    ]
}
```

## 2. Multi search 批量搜索

Multi search 批量搜索允许你像 bulk 索引请求那样，把多个搜索请求的参数放在请求体中，让多个搜索一起执行，其中 index 部分指定搜索索引的名称，query 部分指定搜索条件，如果有聚集统计的需要也可以将其加入参数。例如：

```
GET /_msearch
{"index":"person"}
{"query":{"match_all":{}}}
{"index":"test-3-2-1"}
{"query":{"term":{"name.keyword":{"value":"王五"}}}}
```

该请求包含两个搜索，一个是索引 person 的全部文档搜索，另一个是索引 test-3-2-1 的 term 搜索。该请求得到的结果是一个数组，包含每个搜索的结果。

```
{
  "took" : 0,
  "responses" : [
    {
      "took" : 0,
      "timed_out" : false,
      "_shards" : {
        "total" : 1,
        "successful" : 1,
        "skipped" : 0,
        "failed" : 0
      },
      "hits" : {
        "total" : {
          "value" : 2,
          "relation" : "eq"
        },
        "max_score" : 1.0,
        "hits" : [
          {
            "_index" : "person",
            "_type" : "_doc",
            "_id" : "1",
            "_score" : 1.0,
            "_source" : {
              "name" : "王朝",
              "age" : 21
            }
          },
          {
            "_index" : "person",
            "_type" : "_doc",
            "_id" : "2",
            "_score" : 1.0,
            "_source" : {
              "name" : "马汉",
              "age" : 31
            }
          }
        ]
      },
      "status" : 200
    },
    {
      "took" : 0,
      "timed_out" : false,
      "_shards" : {
```

```
      "total" : 1,
      "successful" : 1,
      "skipped" : 0,
      "failed" : 0
    },
    "hits" : {
      "total" : {
        "value" : 1,
        "relation" : "eq"
      },
      "max_score" : 0.6931471,
      "hits" : [
        {
          "_index" : "test-3-2-1",
          "_type" : "_doc",
          "_id" : "3",
          "_score" : 0.6931471,
          "_source" : {
            "id" : "3",
            "name" : "王五",
            "sex" : true,
            "born" : "2020-09-14 00:02:20",
            "location" : {
              "lat" : 11.12,
              "lon" : -71.34
            }
          }
        }
      ]
    },
    "status" : 200
  }
 ]
}
```

## 9.7.3 使用缓存加快搜索速度

Elasticsearch 一共提供了 3 种缓存，分别是字段数据 fielddata、分片的请求缓存和节点的查询缓存。字段数据的使用在 6.4 节中已经介绍过，这里主要介绍后两种缓存的使用方法。

**1. 分片的请求缓存**

当索引执行搜索请求时，每个分片会产生一个局部结果，这个结果的缓存就是分片的请求缓存。该缓存使用查询请求体的 json 参数作为 key 值，缓存的内容是该分片搜索到的总数、聚集统计结果和搜索建议。要命中分片的请求缓存需要满足 3 个条件。

（1）搜索请求的 size 必须为 0，否则不进行缓存，这也是该缓存不包含搜索结果列表的原因。

（2）查询的请求内容必须跟缓存的 key 一样才能命中，如果请求的查询条件或参数变化则无法命中。

（3）如果索引完成了刷新且数据发生了变化，则该缓存自动失效。

因此，为了提高分片的请求缓存的命中率，当你对搜索结果的列表不关心时，把 size 设置为 0 是一个好的习惯，这在做聚集统计时也能明显提升查询效率。

要查看索引 person 占用的分片的请求缓存的大小，可以使用以下请求，该监控端点在 3.9.5 小节介绍过。

```
GET person/_stats/request_cache
```

可以得到如下结果。

```
......
"indices" : {
   "person" : {
     "uuid" : "ayzziUgQQxiUc7eo92P3vA",
     "primaries" : {
       "request_cache" : {
         "memory_size_in_bytes" : 730,
         "evictions" : 0,
         "hit_count" : 3,
         "miss_count" : 1
       }
     },
     "total" : {
       "request_cache" : {
         "memory_size_in_bytes" : 730,
         "evictions" : 0,
         "hit_count" : 3,
         "miss_count" : 1
       }
     }
   }
```

默认情况下，分片的请求缓存最多占用堆内存大小的 1%，如果你需要修改它的大小，可以在 elasticsearch.yml 文件中新增以下配置。

```
indices.requests.cache.size: 5%
```

**2. 节点的查询缓存**

在 5.4.1 小节讲解布尔查询时，提到过使用过滤上下文查出的结果会被缓存，这里的缓存指的就是节点的查询缓存。要命中节点的查询缓存需要满足两个条件。

（1）查询需要包含过滤上下文，比如布尔查询的 filter 和 must_not 部分、constant_score 查询的 filter 部分以及 filter 过滤器聚集的部分。

（2）该过滤上下文所查询的索引段的文档数大于 10000 且超过整个分片文档数的 3%，否则对过滤结果不进行缓存。若索引进行了段合并，则该缓存失效。

因此，在使用布尔查询时，不需要相关度得分的查询条件应都放到过滤上下文中，这样就有可能命中节点的查询缓存从而可提升查询性能。

要查看节点的查询缓存占用的内存大小，可以使用节点的 stats 端点来实现。

```
GET /_nodes/stats/indices/query_cache
```

可以得到如下结果。

```
"indices" : {
    "query_cache" : {
      "memory_size_in_bytes" : 14672,
      "total_count" : 3,
      "hit_count" : 2,
      "miss_count" : 1,
      "cache_size" : 0,
      "cache_count" : 1,
      "evictions" : 1
    }
}
```

节点的查询缓存默认最多占用堆内存大小的 10%，如果你需要修改它的大小，可以在 elasticsearch.yml 文件中新增以下配置。

```
indices.queries.cache.size: 5%
```

### 9.7.4 控制搜索请求的路由

当一个查询请求到达 Elasticsearch 的时候，它需要选择索引的分片（可以是主分片也可以是副本分片）进行数据检索，这个选择分片的过程就是搜索的分片路由。

Elasticsearch 有一套自带的分片选择方法，可尽可能减少搜索延迟。你也可以自定义分片选择的范围，这在很多时候可以利用缓存机制加快搜索响应的速度。以下请求通过将 preference 参数设置为 _local 来把分片选择的范围限制在节点拥有的分片内。

```
POST my_analyzer-text/_search?preference=_local
{
  "query": {
    "query_string": {
      "query": "武术 \"210\""
    }
  }
}
```

你也可以把 preference 的参数内容改为一个不以"_"开头的字符串，例如人名、地址等。每次给同一个查询传递相同的字符串，就能固定地选择某些分片，能够提高缓存的命中率、加快响应速度，比如：

```
POST my_analyzer-text/_search?preference=tom
{
  "query": {
    "query_string": {
      "query": "武术 \"210\""
    }
  }
}
```

在 3.3 节讲索引的数据路由时介绍过，如果建索引时就带有路由参数，查询时只要带上这个路由参数的值，就能选择数据所在的分片的查询速度，这样也能提高查询效率。

```
POST test-3-3-2/_search?routing=张三
{
  "query": {
    "match": {
      "name": "张三"
    }
  }
}
```

## 9.8 集群的重启

当服务器需要重启或者安装了新的插件时，你将不得不重启 Elasticsearch 集群。正确地重启集群能够减少分片的恢复次数并节约集群重启的时间。Elasticsearch 集群的重启分为全集群重启和滚动重启。全集群重启指的是先逐一关闭所有节点再逐一启动所有节点，滚动重启指的是每次重启一个节点直到所有节点重启完成，本节将探讨这两种重启模式的使用方法。

## 9.8.1 全集群重启

当你更新或安装了 Elasticsearch 的某些插件时,你可能需要进行全集群重启,整个过程需要经历以下几个步骤。

### 1. 关闭所有写入进程并冲刷数据到磁盘

为了防止数据丢失,你需要把所有写入 Elasticsearch 的服务关闭,并且进行索引的冲刷以实现把数据持久化地保存在磁盘上。例如:

```
POST _flush
```

### 2. 禁用分片的分配

为了避免节点数变化引起的分片分配,重启集群前需要在集群范围内禁止分片的分配。例如:

```
PUT /_cluster/settings
{
    "transient" : {
        "cluster.routing.allocation.enable" : "none"
    }
}
```

### 3. 重启集群

在每个节点上执行以下命令以关闭集群。

```
kill -9 `cat pid`
```

然后在每个节点上执行以下命令以开启集群。

```
./bin/elasticsearch -d -p pid
```

### 4. 待每个节点加入集群后,启动分片的分配

使用以下端点查看集群的健康状态和节点数目。

```
GET _cat/health?v
```

等待一段时间后,若集群健康状态从红色恢复到绿色,且每个节点都已加入集群,则重新启动分片的分配。

```
PUT /_cluster/settings
{
    "transient" : {
        "cluster.routing.allocation.enable" : "all"
    }
}
```

至此，整个集群重启成功。

### 9.8.2 滚动重启

滚动重启需要每次重启集群中的一个节点，重启后要确保集群健康状态恢复到绿色再重启下一个节点，在每个节点重启前都需要修改分片分配的设置，所以它比直接重启整个集群更麻烦一些。滚动重启需要经历以下几个步骤。

**1. 关闭所有写入进程并冲刷数据到磁盘**

为了防止数据丢失，你需要把所有写入 Elasticsearch 的服务关闭，并且进行索引的冲刷以实现把数据持久化地保存在磁盘上。例如：

```
POST _flush
```

**2. 禁用分片的分配**

为了避免节点数变化引起的分片分配，重启集群前需要在集群范围内禁止分片的分配。例如：

```
PUT /_cluster/settings
{
    "transient" : {
        "cluster.routing.allocation.enable" : "none"
    }
}
```

**3. 选择一个节点重启 Elasticsearch 服务**

从集群中选择一个节点，先关闭 Elasticsearch 服务。
```
kill -9 `cat pid`
```
然后将其打开。

```
./bin/elasticsearch -d -p pid
```

### 4. 待该节点加入集群后，启动分片的分配

使用以下端点查看集群节点数目和集群健康状态。

```
GET _cat/health?v
```

等待几分钟，若该节点成功加入集群，则启动分片的分配。

```
PUT /_cluster/settings
{
    "transient" : {
        "cluster.routing.allocation.enable" : "all"
    }
}
```

等到集群健康状态变为绿色后，对其余节点重复步骤 2～步骤 4，直到整个集群重启完毕。

## 9.9 集群的备份和恢复

在"大数据时代"，为了保证数据的安全性和完整性，定期备份数据是必不可少的运维操作。Elasticsearch 提供了强大的 API 用于完成对集群数据的备份和恢复，本节将以备份 9.2 节中搭建的集群为例，探讨它们的使用方法。

### 9.9.1 搭建共享文件目录

在使用集群的备份功能以前，你需要搭建一个共享文件目录，集群中每个节点都应当拥有该目录的读写权限。备份数据时，每个节点会把要备份的数据写入共享文件目录；恢复数据时，节点则会从该目录中读取数据并将其恢复到集群。请按照以下步骤来完成共享文件目录的搭建。

#### 1. 在每个节点中指定共享文件目录的地址

打开每个节点的 elasticsearch.yml 文件，在里面添加一行代码。

```
path.repo: /mnt/share
```

上述配置为每个节点指定了共享文件目录的路径 /mnt/share，该目录用于存放备份快照的仓库。然后重启整个集群使该配置生效。

## 2. 安装 SSHFS 创建共享文件目录

SSHFS 是一个开源工具,你可以通过它将一个本地文件目录作为共享文件目录在整个集群中使用。在 3 个节点中执行下面的命令以安装 SSHFS。

```
yum install -y epel-release
yum -y install fuse-sshfs
```

为了将节点 192.168.34.130 的本地文件目录 /opt/backup 映射为共享文件目录,先在 130 服务器上创建文件目录 /opt/backup 并授权。

```
mkdir /opt/backup
chmod -R 777 /opt/backup
```

然后在 3 个节点上各创建一个 /mnt/share 文件目录,用于映射 130 服务器的 /opt/backup 目录。

```
mkdir /mnt/share
chmod -R 777 /mnt
```

## 3. 挂载 130 服务器的 /opt/backup 到本地文件目录 /mnt/share

在 3 个节点上执行下面的命令,把 130 服务器的 /opt/backup 文件目录挂载到本地的 /mnt/share 作为共享目录。

```
sshfs root@192.168.34.130:/opt/backup /mnt/share -o allow_other
```

使用以下命令查看共享文件目录挂载结果。

```
df -h
```

控制台输出如下。

```
Filesystem                         Size  Used Avail Use% Mounted on
/dev/sda3                           27G  7.5G   20G  28% /
devtmpfs                           1.9G     0  1.9G   0% /dev
tmpfs                              1.9G     0  1.9G   0% /dev/shm
tmpfs                              1.9G   13M  1.9G   1% /run
tmpfs                              1.9G     0  1.9G   0% /sys/fs/cgroup
/dev/sda1                          297M  157M  140M  53% /boot
tmpfs                              378M  4.0K  378M   1% /run/user/42
tmpfs                              378M   32K  378M   1% /run/user/1000
root@192.168.34.130:/opt/backup     27G  5.9G   22G  22% /mnt/share
```

为了验证共享文件目录是可用的,你可以在一个节点上往目录 /mnt/share 中写入一些文件,如果能从其他节点上读取到这些文件,就说明共享文件目录 /mnt/share 成功搭建完毕。

注意：本节使用了共享文件目录来作为备份快照的仓库，但这并不是唯一选项。你可以使用第三方插件将备份快照的仓库保存在 HDFS、谷歌云存储、微软的 Azure、亚马逊的 S3 中。

## 9.9.2 备份集群数据

在备份集群数据之前，你需要在共享文件目录中创建快照仓库，以便容纳备份的快照数据。发起一个新建快照仓库的请求，代码如下。

```
PUT /_snapshot/es-repo
{
  "type": "fs",
  "settings": {
    "location": "/mnt/share",
    "compress": true
  }
}
```

该请求会创建一个名为 es-repo 的快照仓库，路径为 /mnt/share。请求成功以后，可以使用下面的代码查看新建的仓库信息。

```
GET /_snapshot/es-repo
```

得到如下结果。

```
{
  "es-repo" : {
    "type" : "fs",
    "settings" : {
      "compress" : "true",
      "location" : "/mnt/share"
    }
  }
}
```

为了验证该快照仓库的有效性，可以使用下面的端点来进行测试。

```
POST /_snapshot/es-repo/_verify
```

如果得到集群所有节点的列表，则说明每个节点都能正常连接到该快照仓库，该快照仓库是有效的。

```
{
  "nodes" : {
    "NXoscOVBTA-amhqTp1iQbg" : {
```

```
      "name" : "node-3"
    },
    "fIlyks8-TeGtOc7CLWvDjA" : {
      "name" : "node-1"
    },
    "4YJwxDrQT86vkg4yD54g-Q" : {
      "name" : "node-2"
    }
  }
}
```

现在向快照仓库 es-repo 中添加一个名为 snapshot1 的快照,参数 wait_for_completion 设置为 true,表示该请求会一直等待直到快照生成完毕。

```
PUT /_snapshot/es-repo/snapshot1?wait_for_completion=true
```

在以下返回的结果中,能看到该快照备份的索引列表、完成状态、开始时间和结束时间等统计信息。

```
{
  "snapshot" : {
    "snapshot" : "snapshot1",
    "uuid" : "0JB7_KqgSs-vGZJ4hTVTTA",
    "version_id" : 7090199,
    "version" : "7.9.1",
    "indices" : [
      ".kibana-event-log-7.9.1-000001",
      ".kibana_1",
      "allocation-test",
      ".kibana_task_manager_1",
      "ilm-history-2-000002",
      "ilm-history-2-000001",
      ".apm-custom-link",
      ".kibana-event-log-7.9.1-000002",
      ".apm-agent-configuration"
    ],
    "data_streams" : [ ],
    "include_global_state" : true,
    "state" : "SUCCESS",
    "start_time" : "2021-01-13T03:24:01.135Z",
    "start_time_in_millis" : 1610508241135,
    "end_time" : "2021-01-13T03:24:02.384Z",
    "end_time_in_millis" : 1610508242384,
    "duration_in_millis" : 1249,
    "failures" : [ ],
    "shards" : {
      "total" : 11,
```

```
      "failed" : 0,
      "successful" : 11
    }
  }
}
```

可以看到,该请求将集群所有的索引都进行了备份,还包括很多 Kibana 自带的索引。你可以通过传参的方式指定需要备份的索引列表,代码如下。

```
PUT /_snapshot/es-repo/snapshot2?wait_for_completion=true
{
  "indices": "allocation-test",
  "ignore_unavailable": true,
  "include_global_state": false
}
```

该请求通过参数 indices 指明只需要备份索引 allocation-test,ignore_unavailable 设置为 true 表示 indices 列表中即使出现了集群中不存在的索引请求也能成功。该请求还将参数 include_global_state 设置为 false,表示快照 snapshot2 中不备份集群的状态数据。备份成功后,会返回该快照的统计信息,如下所示。

```
{
  "snapshot" : {
    "snapshot" : "snapshot2",
    "uuid" : "4EHTsRqNRz-NLkVcLw8nJQ",
    "version_id" : 7090199,
    "version" : "7.9.1",
    "indices" : [
      "allocation-test"
    ],
    "data_streams" : [ ],
    "include_global_state" : false,
    "state" : "SUCCESS",
    "start_time" : "2021-01-13T03:44:08.975Z",
    "start_time_in_millis" : 1610509448975,
    "end_time" : "2021-01-13T03:44:27.351Z",
    "end_time_in_millis" : 1610509467351,
    "duration_in_millis" : 18376,
    "failures" : [ ],
    "shards" : {
      "total" : 3,
      "failed" : 0,
      "successful" : 3
    }
  }
}
```

如果你想查看快照仓库 es-repo 正在备份的快照列表，可以使用以下代码。

```
GET /_snapshot/es-repo/_status
```

如果你想查看快照 snapshot1 的状态和其包含的统计信息，可以使用以下代码。

```
GET /_snapshot/es-repo/snapshot1/_status
```

每次执行备份操作时，Elasticsearch 只会将快照仓库中不存在的数据保存到快照仓库中，这个过程是增量的，目的是减少备份的时间和资源占用。备份快照的操作开始后，继续往备份索引中写入的新数据不会进入备份快照。在实际项目中你需要使用定时任务，定期执行备份操作，以确保快照文件中能够保存最新的集群数据。

### 9.9.3 恢复集群数据

有了备份好的快照文件，就可以将快照文件的数据恢复到集群（可以是进行备份的集群也可以是其他集群）中。默认情况下，恢复快照文件的数据时会把快照拥有的全部索引数据恢复到集群中，集群的元数据不做恢复处理。如果要恢复的某个索引在集群中不存在，则会创建一个新的索引进行恢复；如果索引已经存在，则恢复前必须关闭索引，否则快照文件数据的恢复会失败。

先关闭索引 allocation-test。

```
POST allocation-test/_close
```

然后从快照 snapshot1 中恢复索引 allocation-test。

```
POST /_snapshot/es-repo/snapshot1/_restore
{
  "indices": "allocation-test",
  "ignore_unavailable": true,
  "include_global_state": false,
  "include_aliases": false
}
```

在这个请求中，include_aliases 和 include_global_state 设置为 false 表示恢复时不恢复快照中的别名和集群状态。集群的状态包含持久化配置信息和索引模板，如果对其进行了恢复就会覆盖当前集群中相同的元数据。

恢复完成后，你可以从分片的恢复端点中看到分片恢复的进展情况，它们的类型为 snapshot。

```
GET /_cat/recovery/allocation-test?v&h=i,s,t,type,st,rep,f,fp,b,bp
i                st     type    st     rep     f  fp     b   bp
```

```
allocation-test 0 629ms snapshot done es-repo 1 100.0% 208  100.0%
allocation-test 0 643ms peer     done n/a     1 100.0% 208  100.0%
allocation-test 1 1.2s  peer     done n/a     1 100.0% 313  100.0%
allocation-test 1 832ms snapshot done es-repo 1 100.0% 313  100.0%
allocation-test 2 566ms snapshot done es-repo 1 100.0% 313  100.0%
allocation-test 2 977ms peer     done n/a     4 100.0% 4144 100.0%
```

### 9.9.4 删除备份数据

如果你想删除一个不需要的备份快照，可以使用以下请求。

```
DELETE /_snapshot/es-repo/snapshot1
```

如果 snapshot1 快照已经生成完毕，则该请求会删除快照仓库 es-repo 中名为 snapshot1 的快照，但只会删除快照中没有被其他快照所引用的文件；如果 snapshot1 快照还在生成的过程中，则该请求会终止快照的生成并清除生成过程中产生的一切文件。删除快照后，_cleanup 端点会被自动调用，以清理不被任何快照所引用的文件，你也可以手动调用。例如：

```
POST /_snapshot/es-repo/_cleanup
```

该请求会返回清理的无效字节数和 BLOB 数目。

```
{
  "results" : {
    "deleted_bytes" : 10,
    "deleted_blobs" : 4
  }
}
```

如果你想删除快照仓库 es-repo，可以使用以下代码。

```
DELETE /_snapshot/es-repo
```

注意，该请求只是删除了仓库到快照文件的引用，并不会删除仓库中拥有的快照文件，要彻底删除仓库数据需要先删除各个快照文件。

### 9.9.5 自动化备份

为了保证数据的安全，定期备份快照数据是一项必不可少的运维工作。如果每次备份都需要人工操作，对人力资源是一种浪费。Elasticsearch 提供了快照的生命周期管理机制，可以帮助使用者定期自动化备份快照，并且可以自动化删除过旧的快照，本小节就来探讨这个功能的使用方法。

要实现备份的自动化，需要先创建快照的备份策略。例如：

```
PUT /_slm/policy/auto-backup
{
  "schedule": "0 0 12 * * ?",
  "name": "auto-snapshot",
  "repository": "es-repo",
  "config": {
    "indices": ["*"]
  },
  "retention": {
    "expire_after": "7d",
    "min_count": 5,
    "max_count": 10
  }
}
```

这个请求创建了名为 auto-backup 的备份策略，schedule 参数用于设置定时备份的 cron 表达式。备份快照的名称为 auto-snapshot，实际在执行时为了避免快照重名，快照的名称后面会带有一个不重复的 guid 字符串。参数 repository 指定了备份仓库的名称，config 中的 indices 指定了备份的范围是全部索引。参数 retention 用于配置快照的保留策略，其中参数 expire_after 设置了自动删除 7 天以前的快照，但是快照至少要保留 5 个最多不超过 10 个。

创建完成以后，该策略会按照 schedule 的配置在每天中午 12 点自动执行一次备份，如果你想立即备份一次来查看效果，也可以使用下面的请求手动触发一次备份。

```
POST /_slm/policy/auto-backup/_execute
```

在该请求的响应中，可以看到备份成功的快照名称，名称后确实有一长串 guid，代码如下。

```
{
  "snapshot_name" : "auto-snapshot-3wtqnmroq7wivpwomtl5oq"
}
```

你可以使用下面的请求查看备份策略最近的执行情况。

```
GET /_slm/policy/auto-backup
```

在以下返回的结果中，可以看到该备份策略的配置信息、最近备份成功或失败的快照名称、下一次执行备份的时间以及备份策略执行次数等统计信息。

```
{
  "auto-backup" : {
```

```
      "version" : 1,
      "modified_date_millis" : 1612490234001,
      "policy" : {
        "name" : "auto-snapshot",
        "schedule" : "0 0 12 * * ?",
        "repository" : "es-repo",
        "config" : {
          "indices" : [
            "*"
          ]
        },
        "retention" : {
          "expire_after" : "7d",
          "min_count" : 5,
          "max_count" : 10
        }
      },
      "last_success" : {
        "snapshot_name" : "auto-snapshot-3wtqnmroq7wivpwomtl5oq",
        "time" : 1612490729156
      },
      "next_execution_millis" : 1612526400000,
      "stats" : {
        "policy" : "auto-backup",
        "snapshots_taken" : 1,
        "snapshots_failed" : 0,
        "snapshots_deleted" : 0,
        "snapshot_deletion_failures" : 0
      }
    }
  }
```

## 9.10 远程集群

Elasticsearch 远程集群的功能支持跨集群的交互，它允许你从一个集群中搜索另一个集群的数据，也可以在不同的集群间进行主从复制和读写分离。本节将探讨远程集群的配置方法和跨集群的搜索方法，跨集群的数据复制需要使用 X-Pack 插件，其不在本书的讨论范围之内。

### 9.10.1 配置远程集群

为了让本地集群可以连接到远程集群，需要进行远程集群的配置。远程集群的配置模式分为嗅探模式和代理模式。嗅探模式是指本地节点直接向远程集群的种子节点发起嗅探请求以获取远程节点的元数据信息，它要求本地节点必须和远程节点处于同一网段；代理模式是指本地节点向代理地址发起连接，代理地址再将连接路由到远程集群，代理模式下不要求本地连接必须和远程集群处于同一网段。

为了配置远程集群，在 Windows 下将 Elasticsearch 的安装包复制一份，修改两个节点的集群名称、节点名称和端口号，其中集群 1 的 elasticsearch.yml 配置如下。

```
cluster.name: es1
node.name: node-1
network.host: 127.0.0.1
http.port: 9200
transport.tcp.port: 9300
discovery.seed_hosts: ["127.0.0.1"]
cluster.initial_master_nodes: ["node-1"]
```

集群 2 的 elasticsearch.yml 配置如下。

```
cluster.name: es2
node.name: node-2
network.host: 127.0.0.1
http.port: 9201
transport.tcp.port: 9301
discovery.seed_hosts: ["127.0.0.1"]
cluster.initial_master_nodes: ["node-2"]
```

操作完成后，分别启动两个集群节点和它们对应的 Kibana，在集群 1 中加入以下测试数据。

```
POST cluster-1/_doc/1
{
  "info":"local cluster"
}
```

在集群 2 中写入以下代码。

```
POST cluster-2/_doc/1
{
  "msg":"remote cluster"
}
```

使用嗅探模式配置远程集群，在 es1 中运行以下代码。

```
PUT _cluster/settings
{
  "persistent": {
    "cluster": {
```

```
    "remote": {
      "cluster_one": {
        "seeds": [
          "127.0.0.1:9300"
        ],
        "transport.ping_schedule": "30s"
      },
      "cluster_two": {
        "mode": "sniff",
        "seeds": [
          "127.0.0.1:9301"
        ],
        "transport.compress": true,
        "skip_unavailable": true
      }
    }
  }
}
```

在上述配置中，cluster_two 的种子地址为 127.0.0.1:9301，其中 9301 是 es2 的 transport 端口号，不能写成 http 的端口号 9200。运行后，cluster_one 就可以使用嗅探模式连接到 cluster_two。如果你希望从 cluster_two 连接到 cluster_one，就需要在 es2 上按照上述方法再配置一次。

## 9.10.2　搜索远程集群的数据

在 9.10.1 小节中，已经为集群 cluster_one 配置了一个远程集群 cluster_two，现在可以直接在 cluster_one 上搜索 cluster_two 的数据了，需要注意的是要在索引的名称前面加上远程集群的名称。例如：

```
POST /cluster_two:cluster-2/_search
{
  "query": {
    "match_all": {}
  }
}
```

该请求会返回远程集群 cluster_two 中索引 cluster-2 的数据，代码如下。

```
"hits" : {
    "total" : {
      "value" : 1,
      "relation" : "eq"
```

```
      },
      "max_score" : 1.0,
      "hits" : [
        {
          "_index" : "cluster_two:cluster-2",
          "_type" : "_doc",
          "_id" : "1",
          "_score" : 1.0,
          "_source" : {
            "msg" : "remote cluster"
          }
        }
      ]
    }
```

可见，远程集群的搜索非常简单，你可以使用 Elasticsearch 远程集群的功能十分方便地完成跨集群的搜索和统计分析。你可以把不同业务的数据放在不同的集群中使它们彼此分离，然后使用跨集群的搜索从其他的集群中获取相关的数据。

## 9.11 本章小结

本章讲述了 Elasticsearch 在生产环境中集群的搭建和优化方法，主要包含以下内容。

- Elasticsearch 集群的节点分为 6 种角色，在实际应用中，只有主候选节点和数据节点是必选的。默认情况下，每个节点拥有 6 种角色。
- 在 CentOS 7 上搭建 Elasticsearch 集群前有几项必要的配置需要修改，例如文件句柄数、虚拟内存地址空间大小、内外存交换等。搭建集群时要在 elasticsearch.yml 文件中使用 discovery.seed_hosts 指定主候选节点的列表以便集群节点能够互相发现，将主候选节点配置到 cluster.initial_master_nodes 上以便集群初次启动时选举主节点。
- 主候选节点的个数最好是奇数，不是越多越好。当集群中超过一半的主候选节点不正常时，集群将无法正常工作。
- Elasticsearch 提供了很多监控端点用于让开发和运维人员及时掌控集群的运行状况。你可以通过监控集群得知集群的状态信息、健康状态、统计指标、热点线程。查看慢搜索日志和慢索引日志可以定位集群中执行缓慢的请求以优化它们。
- 由于索引的主分片数一旦初始化就不可修改，因此每个索引能够存储的数据存在上限。为了维持集群的稳定，单个分片的大小最好不要超过 25GB。如果有更多的数据需要写入，可以将数据分发到不同的索引中储存。
- 合并读写请求可以加快索引的读写速度。为了加快索引的建立速度，需要避免写入过大的文档，应使用多线程并适当增大索引的缓冲区。
- 使用分片的请求缓存和节点的查询缓存可以加快搜索的速度。为了尽可能命中缓存，如果不关心具体搜索结果，可将 size 设置为 0。对于过滤条件，请尽量使用搜索的过滤上下文。
- 集群的重启分为全集群重启和滚动重启，重启时为了减少分片的恢复次数，需要调整分片的分配设置。
- 使用 Elasticsearch 的快照功能可以完成对集群数据的备份和恢复。备份时，需要先搭建一个共享文件目录让每个节点有权限从该目录读写文件。你也可以安装第三方插件将数据备份到 HDFS、谷歌云存储等中。
- 在共享文件目录中创建快照仓库用于存放备份快照，快照的备份是增量的，每次只备份仓库中不存在的数据。在备份和恢复数据时，你可以选择操作集群的全部数据，也可以选择操作集群的部分数据。
- 利用快照的生命周期管理机制可以完成快照备份的自动化，可以使用 cron 表达式配置定时备份的时间间隔，还可以配置快照的最长保留时间和最大保留数目以便自动删除版本过旧的快照。
- 为本地集群配置远程集群有助于开发者从本地集群直接搜索其他集群的索引数据。远程集群的连接模式分为嗅探模式和代理模式。嗅探模式要求本地集群能直接连接上远程集群，代理模式则不需要。

# 发散篇

# 第10章　Logstash：数据的源泉

除了像第 8 章介绍的那样使用编程的 API 向 Elasticsearch 写入数据，你还可以使用 Logstash 工具将数据采集到 Elasticsearch 的索引中。Logstash 本质上是一个 ETL 工具，通过简单配置就能把各种外部数据（例如文件、数据库等）采集到索引中进行保存。使用 Logstash 采集数据有利于提高数据采集的效率，可减少程序员的工作量。本章的主要内容如下。

- Logstash 的工作原理，以及数据进入 Logstash 的管道后需经历的阶段。
- 安装 Logstash，以及其中涉及的重要的目录和配置文件。
- 编写 Logstash 的配置脚本来采集数据。
- 使用 Logstash 把关系数据库的数据抽取到 Elasticsearch 中，以及进行数据的自动同步。

## 10.1　Logstash 的工作原理

作为 Elastic Stack 的一分子，Logstash 提供了一个数据采集的管道，它可以将原始数据抽取、转换并装载到 Elasticsearch 的索引中。无论是线上日志数据还是不断增长的数据库表数据，都可以通过 Logstash 快速、方便地写入 Elasticsearch。Logstash 拥有庞大的插件库，你可以通过添加插件的方式扩展 Logstash 的功能，以便它能够接入更多形式的数据。

Logstash 的工作原理如图 10.1 所示，数据源提供的数据进入 Logstash 的管道后需要经过 3 个阶段。

（1）input（输入）：负责抽取数据源的数据，这个过程一般需要包含数据源的连接方式、通信协议和抽取间隔等信息，目的是将原始数据源源不断地接入数据管道。

（2）filter（过滤）：将抽取到数据管道的数据按照业务逻辑的需要进行数据转换，例如添加或删除部分字段、修改部分字段的数据内容等。

（3）output（输出）：将过滤后的数据写入数据的目的地，在大多数情况下，数据会被写入 Elasticsearch 的索引，你也可以编写配置把数据写入文件或其他地方。

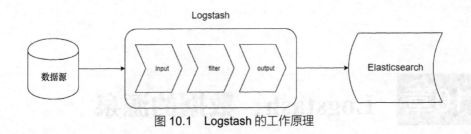

图 10.1　Logstash 的工作原理

当你启动一个 Logstash 的实例时，input 部分会将数据源提供的数据抽取到内存队列中，数据管道的工作线程会从该队列中取出一批数据执行管道的过滤逻辑并将数据流输出到目的地。由于该队列默认保存在内存中，如果遇到运行故障，内存中的数据就存在丢失的风险，你可以使用配置将队列数据持久化地存储到外存上来降低数据丢失的可能性。

## 10.2　Logstash 的安装和目录结构

Logstash 7.9.1 的安装非常简单，以 Windows 平台上的安装为例，先在操作系统中安装好 JDK 1.8，然后登录 Elastic 官方网站，进入 Logstash 7.9.1 的下载页面，下载 ZIP 格式的安装包，解压安装包并进行安装。

解压后，你会看到图 10.2 所示的目录，部分内容的含义如下。

| 名称 | 修改日期 | 类型 | 大小 |
|---|---|---|---|
| bin | 2021/1/14 17:29 | 文件夹 | |
| config | 2021/1/14 14:56 | 文件夹 | |
| data | 2021/1/18 9:52 | 文件夹 | |
| lib | 2021/1/14 14:56 | 文件夹 | |
| logs | 2021/1/18 9:52 | 文件夹 | |
| logstash-core | 2021/1/14 14:56 | 文件夹 | |
| logstash-core-plugin-api | 2021/1/14 14:56 | 文件夹 | |
| modules | 2021/1/14 14:56 | 文件夹 | |
| tools | 2021/1/14 14:56 | 文件夹 | |
| vendor | 2021/1/14 14:56 | 文件夹 | |
| x-pack | 2021/1/14 14:56 | 文件夹 | |
| CONTRIBUTORS | 2020/9/1 23:38 | 文件 | 3 KB |
| Gemfile | 2020/9/1 23:38 | 文件 | 4 KB |
| Gemfile.lock | 2020/9/1 23:38 | LOCK 文件 | 23 KB |
| LICENSE.txt | 2020/9/1 23:38 | 文本文档 | 14 KB |
| NOTICE.TXT | 2020/9/1 23:38 | 文本文档 | 587 KB |

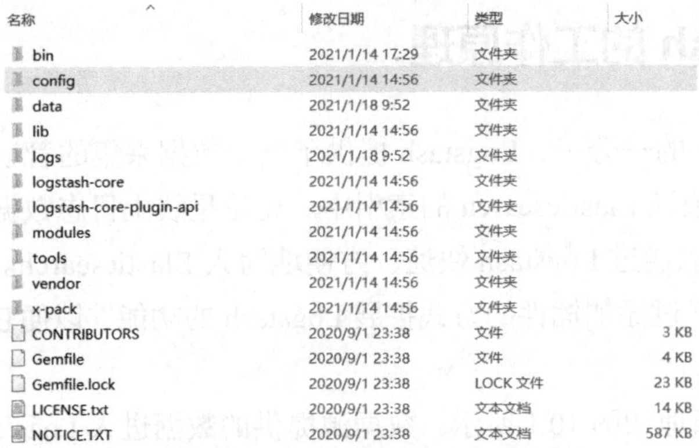

图 10.2　Logstash 7.9.1 的安装目录

- bin 目录：包含各种二进制形式的可执行脚本，例如 Logstash 的启动脚本、插件的安装脚本。
- config 目录：包含各种 Logstash 的配置文件。
- data 目录：是 Logstash 脚本执行时默认的数据目录。
- lib 目录：包含 Logstash 运行时的库文件。

- logs 目录：包含 Logstash 运行时产生的日志文件。
- logstash-core 目录：包含 Logstash 的关键组件。
- logstash-core-plugin-api 目录：包含 Logstash 的插件 API。
- modules 目录：包含 Logstash 拥有的模块文件。
- tools 目录：包含 Logstash 运行时可用的工具组件。
- vendor 目录：包含 Logstash 运行时依赖的 Ruby 环境。
- x-pack 目录：包含 Logstash 的 X-Pack 插件扩展内容。

要验证 Logstash 是否安装成功，需要从 cmd 进入 Logstash 的根目录，执行以下命令，若能看到命令行输出 Logstash 的版本号则说明安装成功。

```
.\bin\logstash -V
```

## 10.3 Logstash 的重要配置

在 Logstash 的 config 目录中，有几个比较重要的配置文件，正确地调整它们可以使 Logstash 运行在更好的状态，下面就来看看它们的含义和配置方法。

### 1. logstash.yml

该文件包含 Logstash 脚本执行时的重要参数，如果你在启动脚本的命令行中指定了相关配置，则会将 logstash.yml 中对应的配置覆盖掉，其中比较重要的配置如表 10.1 所示。

表 10.1 logstash.yml 的重要配置

| 配置 | 说明 |
| --- | --- |
| path.data | 配置 Logstash 运行时产生的临时数据目录，默认是安装目录中的 data 目录 |
| pipeline.workers | 从临时队列中消费数据进行过滤处理的线程数 |
| pipeline.batch.size | 单个线程能够从队列中一次性消费的事件数目，默认值是 125 |
| pipeline.ordered | 控制数据流是否有序输出，若为 false 则不能保证数据有序向外输出；若为 true 则只启用一个工作线程进行消费，保证数据有序。默认值为 auto，只有在工作线程数设置为 1 时才保证有序 |
| path.config | 指定启动的数据采集脚本的目录 |
| config.reload.automatic | 若为 true，则自动检查并加载最新的采集脚本，修改采集脚本后可以避免重启 Logstash 实例；若为 false，则采集脚本修改后需重启 Logstash 才能生效 |
| queue.type | 用于设置缓冲队列的类型，默认队列保存在内存中，若设置为 persisted 则会将队列数据持久化地存储到磁盘上 |
| path.logs | 配置 Logstash 运行时产生日志的目录，默认是安装目录中的 logs 目录 |
| dead_letter_queue.enable | 配置是否开启死亡消息队列功能，默认为不开启。如果为开启，则会把处理失败的数据持久化地存储到磁盘上以便将来有机会重新执行 |

### 2. jvm.options

该文件主要用于调整 Logstash 的 JVM 堆内存大小，默认值为 1GB。通常这个值应该配置为 4GB ～ 8GB，最好不要超过机器物理内存大小的一半。你可以动态地调整这个值并观察数据抽取的速度是否有提升。

### 3.pipelines.yml

如果想在一个 Logstash 进程中运行多个数据管道，则需要配置 pipelines.yml 文件，指明每个数据管道的配置参数。一个包含两个数据管道的配置例子如下。

```
- pipeline.id: test
  pipeline.workers: 1
  pipeline.batch.size: 1
  path.config: "a.config"
- pipeline.id: another_test
  queue.type: persisted
  path.config: "/tmp/logstash/*.config"
```

这里配置了两个数据管道，一个的 id 为 test，另一个的 id 为 another_test。对于没有声明的配置，会采用 logstash.yml 中的配置。

如果你想在一个 Logstash 节点上同时执行多个采集脚本，除了配置 pipelines.yml 文件外，还可以在命令行中指定不同的数据目录来执行脚本，例如使用下面的两条命令可以同时执行两个 Logstash 脚本 a.conf 和 b.conf。

```
.\bin\logstash -f .\a.conf --path.data=.\data1
.\bin\logstash -f .\b.conf --path.data=.\data2
```

## 10.4 Logstash 采集脚本的结构

本节来讲解如何编写 Logstash 的采集脚本，通常一个完整的采集脚本的配置中包含 input、filter、output 这 3 个部分，分别代表数据管道的输入、过滤和输出。其中输入和输出配置是必要的，过滤配置是可选的。

新建一个简单的配置脚本 sample.conf，将其放到 Logstash 的根目录下，代码如下。

```
# first pipeline
input {
  stdin { }
}
```

```
output {
  stdout {
    codec => rubydebug
  }
}
```

在 input 部分配置了 stdin，表示在命令行接收用户的输入；在 output 部分只配置了一个 rubydebug 的编解码器，表示把数据流的各个字段内容输出到控制台上，这个编解码器常用于开发者观察和调试数据管道中的各个字段内容。

在 Logstash 的根目录中打开 cmd，使用下面的命令执行配置脚本 sample.conf。

```
.\bin\logstash -f sample.conf
```

启动 Logstash 后，你可以在控制台输入文本，数据流的信息会输出到控制台上，得到的效果如图 10.3 所示。

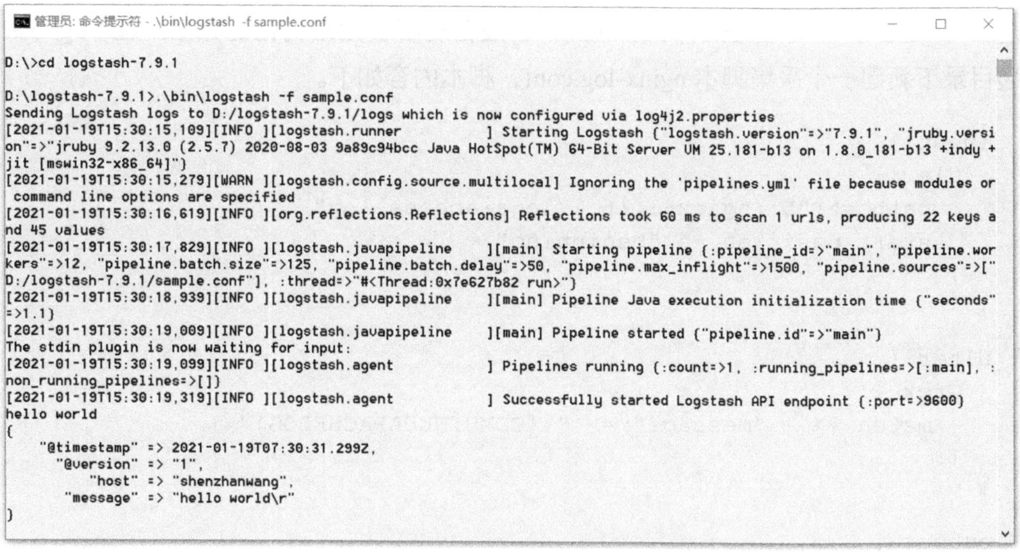
```
管理员: 命令提示符 - .\bin\logstash  -f sample.conf

D:\>cd logstash-7.9.1

D:\logstash-7.9.1>.\bin\logstash -f sample.conf
Sending Logstash logs to D:/logstash-7.9.1/logs which is now configured via log4j2.properties
[2021-01-19T15:30:15,109][INFO ][logstash.runner          ] Starting Logstash {"logstash.version"=>"7.9.1", "jruby.versi
on"=>"jruby 9.2.13.0 (2.5.7) 2020-08-03 9a89c94bcc Java HotSpot(TM) 64-Bit Server VM 25.181-b13 on 1.8.0_181-b13 +indy +
jit [mswin32-x86_64]"}
[2021-01-19T15:30:15,279][WARN ][logstash.config.source.multilocal] Ignoring the 'pipelines.yml' file because modules or
 command line options are specified
[2021-01-19T15:30:16,619][INFO ][org.reflections.Reflections] Reflections took 60 ms to scan 1 urls, producing 22 keys a
nd 45 values
[2021-01-19T15:30:17,829][INFO ][logstash.javapipeline    ][main] Starting pipeline {:pipeline_id=>"main", "pipeline.wor
kers"=>12, "pipeline.batch.size"=>125, "pipeline.batch.delay"=>50, "pipeline.max_inflight"=>1500, "pipeline.sources"=>["
D:/logstash-7.9.1/sample.conf"], :thread=>"#<Thread:0x7e627b82 run>"}
[2021-01-19T15:30:18,939][INFO ][logstash.javapipeline    ][main] Pipeline Java execution initialization time {"seconds"
=>1.1}
[2021-01-19T15:30:19,009][INFO ][logstash.javapipeline    ][main] Pipeline started {"pipeline.id"=>"main"}
The stdin plugin is now waiting for input:
[2021-01-19T15:30:19,099][INFO ][logstash.agent           ] Pipelines running {:count=>1, :running_pipelines=>[:main], :
non_running_pipelines=>[]}
[2021-01-19T15:30:19,319][INFO ][logstash.agent           ] Successfully started Logstash API endpoint {:port=>9600}
hello world
{
    "@timestamp" => 2021-01-19T07:30:31.299Z,
      "@version" => "1",
          "host" => "shenzhanwang",
       "message" => "hello world\r"
}
```

图 10.3　sample.conf 的执行效果

可以看到输入的文本字符串出现在了名为 message 的字段中，Logstash 在数据流中还新增了几个字段，host 代表主机名称，@timestamp 代表数据产生的 UTC 时间，@version 是一个版本号字段。要结束脚本的执行，直接按 Ctrl+C 组合键即可。

## 10.5　实战举例的执行

在 10.4 节中你已经了解了 Logstash 的数据采集配置所拥有的基本结构，本节再列举几个常用的实例,介绍使用 Logstash 实时采集日志文本数据和数据库表数据到 Elasticsearch 的索引中并保存。

## 10.5.1 采集 Nginx 日志数据到索引中

实时采集线上日志数据到 Elasticsearch 的索引中是一个非常常用的功能,假如现在有一个 Nginx 的日志文件 access.log,其中一条日志内容如下。

```
127.0.0.1 - - [26/Dec/2020:20:27:28 +0800] "GET /static/css/chunk-
a959947a.84f98409.css HTTP/1.1" 200 26730 "http://localhost/index"
"Mozilla/5.0 (Windows NT 10.0; WOW64) AppleWebKit/537.36 (KHTML, like
Gecko) Chrome/87.0.4280.66 Safari/537.36"
```

由于每一条日志都是这样的一长串文本字符串,如果不对日志文本做结构化解析,直接写入索引的 message 字段会显得毫无意义。为了将日志文本解析为单独的结构化的字段信息,可以使用 Grok 过滤插件将 message 字段自动解析为结构化的数据。在 Logstash 的安装目录下新建一个采集脚本 nginx-log.conf,脚本内容如下。

```
input {
  file {
    path => "D:/nginx-1.16.1/logs/access.log"
    start_position => "beginning"
  }
}
filter {
  Grok {
    match => { "message" => "%{COMBINEDAPACHELOG}" }
  }
}
output {
  stdout {
    codec => rubydebug
  }
  elasticsearch {
    hosts => ["http://localhost:9200"]
    index => "nginx-log"
    action => "index"
  }
}
```

在 input 部分使用了 file 文件插件,它可以定期读取 path 路径配置的文本文件的新增内容到数据管道,从而完成对日志数据的采集。注意,即使是在 Windows 平台上,path

的路径分隔符也要使用"/"而不是"\"。start_position 设置为 beginning 表示第一次从头开始读取日志文件，如果不进行此设置，则默认 file-input 插件只读取新增的日志记录。

紧接着，在 filter 部分添加了一个 Grok 插件，将数据流的 message 字段按照 COMBINEDAPACHELOG 的格式解析成多个结构化的字段。对于上面的日志文本，Grok 插件解析后的格式数据如图 10.4 所示。

```
{
          "@version" => "1",
          "response" => "200",
        "@timestamp" => 2021-01-19T09:14:51.625Z,
         "timestamp" => "26/Dec/2020:20:27:28 +0800",
           "referrer" => "\"http://localhost/index\"",
               "auth" => "-",
               "host" => "shenzhanwang",
            "request" => "/static/css/chunk-a959947a.84f98409.css",
              "ident" => "-",
        "httpversion" => "1.1",
            "message" => "127.0.0.1 - - [26/Dec/2020:20:27:28 +0800] \"GET /static/css/chunk-a959947a.84f98409.css HTTP/1.1\" 200 26730 \"http://localhost/index\" \"Mozilla/5.0 (Windows NT 10.0; WOW64) AppleWebKit/537.36 (KHTML, like Gecko) Chrome/87.0.4280.66 Safari/537.36\"\r",
           "clientip" => "127.0.0.1",
               "path" => "D:/nginx-1.16.1/logs/access.log",
               "verb" => "GET",
              "agent" => "\"Mozilla/5.0 (Windows NT 10.0; WOW64) AppleWebKit/537.36 (KHTML, like Gecko) Chrome/87.0.4280.66 Safari/537.36\"",
              "bytes" => "26730"
}
```

图 10.4　Grok 插件解析后的格式数据

可以看到，message 字段还是日志的原始文本，数据管道中还新增了 response 等十余个字段，具体含义如表 10.2 所示。

表 10.2　Grok 插件解析日志产生的字段

| 字段 | 说明 |
| --- | --- |
| clientip | 请求的 IP 地址 |
| ident | 用户 id |
| auth | 用户认证 |
| timestamp | 请求时间 |
| verb | 请求方式 |
| request | 请求体 |
| httpversion | HTTP 版本 |
| response | 响应状态码 |
| bytes | 字节数 |
| referrer | 跳转链接 |
| agent | 请求来源 |

在配置文件的 output 部分，除了 rubydebug 编解码器在控制台输出数据流的字段内容，还添加了 Elasticsearch 的输出目的地，表示将数据流写入索引。其中 hosts 用于配置 Elasticsearch 的地址，index 用于配置数据写入的索引名称，action 为"index"代表写入行为是建索引。

如果日志文件中产生了新的记录，新日志会被自动抽取到 Logstash 的数据管道中并写入索引。此时 @timestamp 字段代表的是数据经过 Logstash 处理的时间，你可以在 filter 部分添加一个 date 插件把日志中的 timestamp 字段的数据赋给 @timestamp 字段，把它变为日志的时间。例如：

```
......
filter {
  Grok {
    match => { "message" => "%{COMBINEDAPACHELOG}" }
  }
  date {
    match => [ "timestamp" , "dd/MMM/yyyy:HH:mm:ss Z" ]
  }
}
......
```

修改后，删除 data 目录的临时文件，然后重新执行采集脚本，可以看到此时数据流的 @timestamp 字段确实变成了日志的时间 timestamp，如图 10.5 所示。

```
{
       "httpversion" => "1.1",
              "path" => "D:/nginx-1.16.1/logs/access.log",
          "@version" => "1",
           "message" => "127.0.0.1 - - [25/Dec/2020:12:51:53 +0800] \"GET /prod-api/analysis/totalcoun
L, like Gecko) Chrome/87.0.4280.66 Safari/537.36\"\r",
        "@timestamp" => 2020-12-25T04:51:53.000Z,
         "timestamp" => "25/Dec/2020:12:51:53 +0800",
              "auth" => "-",
              "verb" => "GET",
           "request" => "/prod-api/analysis/totalcounts",
             "bytes" => "47",
          "clientip" => "127.0.0.1",
             "ident" => "-",
          "response" => "200",
             "agent" => "\"Mozilla/5.0 (Windows NT 10.0; WOW64) AppleWebKit/537.36 (KHTML, like Gecko)
              "host" => ■■■■■■■■
          "referrer" => "\"http://localhost/index\""
}
```

图 10.5　使用 date 插件修改 @timestamp 中的时间

## 10.5.2　全量抽取表数据到索引中

将关系数据库的表数据抽取到 Elasticsearch 的索引中是十分常用的操作，Logstash 的 jdbc input 插件可实现这一功能。你只需要少量的配置就可以把数据库的表数据抽取到索引中。

假如现在有一张 MySQL 的表 actor，数据字典如表 10.3 所示。

表 10.3 表 actor 的数据字典

| 列名 | 类型 | 说明 |
| --- | --- | --- |
| actor_id | INT | 编号 |
| first_name | VARCHAR(45) | 名 |
| last_name | VARCHAR(45) | 姓 |
| last_update | DATETIME | 更新时间 |

为了在索引中保存表 actor 的数据，建立映射 actor，结构如下。

```
PUT actor
{
  "settings": {
    "number_of_shards": "5",
    "number_of_replicas": "1"
  },
  "mappings": {
    "properties": {
      "actor_id": {
        "type": "integer"
      },
      "first_name": {
        "type": "keyword"
      },
      "last_name": {
        "type": "keyword"
      },
      "last_update": {
        "type": "date",
        "format":"yyyy-MM-dd HH:mm:ss"
      }
    }
  }
}
```

这里 first_name 和 last_name 字段使用 keyword 定义数据类型，日期字段 last_update 的格式定义为"yyyy-MM-dd HH:mm:ss"。在 Logstash 的安装目录下新建文件 actor.conf，配置如下。

```
input {
  jdbc {
      jdbc_driver_library => "D:\\logstash-7.9.1\\bin\\mysql-connector-java-5.1.44.jar"
      jdbc_driver_class => "com.mysql.jdbc.Driver"
      jdbc_connection_string => "jdbc:mysql://localhost:3305/sakila?serverTimezone=GMT%2B8"
      jdbc_user => "root"
```

```
        jdbc_password => "1234"
        # 为了格式化日期，需要将date字段转换为字符串
        statement => "SELECT actor_id,first_name,last_name,date_format(last_update, '%Y-%m-%d %H:%i:%S') as last_update from actor"
    }
}
filter {
    mutate {
        remove_field => ["@timestamp"]
    }
    mutate {
        remove_field => ["@version"]
    }
}
output {
    stdout {
        codec => rubydebug
    }

    elasticsearch {
        hosts => ["http://localhost:9200"]
        index => "actor"
        document_id => "%{actor_id}"
        action => "index"
    }
}
```

配置文件的开头使用了jdbc的input插件读取数据库的表，jdbc_driver_library配置驱动包的绝对路径，jdbc_driver_class配置驱动的类名称，jdbc_connection_string配置jdbc的连接url，jdbc_user和jdbc_password代表数据库的用户名和密码。

为了正确地进行日期的格式转换，抽取MySQL的SQL需要将last_update字段转换为格式化的字符串进行输出，所以使用了date_format(last_update, '%Y-%m-%d %H:%i:%S')函数把日期类型转换为格式化的字符串类型。

在配置的filter部分，使用了mutate过滤器，删除了数据流中的两个字段@timestamp和@version，以防止它们出现在索引中。

在配置的output部分，使用了document_id指定数据流的主键字段为actor_id，不指定则主键字段由Elasticsearch自动生成。

在命令行中执行该脚本。

```
.\bin\logstash -f actor.conf
```

执行时可以看到表数据会不断地输出到控制台上，抽取完毕后，程序自动停止。

在 Kibana 中对 actor 索引进行一次 match_all 查询,可以看到数据库的数据被正确地抽取到了索引中,代码如下。

```
......
  "hits" : {
    "total" : {
      "value" : 214,
      "relation" : "eq"
    },
    "max_score" : 1.0,
    "hits" : [
      {
        "_index" : "actor",
        "_type" : "_doc",
        "_id" : "12",
        "_score" : 1.0,
        "_source" : {
          "last_update" : "2020-09-01 05:34:33",
          "actor_id" : 12,
          "first_name" : "KARL",
          "last_name" : "BERRY"
        }
      },
......
```

mutate 过滤器不但能从数据流中删除字段,还可以新增字段。假如你想为 actor 索引指定姓和名并拼接为数据的主键,就需要在数据流中新建一个字段把 first_name 和 last_name 拼接起来。新建配置文件 actor-combine-key.conf,文件内容如下。

```
input {
  jdbc {
      jdbc_driver_library => "D:\\logstash-7.9.1\\bin\\mysql-connector-java-5.1.44.jar"
      jdbc_driver_class => "com.mysql.jdbc.Driver"
      jdbc_connection_string => "jdbc:mysql://localhost:3305/sakila?serverTimezone=GMT%2B8"
      jdbc_user => "root"
      jdbc_password => "1234"
      # 为了格式化日期,需要将 date 字段转换为字符串
      statement => "SELECT actor_id,first_name,last_name,date_format(last_update, '%Y-%m-%d %H:%i:%S') as last_update from actor"
  }
}
filter {
  mutate {
      remove_field => ["@timestamp"]
```

```
    }
    mutate {
        remove_field => ["@version"]
    }
    mutate {
      add_field =>{
        "newkey" => "%{first_name}-%{last_name}"
      }
    }
}
output {
  stdout {
    codec => rubydebug
  }

  elasticsearch {
    hosts => ["http://localhost:9200"]
    index => "actor"
    document_id => "%{newkey}"
    action => "index"
  }
}
```

可以看到该配置在数据流中新建了一个字段 newkey，其由 first_name 和 last_name 拼接而成，然后在 document_id 中把 newkey 设置为索引的主键。

在命令行中执行该脚本，代码如下。

```
.\bin\logstash -f actor-combine-key.conf
```

数据抽取完后，到索引 actor 中进行查询，会发现主键确实由 first_name 和 last_name 拼接而成，数据流中也多了一个 newkey 字段，代码如下。

```
......
"hits" : [
    {
      "_index" : "actor",
      "_type" : "_doc",
      "_id" : "SANDRA-KILMER",
      "_score" : 1.0,
      "_source" : {
        "newkey" : "SANDRA-KILMER",
        "last_name" : "KILMER",
        "last_update" : "2020-08-29 05:34:33",
        "actor_id" : 23,
        "first_name" : "SANDRA"
      }
```

```
    },
    {
      "_index" : "actor",
      "_type" : "_doc",
      "_id" : "JUDY-DEAN",
      "_score" : 1.0,
      "_source" : {
        "newkey" : "JUDY-DEAN",
        "last_name" : "DEAN",
        "last_update" : "2020-09-03 05:34:33",
        "actor_id" : 35,
        "first_name" : "JUDY"
      }
    },
    ......
```

## 10.5.3 增量抽取表数据到索引中

10.5.2 小节已经讲解了如何将数据库的表数据全量抽取到索引中，在实际项目中，增量抽取表数据到索引中可能更常用。有了增量抽取的功能，你就可以使用 Logstash 完成表数据和索引数据的自动同步。

要实现对数据库表数据的增量抽取，需要满足的前提条件是表结构要有一个递增的时间字段或自增长的数字主键。每次抽取完数据，Logstash 会把最后一条数据的时间或数字写入文件作为抽取标记，下次抽取时只抽取该时间或数字之后的新数据。

在 Logstash 的安装目录下新建一个配置文件 actor-update.conf，文件内容如下。

```
input {
  jdbc {
      jdbc_driver_library => "D:\\logstash-7.9.1\\bin\\mysql-connector-java-5.1.44.jar"
      jdbc_driver_class => "com.mysql.jdbc.Driver"
      jdbc_connection_string => "jdbc:mysql://localhost:3305/sakila?serverTimezone=GMT%2B8"
      jdbc_user => "root"
      jdbc_password => "1234"
      # 为了格式化日期，需要将date字段转换为字符串
      statement => "SELECT actor_id,first_name,last_name,date_format(last_update, '%Y-%m-%d %H:%i:%S') as last_update from actor where last_update > :sql_last_value"
      record_last_run => true
      use_column_value => true
      tracking_column_type => "timestamp"
      tracking_column => "last_update"
```

```
            last_run_metadata_path => "./actor"
            schedule => "* * * * *"
        }
    }
    filter {
      mutate {
          remove_field => ["@timestamp"]
      }
      mutate {
          remove_field => ["@version"]
      }
    }
    output {
      stdout {
        codec => rubydebug
      }

      elasticsearch {
        hosts => ["http://localhost:9200"]
        index => "actor"
        document_id => "%{actor_id}"
        action => "index"
      }
    }
```

跟全量抽取的配置相比，上述配置 input 部分的 jdbc 插件配置有所改变。首先是 statement 的 SQL 语句，末尾加上了 where 条件，表示只查询 last_update 字段大于最后一次抽取标记的数据。record_last_run 设置为 true，表示要保存抽取标记，抽取标记的保存路径在 last_run_metadata_path 中指定。tracking_column_type 设置为 timestamp 表示抽取标记字段是时间类型的，如果选择自增长数字主键作为抽取标记，则 tracking_column_type 应当设置为 numeric。配置 tracking_column 用于指定抽取标记的列名称，use_column_value 设置为 true 表示使用数据的内容作为抽取标记，否则使用最后一次查询的时间作为抽取标记。最后 schedule 用于配置定时抽取的 cron 表达式，"* * * * *"表示每分钟抽取一次。

在命令行中执行该脚本。

```
.\bin\logstash -f actor-update.conf
```

执行时，由于第一次没有抽取标记，该脚本会抽取表 actor 的全部数据到索引，抽取完后，会在脚本的当前目录下生成一个 actor 文件，打开它可以看到当前的数据抽取标记，该内容应当为字段 last_update 的最新值。

为了验证增量抽取的效果，你可以在 actor 表中新建一条记录，该记录的 last_update

值要大于抽取标记的时间值,然后等待 1 min,如果该数据成功被抽取到索引中,则说明增量抽取配置成功。

### 10.5.4 如何给敏感配置项加密

在前面配置的抽取表数据到索引的配置中,数据库的用户名和密码均使用的明文,这在某些时候可能是不允许的。Logstash 允许给配置文件的配置项加密,这样可以避免以明文方式保存密码。

在 Logstash 的安装目录下,执行以下命令创建一个密钥存储库。

```
.\bin\logstash-keystore create
```

看到提示"Continue without password protection on the keystore?"输入 y 并按 Enter 键。此时在 config 目录下会生成一个密钥存储文件 logstash.keystore,用于保存将要加密的变量。

新建一个加密变量 pwd,然后输入数据库的密码,代码如下。

```
.\bin\logstash-keystore add pwd
```

输入密码并保存后,在 actor.conf 文件中使用 jdbc_password => "${pwd}" 配置数据库密码,取代原先的明文密码。

再执行 actor.conf,看能否将表数据抽取到索引中,如果运行正常,则明文加密配置完毕。

```
.\bin\logstash -f actor.conf
```

## 10.6 本章小结

本章讲述了 Elastic Stack 的 Logstash 工具的使用方法,主要包含以下内容。

- Logstash 是一个 Elasticsearch 官方提供的 ETL 工具,旨在简化将数据采集到索引的过程。Logstash 在运行时会启动一个数据管道,数据管道包含 input、filter 和 output 这 3 个部分。input 部分负责读取外部数据到数据管道,filter 部分负责对数据进行转换和处理,output 部分负责把处理完的数据写入 Elasticsearch 的索引。
- Logstash 拥有强大的插件扩展机制,你可以通过安装插件的方式扩展它的功能,安装插件能使 Logstash 支持更多的通信协议、数据格式和存储介质。
- 文件 logstash.yml 包含数据管道的各种配置参数,你可以通过调节相应参数改变数据抽取的吞吐量，配置将 Logstash 的缓冲队列持久化地存储到磁盘上有利于降低数据丢失的可能性。

- 你可以配置 pipelines.yml 文件在一个 Logstash 进程中添加多个数据管道，也可以通过指定不同的数据目录的方式来启动多个 Logstash 的采集脚本。
- Logstash 的 file input 插件可以将日志文件数据采集到数据管道，该插件会轮询日志文件的内容，将新增的日志行自动抽取到数据管道中。Logstash 的 jdbc input 插件可以用于抽取数据库的数据到数据管道中，既可以全量抽取也可以增量抽取。实现增量抽取时需要数据表存在递增的时间字段或自增长的数字主键来作为抽取标记。
- Logstash 的 Grok 过滤插件提供了很多文本解析模式，可以将日志文本自动解析为结构化的数据字段。mutate 过滤器可以为数据管道新增或删除一些字段，date 过滤器可以设定 @timestamp 字段的值。
- Logstash 的 rubydebug 编解码器可以将数据管道的每个字段输出到控制台上，方便开发人员调试和监控数据内容。output 可以将数据流的字段写入 Elasticsearch 的索引。

# 第11章 Kibana：数据可视化利器

本章介绍 Elastic Stack 的另一个重要的组件 Kibana，通过前面章节的学习，你应该已经学会如何在 Kibana 中调试 Elasticsearch 的 REST 端点。Kibana 是一个功能强大的数据管理和可视化分析平台，要使用它完整的功能需要安装 X-Pack 插件，本章将会对 Kibana 比较重要的功能进行介绍。本章的主要内容如下。

- 在 CentOS 7 上安装 Kibana。
- 使用 Kibana 管理集群的数据，包括索引、快照和远程集群。
- 在 Kibana 中调试搜索请求和 Grok 正则模式。
- 在 Kibana 中构建用于数据可视化分析的大屏仪表盘。

## 11.1 在 CentOS 7 上安装 Kibana

前面已经讲过在 Windows 平台上安装 Kibana 的方法，在 CentOS 7 上安装 Kibana 也非常容易，先到 Elastic 官方网站下载 Kibana 7.9.1 的安装包（Linux 系统下的安装包），然后解压安装包，代码如下。

```
sudo tar -zxvf kibana-7.9.1-linux-x86_64.tar -C /opt
```

为了让 Kibana 能够发现 Elasticsearch 集群，需要修改 config 目录下的 kibana.yml 文件，在里面配置好 Kibana 的 IP 地址和 Elasticsearch 集群的地址，代码如下。

```
server.host: "192.168.34.128"
elasticsearch.hosts: ["http://192.168.34.129:9200"]
```

现在就可以启动 Kibana 了，如果通过 root 用户启动，则需要添加允许 root 用户启动的参数，代码如下。

```
./bin/kibana --allow-root
```

等待 Kibana 连接上 Elasticsearch 集群，访问 http://192.168.34.128:5601/，可以看到图 11.1 所示的首页，即表示 Kibana 安装成功。单击首页的超链接"Explore on my own"即可进入 Kibana 的导航菜单页。

图 11.1　Kibana 首页

## 11.2　用 Kibana 可视化管理数据

Kibana 给开发人员提供了一个可用于进行数据管理的图形界面，使用它比直接使用参数调用 REST 接口方便。本节将展示在 Kibana 中使用图形界面操作索引列表、备份与恢复快照、连接远程集群的方法。

### 11.2.1　索引管理

Kibana 的索引管理功能可以实现直观地管理集群中的索引列表和状态，单击导航菜单的"Stack Management"，再单击"Data"下的"Index Management"在打开的页面中，可以看到索引的列表信息，如图 11.2 所示。该列表展示了集群中每个索引的名称、分片数、文档数、占用空间等信息。

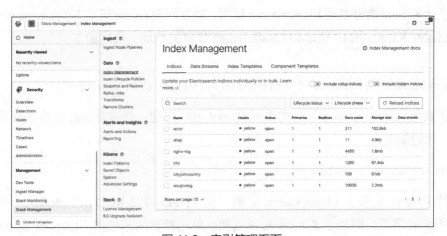

图 11.2　索引管理页面

选中列表中的一个索引，单击"Manage index"按钮，会弹出一个菜单，你可以通过它查看索引的映射信息或修改索引的状态，操作起来快捷、方便，如图 11.3 所示。

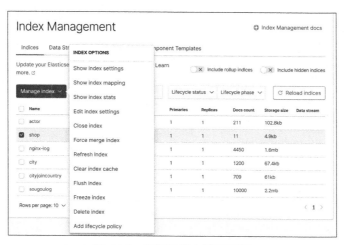

图 11.3　索引的状态管理页面

通过图 11.3 所示的页面还可以方便地管理索引模板和组件模板，切换到"Index Templates"选项卡下，可以看到当前集群中拥有的索引模板列表，你可以修改或删除它们，索引模板的列表如图 11.4 所示。从图 11.4 中可以看出，Kibana 已经自动创建好了两个索引模板，页面下方的传统模板是低版本 Elasticsearch 遗留的使用方式，该方式不支持复用模板组件形成新的索引模板，不建议继续使用。

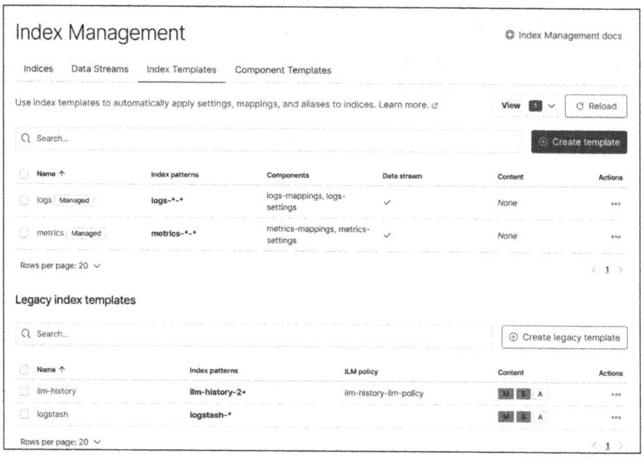

图 11.4　索引模板的列表

单击"Create template"按钮可以创建一个索引模板，你可以按照页面的引导设置索引模板的具体参数，包括名称、索引模式、映射等，创建索引模板的引导页面如图 11.5 所示。

图 11.5　创建索引模板的引导页面

该页面的最后一个页签是组件模板的管理页面，你可以在该页面查看现有的组件模板列表，也可以创建新的组件模板，其过程与索引模板的是类似的，这里就不赘述。

## 11.2.2　快照备份和恢复管理

Kibana 可以方便地管理快照仓库并完成快照的备份和恢复。如图 11.6 所示，单击左侧导航菜单的"Stack Management"，再单击"Data"下的"Snapshot and Restore"，即可看到集群中现有的所有快照的列表，这些快照是在 9.9 节中已经用 REST 服务创建好的。该列表展示了每个快照的名称、所属仓库、索引数、分片数、创建时间等信息，单击右侧的删除图标可方便地删掉快照。

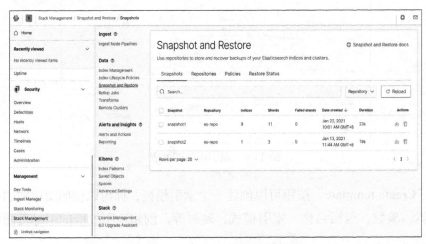

图 11.6　Kibana 的快照管理页面

如果你想对某个快照进行恢复，单击该快照右侧的恢复图标，即可进入快照的恢复页面，如图 11.7 所示。该页面拥有快照恢复的选项，你可以按照实际的需要选择恢复的范围、是否重命名索引、是否允许恢复只包含部分分片快照的索引、是否恢复集群元数据。设置好后，单击"Next"按钮。

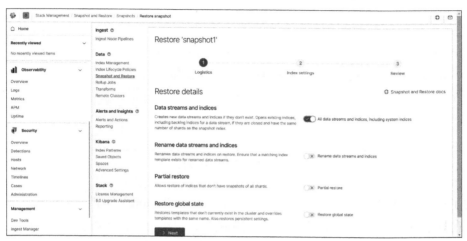

图 11.7　快照恢复：确定恢复范围

快照恢复的第二步是要调整索引的设置，如图 11.8 所示。你可以为即将恢复的索引添加新的设置，也可以选择将某些设置恢复为默认设置，调整好设置后单击"Next"按钮。

图 11.8　快照恢复：调整索引设置

快照恢复的最后一步是恢复预览，如图 11.9 所示，可以看到即将恢复的范围和设置，确认无误后，单击"Restore snapshot"按钮即可开始恢复。

图 11.9　快照恢复预览

为了查看恢复的结果，你可以打开"Snapshot and Restore"下的"Restore Status"选项卡，在其中可以查看所有快照恢复的进度和结果，单击每一行可以展示快照恢复的内容详情，如图 11.10 所示。

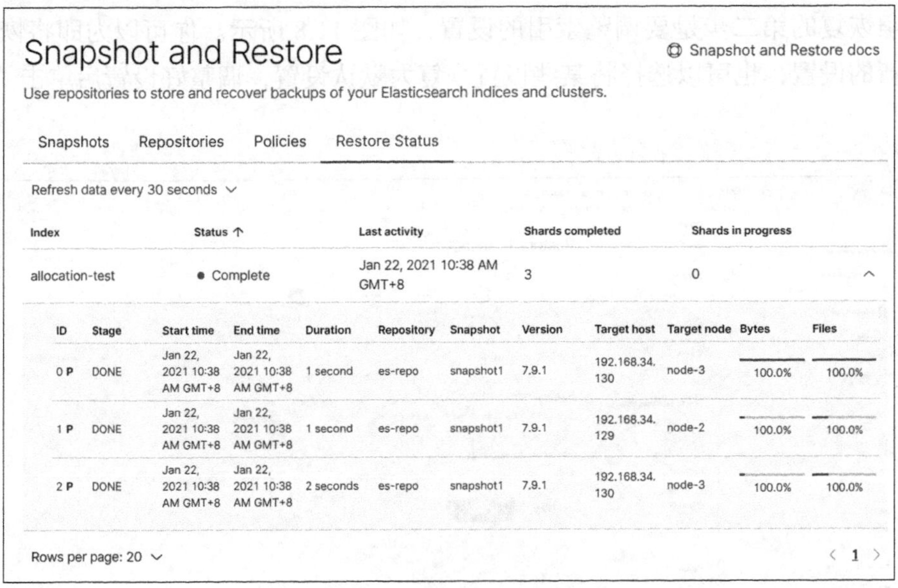

图 11.10　查看快照恢复的内容详情

现在来试试仓库管理的功能，切换到"Repositories"选项卡，查看集群中现有的快照仓库列表，单击"Register a repository"按钮可以新增一个仓库，填入仓库的名称，选择仓库的类型为"Shared file system"（共享文件系统），然后单击"Next"按钮，如图 11.11 所示。

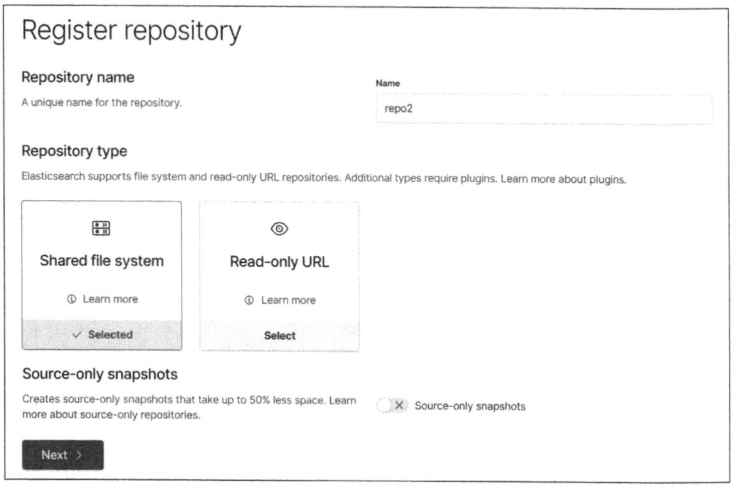

图 11.11　注册快照仓库：选择类型

接下来需要进行快照仓库的设置，其中文件夹位置是必须要配置的，其他的配置可以按照实际情况来做选择，配置好以后直接单击"Register"按钮即可完成仓库的注册，如图 11.12 所示。

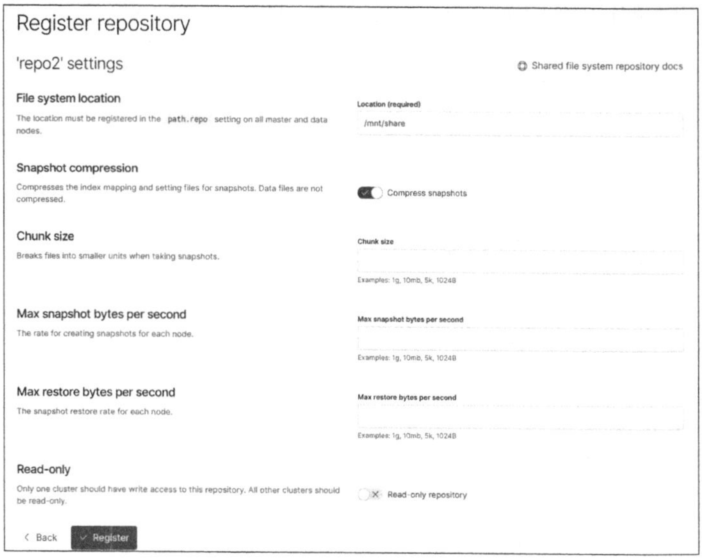

图 11.12　进行快照仓库的设置

最后来看一下快照的自动备份和保留策略，这个功能可配置多久自动备份一次数据快照，以及保留快照文件多长时间，可以用来实现快照数据的自动化备份。第一步是将页签切换到"Policies"选项卡，单击 Create policy 按钮新建快照备份策略，如图 11.13 所示。在弹出的面板中，你需要配置策略名称、快照名称、所属仓库名称和备份周期。你可以根据实际的需要将备份周期调整为按月、天甚至小时新增快照，配置好后，单击"Next"按钮。

图 11.13　新建快照备份策略

第二步是确定快照备份的范围，需要设置备份的索引名称、是否备份集群状态等，这里的界面跟恢复快照时的界面是类似的，设置好以后单击"Next"按钮，如图 11.14 所示。

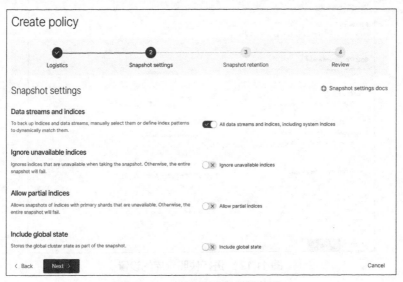

图 11.14　确定快照备份的范围

第三步是设置快照的保留策略，如果选择跳过这一步则系统会保留所有的快照。配置快照保留策略的页面如图 11.15 所示，该页面拥有两种配置，一是配置每个快照的保留时间，二是配置保留快照的数量范围。超过保留时间和数量范围的快照会被自动删除。

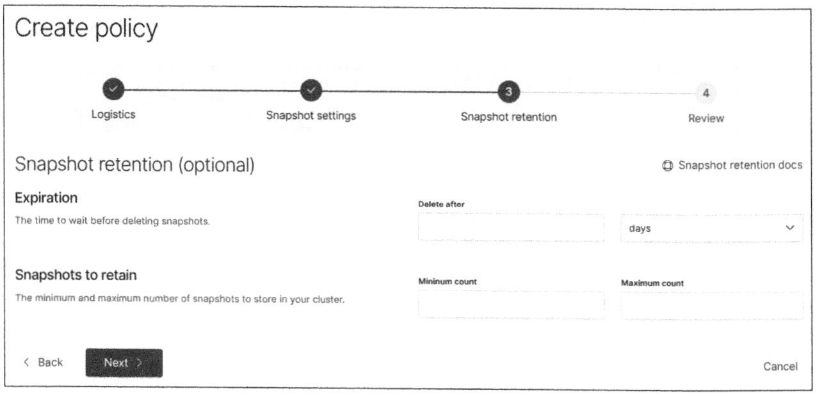

图 11.15 配置快照保留策略的页面

执行完以上步骤以后，会进入最后预览的页面，确认无误并保存即可添加快照的自动备份和保留策略，你可以在列表中执行某个策略立即触发一次集群快照的备份，否则将按照配置的备份周期定期自动触发。

## 11.2.3 远程集群管理

Kibana 还可以用于可视化管理远程集群，先单击 Stack Management 中的二级导航菜单"Remote Clusters"，再单击按钮"Add a remote cluster"可以看到添加远程集群的配置页面，如图 11.16 所示。

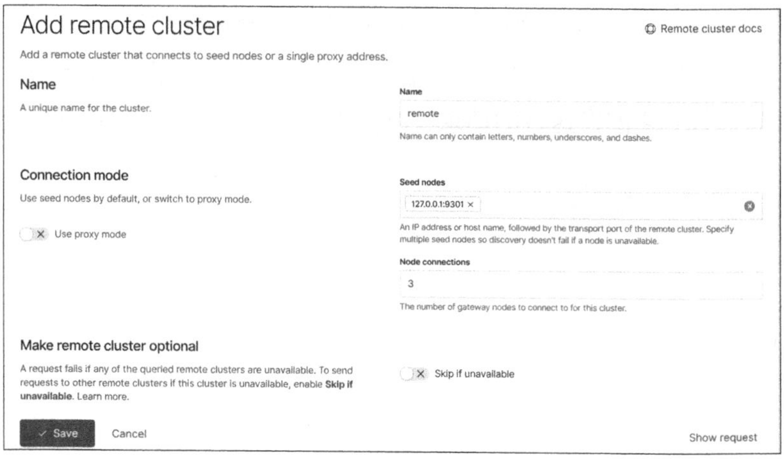

图 11.16 添加远程集群的配置页面

你可以在图 11.16 所示的页面配置远程集群的连接模式、连接地址和名称，配置好以后可以看到远程集群的连接状态以及远程集群的管理列表，远程集群列表页面如图 11.17 所示。

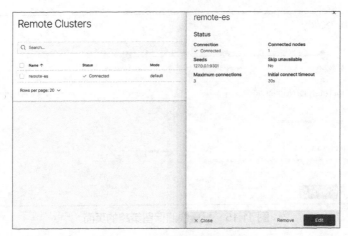

图 11.17　远程集群列表页面

## 11.3　开发工具

在面前的章节中已经介绍过使用 Kibana 的控制台开发工具调试 Elasticsearch 的 REST 服务。本节会介绍开发工具中的更多细节，方便开发人员在实际中应用。

### 11.3.1　REST 端点控制台

使用 REST 服务的端点调试控制台有两个很实用的小功能。其中一个功能是单击 History 链接，可以打开最近发起的 REST 服务的历史记录，如图 11.18 所示。这个功能可以让开发人员快速找到之前发送过的请求，减少重新输入的次数，可提高开发效率。

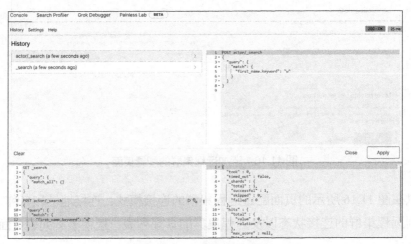

图 11.18　控制台历史记录

另一个功能是单击 Settings 链接，可以设置字号大小和代码自动补全，你可以修改这些参数然后在开发过程中体验一下使用效果，控制台设置界面如图 11.19 所示。

图 11.19　控制台设置界面

## 11.3.2　搜索调试器

搜索调试器是一个调试搜索性能的工具，你可以使用它查看搜索请求消耗的时间以及每个分片返回数据的响应时间。这个功能可以方便开发人员定位一些慢搜索发生的具体分片。

如图 11.20 所示，在搜索调试器页面的左侧填入搜索请求的索引名称和搜索内容，单击"Profile"按钮，可以在页面右侧看到每个分片响应请求的时间和请求的总时间。你可以快速地定位出查询速度慢的分片以做出相应的优化。

图 11.20　搜索请求的调试

### 11.3.3 Grok 正则模式调试器

在 10.5.1 小节中,讲述了使用 Grok 插件的正则模式解析 Nginx 日志的方法,其实 Grok 插件有很多正则模式,你可以在正则模式调试器中测试这些模式解析文本的效果,以便能更好地使用 Grok 插件解析文本。

在 Grok 调试器的页面分别输入待解析的文本内容和 Grok 模式,然后单击"Simulate"按钮就可以得到解析之后的结构化字段列表。这里直接输入 10.5.1 小节中列举的 Nginx 日志和模式,得到的效果如图 11.21 所示。

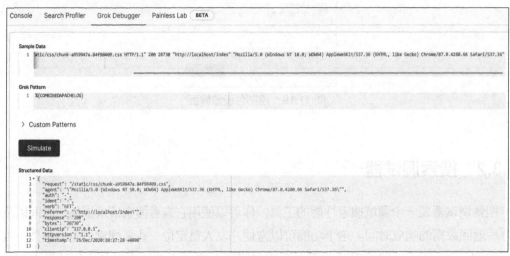

图 11.21　得到的效果

## 11.4　数据可视化分析

Kibana 除了能够支持数据的可视化管理和开发调试之外,还支持用统计图表对索引数据进行可视化分析。你不需要写任何代码,直接在 Kibana 中使用现有的控件就能制作出各式各样的统计图表用于页面展示。

### 11.4.1　Discover 发现

Discover 可以为用户提供查看索引数据的功能,可以查看索引的每个文档的数据,以便进一步进行数据分析。使用前,先单击导航菜单的"Stack Management"→"Index Patterns"并创建一个索引模式,该模式会锁定可视化分析的检索范围。这里为了对

10.5.1 小节中的 Nginx 日志索引 nginx-log 进行数据分析，把索引的模式设置为 nginx-log*，并选择 @timestamp 作为时间字段用于全局时间过滤，创建索引模式的界面如图 11.22 所示。

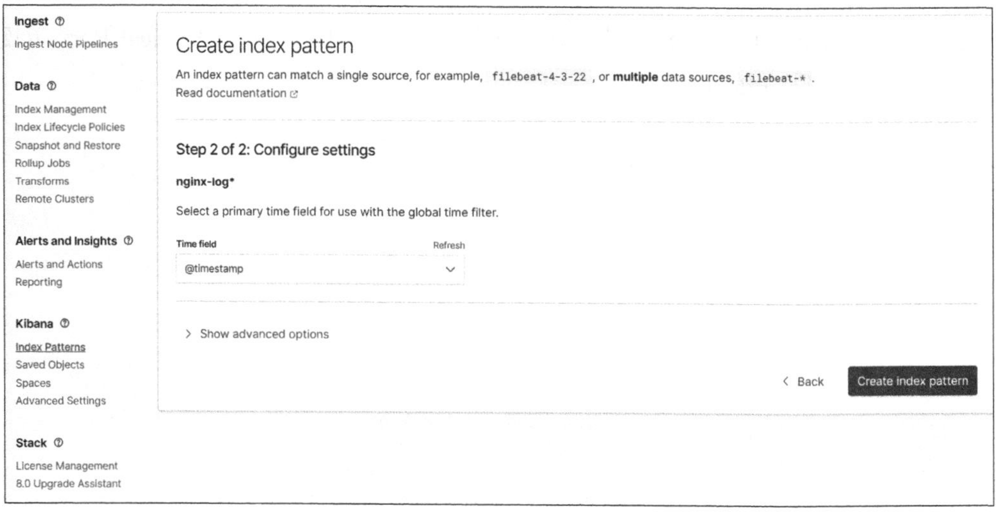

图 11.22　创建索引模式的界面

单击导航菜单中的"Discover"进入发现页，选择刚才创建的索引模式"nginx-log*"，在页面左侧你可以添加需要查看的字段进行预览，选中字段的数据内容会被展示在页面的表格中，页面上方的搜索条件和时间范围可以用于对所展示的数据进行条件筛选，效果如图 11.23 所示。

图 11.23　使用发现页查看索引数据的效果

## 11.4.2 Visualize 可视化组件

查看完索引的数据内容后，你一定对使用哪些字段进行数据分析有想法了。接下来可以使用 Kibana 提供的可视化组件生成一些统计图表。单击导航菜单中的"Visualize"进入可视化组件管理页面，单击创建按钮，在弹出的图标对话框中选择"Vertical Bar"创建一个柱状图组件，如图 11.24 所示。

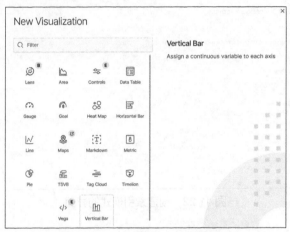

图 11.24　选择可视化组件类型

如图 11.25 所示，在柱状图的设置界面中，y 轴的配置不用修改，为 x 轴添加一个 response.keyword 字段的 terms 聚集，以展示每种响应的总数，将桶的 size 设置为 10，然后单击"update"按钮预览效果。

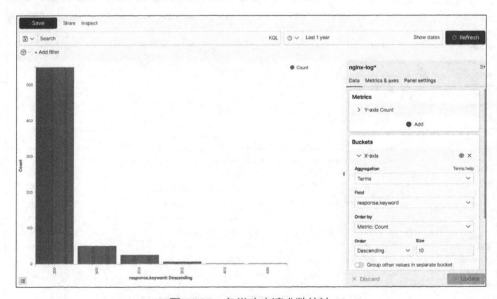

图 11.25　各类响应请求数统计

图 11.25 所示页面左上角的"Inspect"选项可以用于查看统计分析请求的返回数据，还可以用于调试聚集请求。如果确认无误，单击左上角的"Save"按钮，给组件起一个名字，即可保存组件信息。你可以按照类似的方法继续添加需要的组件，包括饼状图、文字等，这些组件最后将被设计到大屏页面上集中展示。

## 11.4.3　Maps 地图

Maps 地图实际上是一种特殊的可视化组件，它专门用于在地图上展示经纬度坐标数据。为了将第 8 章介绍的 shop 索引的经纬度坐标点展示在地图上，先创建一个"shop"索引模式，然后单击导航菜单中的"Maps"进入地图组件设计页面。单击"layer"按钮添加一个图层，图层类型选择"Documents"，表示直接展示索引的经纬度坐标数据，如图 11.26 所示。

然后在配置图层属性的界面选择索引模式"shop"，经纬度字段设置为"location"，再单击"add layer"按钮将图层添加到地图上，最后单击右上角的"Save"即可保存为地图组件，可以看到索引 shop 的城市坐标点已经显示在地图上，地图的参数配置界面如图 11.27 所示。

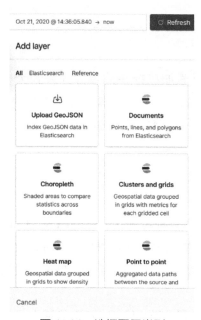

图 11.26　选择图层类型

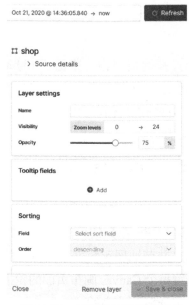

图 11.27　地图的参数配置界面

## 11.4.4　Dashboard 大屏仪表盘

Dashboard 大屏仪表盘用于将前面创建的图表组件和地图组件信息添加到大屏页面集中进行可视化展示。如图 11.28 所示，单击导航菜单中的"Dashboard"→"Create new dashboard"即可进入大屏编辑页面。

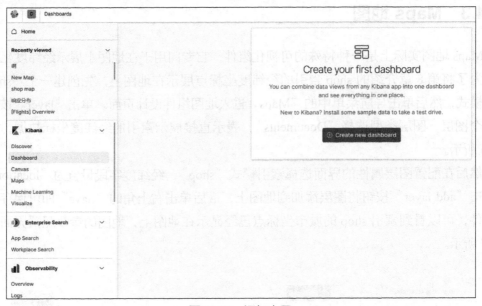

图 11.28　添加大屏

在打开的页面中，单击"Add an existing"即可添加已存在的组件列表到大屏页面中，你可以通过拖曳的方式来改变每个组件的相对位置和大小，调整好以后单击左上角的"Save"按钮进行保存，然后单击"Full screen"可以全屏查看大屏效果。

## 11.4.5　Canvas 画布

Dashboard 大屏仪表盘展示只有一个页面用于展示各种可视化分析的图表。Canvas 画布则可以创建一系列的可视化展示页面以呈现各种分析图表，还可以使用图片、文本框等组件图文并茂地展示数据。Canvas 画布还可以自动播放，其效果有点像 PPT 的效果，你可以设置每个 Canvas 画布页面的轮播时间间隔。

单击导航菜单中的"Canvas"，切换到"templates"选项卡可以看到系统自带的几个画布模板，选择"Pitch"按钮即可查看该模板的画布内容，单击右上角的全屏按钮可以以全屏模式播放，模板 Pitch 的画布内容如图 11.29 所示。

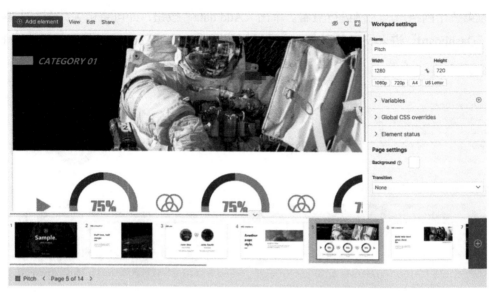

图 11.29　模板 Pitch 的画布内容

## 11.4.6　查看样例数据

以上便是对 Kibana 为用户提供的数据可视化分析的功能介绍，为了更好地学习和演示这些组件的参数配置，你可以导入 Kibana 自带的样例数据，其包含很多已经配置好的可视化组件，很适合新人使用。

单击首页左上角的"Home"，在页面右侧单击"Load a data set and a Kibana dashboard"即可进入样例数据导入界面，如图 11.30 所示。

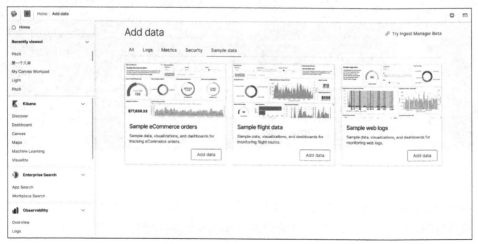

图 11.30　样例数据导入界面

以第三个网络日志为例进行查看。单击"Add data"按钮，即可将相关数据写入索引。单击"Dashboard"进入仪表盘列表，查看样例数据"[Logs] Web Traffic"，效果如图11.31所示。

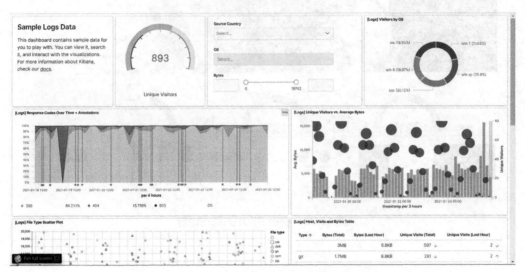

图11.31　网络日志样例数据的大屏仪表盘效果

进入Canvas页面，选择"[Logs] Web Traffic"的画布，全屏展示的效果如图11.32所示。

图11.32　网络日志样例数据的全屏展示效果

如果你很好奇这些酷炫的效果是如何实现的，你可以单击每个组件详细地查看它们的属性配置和索引数据，然后在自己的可视化组件中应用它们，以改善可视化展示的视觉效果。

## 11.5 本章小结

本章讲述了 Elastic Stack 的重要成员 Kibana 的功能使用，主要包含以下内容。

- Kibana 可以进行数据的可视化管理，你可以在 Kibana 中查看索引的列表并管理它们的状态、设置快照的备份和恢复、添加和管理远程集群。
- Kibana 提供了一些开箱即用的开发调试工具，利用它们可以大大提高开发人员的工作效率，REST 端点控制台拥有代码提示的功能，配置请求调用 Elasticsearch 的服务非常方便。
- 搜索调试器主要用于对搜索和聚集统计请求进行性能调试，你可以使用该工具查看搜索请求的总响应时间和各分片的响应时间。使用该工具也可以很方便地发现搜索的瓶颈。
- 正则模式调试器主要用来测试 grok 插件解析文本的效果，你只需要填入 grok 插件的模式名称和待解析的文本就可以看到该模式解析文本之后得到的结构化数据。
- 数据的可视化分析是 Kibana 提供的一项重要功能，Discover 发现用于展示索引的数据内容，你可以选择要查看的字段列表和查询条件以便在表格中展示关心的索引数据，从而进一步分析它们。
- Visualize 可视化组件提供了大量统计分析用的图表，包括柱状图、饼状图、折线图等组件，你可以按照业务的需要创建它们并配置好进行统计的字段参数，以便之后将其展示在 Dashboard 大屏仪表盘上。
- Maps 地图是一种特殊的可视化组件，它主要用于在地图上展示经纬度坐标数据，你可以使用该工具方便地把索引中的 GIS 数据在地图上做可视化展示。
- Dashboard 大屏仪表盘可以使用一个大屏页面集中展示创建好的可视化图表组件和地图组件，你可以通过拖曳的方式改变组件的相对位置和大小。
- Canvas 画布可以像 PPT 那样轮播多个数据可视化页面，还能够图文并茂地呈现数据分析的效果。
- Kibana 自带 3 个酷炫的样例数据用来进行可视化展示，你可以导入这些样例数据然后观察每个组件的配置方法，以便在实际中更好地进行数据分析。

# 第12章 Beats 家族：精细化数据采集

Beats 家族是 Elastic Stack 的后起之秀，如果不在本书的最后一章对其进行一番介绍，那么本书的内容就显得有些不完整。Elastic Stack 推出 Beats 家族的初衷是弥补 Logstash 在数据采集方面的一些性能上的不足，为分布式环境的大数据采集提供更加高效的解决方案。Beats 家族其他组件的使用原理和方法也是类似的，希望能帮助读者举一反三。本章的主要内容如下。

- Beats 家族在 Elastic Stack 架构中承担的主要职责。
- Filebeat 的安装和工作原理。
- 使用 Filebeat 采集 Nginx 日志数据到 Elasticsearch 中并做可视化分析。
- 使用 Filebeat 采集数据到 Logstash 中，以及引入 Logstash 的好处。

## 12.1 Beats 家族在 Elastic Stack 中的职责

通过前面的讲解可以知道，使用 Logstash、Elasticsearch 和 Kibana 已经可以完成数据采集、存储和分析的整个流程的操作。在 Beats 家族出现之前，数据采集的确是 Logstash 的工作，然而，随着采集数据的增多，Logstash 采集数据显得越来越力不从心。试想，假如有 100 个节点，每个节点上有 10 个日志文件需要采集，则需要安装 100 个 Logstash，一共要启动 1000 个数据管道同时写入 Elasticsearch，这样会非常浪费硬件资源，而且 Elasticsearch 需要启动大量的线程去应对 1000 个数据管道日志的同时写入，效率十分低下。Beats 家族的每一个成员都擅长某个方面的数据采集，并且它们的性能开销非常小，使用 Beats 家族的成员完成分布式环境中的大规模数据采集对提升大数据处理的效率十分有好处。Beats 家族直接采集数据到 Elasticsearch 如图 12.1 所示。

由于 Beats 家族的成员采集到的数据可以直接写入 Elasticsearch，一个简单的办法是不使用 Logstash 直接将 Beats 家族采集到的数据写入 Elasticsearch 的预处理节点（预处理节点类似于 Logstash 的过滤器，它可以将采集到的非结构化数据转化为结构化的字段）还可以先进行数据转换再将其写入索引，最后使用 Kibana 可视化展示采集到的数据，整个架构如图 12.1 所示。

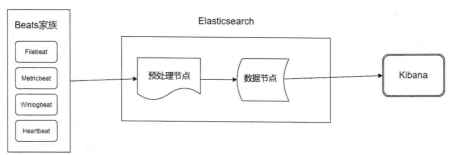

图 12.1　Beats 家族直接采集数据到 Elasticsearch 中

这个架构特别适用于 Filebeat 自带的模块数据采集，虽然省略了 Logstash 使数据的处理流程变得简化，但是也存在一些缺点。

（1）如果同时写入的 Beats 节点过多，依然会给 Elasticsearch 集群带来不小的写入压力。

（2）使用预处理节点转换数据没有使用 Logstash 灵活、方便，数据转换功能相对简单。

而使用 Logstash 的架构如图 12.2 所示，它有以下几个优点。

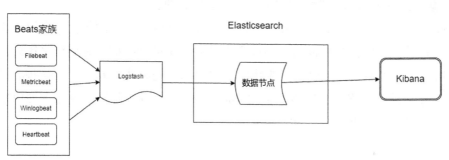

图 12.2　Beats 家族采集数据到 Logstash 中

（1）每个 Beats 采集数据的吞吐量是不同的，由于 Logstash 拥有缓冲队列，把 Beats 的数据流引入 Logstash 可以起到数据汇聚和数据缓冲的作用，减少数据流对 Elasticsearch 的冲击力。

（2）Logstash 的 input 插件功能非常丰富，其相比 Beats 家族能够采集到更多种类的数据。

（3）Logstash 的数据转换功能比预处理节点的数据转换功能更强大。

（4）Logstash 的 output 插件相比 Beats 家族能支持更多类型的数据输出。

## 12.2　Filebeat 的安装和工作原理

本章以 Filebeat 的安装和使用为代表案例，讲解 Beats 家族的部分功能和工作原理，

Beats 家族的其他组件的功能是类似的,读者有兴趣可以自行实践。

要在 CentOS 7 中安装 Filebeat 7.9.1,应先登录 Elastic 官方网站下载 Filebeat 7.9.1 的安装包(Linux 系统下的安装包),然后使用下面的命令进行解压。

```
tar xzvf filebeat-7.9.1-linux-x86_64.tar.gz
```

在解压后的文件夹中,可以看到一个 filebeat.yml 文件,它是 Filebeat 运行时的入口,里面包含 Filebeat 进行数据采集的各项配置,如数据采集的输入和输出配置。在安装目录下有一个 module 文件夹,里面包含 Filebeat 内置的各种日志采集模块,12.4 节将演示如何使用其中的 Nginx 模块完成对 Nginx 日志数据的采集。默认情况下,这些模块都处于禁用状态,使用前需要启用对应的模块才能采集相应的日志。

每个 Filebeat 的配置可以包含一到多个 input,你可以在 input 中定义数据源的类型以及每个日志文件的路径,采集时 Filebeat 会为每个日志文件生成一个采集器用于收集新的日志数据。如果需要对采集到的数据进行简易的转换和处理,则可以定义一些处理器进行数据过滤,它们相当于 Logstash 的 filter,但是功能比 Logstash 的 filter 简单。经过处理器处理的数据流会按照 output 的配置输出到采集的目的地。

Filebeat 运行时,会在安装目录下生成一个 data 文件夹,里面包含每个日志文件的采集进度数据,每次重启 Filebeat 时,会读取之前的采集进度数据,并继续采集后面的日志数据。Filebeat 采集的数据输出到目的地后会收到相应的确认信息,如果某些数据未得到确认 Filebeat 会被异常终止,则下次重启 Filebeat 时,未得到确认的数据会被再次发送,确保每条数据至少能向外传送一次。

## 12.3 filebeat.yml 的重要配置

使用 Filebeat 采集日志数据前,需要了解 filebeat.yml 的重要配置,然后根据实际情况添加相关的配置内容。

### 1. inputs——数据源

Filebeat 支持很多种数据源,常用的 inputs 类型为日志,用于日志文件的采集,典型的日志类型的数据源配置如下。

```
filebeat.inputs:
- type: log
  enabled: true
  paths:
```

```
      - /var/log/*.log
```

该配置中使用 paths 设置采集日志文件的路径，日志文件可以有多个。

### 2. modules——模块

Filebeat 设置模块功能的目的是简化日志的采集和分析过程，例如你想采集和分析 MySQL 的日志，只需要启用 MySQL 的模块，给对应的模块配置做少量修改即可完成对 MySQL 日志的采集。在 filebeat.yml 中，你需要使用以下代码加载模块的配置。

```
filebeat.config.modules:
  path: ${path.config}/modules.d/*.yml
  reload.enabled: false
```

### 3. template——索引模板

索引模板用于设置日志索引的映射结构，如果不进行配置，将使用默认的索引模板创建映射来保存采集的日志数据。例如下面的配置可以将索引映射的主分片数设置为 5。

```
setup.template.settings:
  index.number_of_shards: 5
```

### 4. setup——连接地址

通过配置 Kibana 的连接地址，可以向 Kibana 中写入定义好的可视化组件、大屏等，用于对采集好的日志做可视化分析。例如：

```
setup.kibana:
  host: "192.168.34.1:5601"
```

### 5. output——输出

Filebeat 支持的输出有很多种，输出到 Logstash 和 Elasticsearch 较为常见。如果要将采集的日志数据输出到 Elasticsearch，则配置如下。

```
output.elasticsearch:
  hosts: ["192.168.34.1:9200"]
```

如果要将采集的日志数据输出到 Logstash，则配置如下。

```
output.logstash:
  hosts: ["192.168.34.1:5044"]
```

### 6. processors——处理器

Filebeat 的处理器可以给数据流添加或删除一些字段，或者对现有的数据做简单的格式转换，例如下面的配置可给数据流添加一个 fields.token 字段，内容为 1234。

```
processors:
  - add_fields:
      fields:
        token: 1234
```

## 12.4 Filebeat 采集 Nginx 日志到 Elasticsearch 中

由于 Filebeat 已经自带 Nginx 模块，使用它完成 Nginx 日志的采集非常简单，本节将演示将 Nginx 日志经过预处理节点的转换后写入 Elasticsearch，你还可以使用相同的方式采集其他模块的日志。

先通过控制台进入 Filebeat 的安装目录，执行下面的命令启用 Nginx 模块。

```
./filebeat modules enable nginx
```

然后查看被启用的模块的列表，确定 Nginx 模块启用成功。

```
./filebeat modules list
```

下面需要配置 Nginx 日志的路径来完成采集，编辑 modules.d 文件夹下的 nginx.yml 文件，代码如下。

```
- module: nginx
  # Access logs
  access:
    enabled: true
    # Set custom paths for the log files. If left empty,
    # Filebeat will choose the paths depending on your OS.
    var.paths: ["/usr/local/nginx/logs/access.log"]

  # Error logs
  error:
    enabled: true
    # Set custom paths for the log files. If left empty,
    # Filebeat will choose the paths depending on your OS.
    var.paths: ["/usr/local/nginx/logs/error.log"]
  ingress_controller:
    enabled: false
```

在上述配置中，使用 var.paths 分别指定了 access 日志和 error 日志的路径，可以有多个路径。由于 ingress_controller 日志是给 kubernetes 使用的，因此在配置中设置成了禁用。

然后编辑 filebeat.yml 文件，在配置中需要根据实际情况修改 Elasticsearch 和 Kibana 的 IP 地址和端口号，代码如下。

```
filebeat.config.modules:
  # Glob pattern for configuration loading
  path: ${path.config}/modules.d/*.yml

  # Set to true to enable config reloading
  reload.enabled: false
setup.template.settings:
  index.number_of_shards: 1

setup.kibana:
  host: "192.168.34.1:5601"
# -------------------------- Elasticsearch Output --------------------------
output.elasticsearch:
  # Array of hosts to connect to.
  hosts: ["192.168.34.1:9200"]
# Processors
processors:
  - add_host_metadata:
      when.not.contains.tags: forwarded
  - add_cloud_metadata: ~
  - add_docker_metadata: ~
  - add_kubernetes_metadata: ~
```

上述配置一开始直接启用了对 modules 的配置文件的扫描，用于加载 Nginx 模块的配置。随后配置了索引的模板，Kibana 和 Elasticsearch 的地址，以及各个处理器列表。通过执行以下命令，向 Elasticsearch 和 Kibana 中导入日志索引映射和可视化分析相关的资源。

```
./filebeat setup -e
```

执行完该命令后，可以在 Kibana 中看到一个新的索引映射 filebeat-7.9.1-{date}-000001 已经建立好，date 是当前日期，该索引映射将用于保存即将采集的日志数据。还可以在 Kibana 中看到新增了大量的 Dashboard 用于可视化展示，里面包含 Nginx 日志可视化分析的大屏。

下面启动 Filebeat，开始采集 Nginx 的日志数据。

```
sudo ./filebeat -e
```

运行上述代码后，可以看到大量的日志数据被写入新建的索引，打开 Dashboard 的 Nginx 可视化页面，可以改变时间范围筛选日志展示的时间区间，该页面还展示了 access 日志和 error 日志的详细列表，效果如图 12.3 所示。

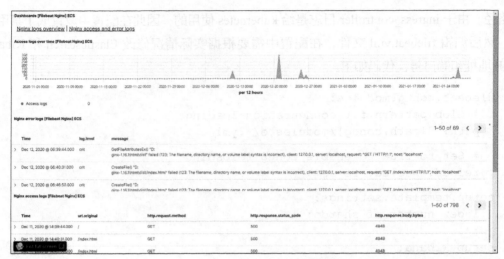

图 12.3　Nginx 日志可视化效果

非结构化的日志文本是如何被自动解析为结构化的字段并保存到索引中的呢？单击导航菜单中的"Stack Management"→"Ingest Node Pipelines"，可以看到有两个 Nginx 日志的数据预处理管道，它们使用了 Grok 插件对相应的日志文本进行解析和转换，如图 12.4 所示。

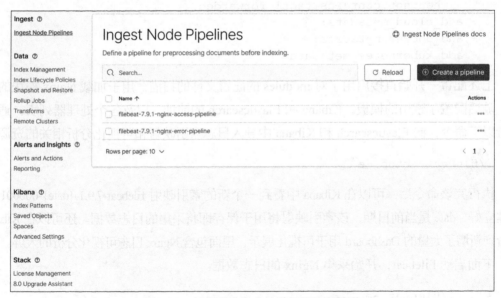

图 12.4　解析日志文本的数据预处理管道

如果想查看实时的新日志，可以单击导航菜单中的"Observability"→"Logs"，打开的页面中展示了最新的日志采集信息，如图 12.5 所示。

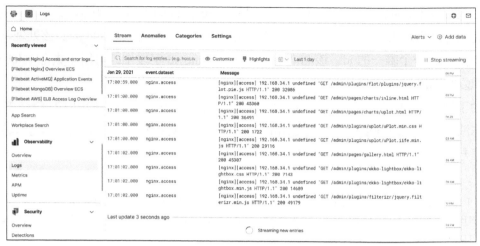

图 12.5　实时查看日志

## 12.5　Filebeat 采集日志到 Logstash 中

通过 12.4 节的介绍，你已经知道了如何使用 Filebeat 的现有模块采集日志到 Elasticsearch 中并在 Kibana 中做可视化展示。然而在实际项目中，需要进行分析的日志可能并不是 Filebeat 的现有模块能够直接处理的。对于这种情况，可以选择将日志先采集到 Logstash 中，使用 Grok 插件来把日志文本解析为结构化的字段，本节将展示这个过程的实现。

假如有一个文本文件 system.log，日志的样例数据如下。

```
192.168.6.22 [21/Apr/2015:04:25:53 +0800] GET "/goLogin" 8080 200 1692 http://10.19.8.2:8080/index;
```

要使用 Filebeat 采集该文本数据到 Logstash 中，应对 filebeat.yml 进行如下配置。

```
filebeat.inputs:
- type: log
  enabled: true
  paths:
    - /home/wsz/Desktop/system.log

output.logstash:
  hosts: ["192.168.34.1:5044"]
processors:
  - add_id: ~
```

上述配置十分简洁，首先配置了一个类型为 log 的 inputs 并设置好 system.log 的路径，然后将 output 设置为 Logstash 的监听地址，最后添加了一个处理器 add_id。该处理器会给每条数据生成一个唯一的 id，该 id 保存在 @metadata._id 字段中，可用于去除 Filebeat 产生的重复数据。

为了使用 Grok 插件将 system.log 日志解析为结构化的字段，将采用以下 Grok 模式处理日志消息，需注意观察每个字段使用的匹配模式以及对特殊字符（例如方括号、分号）的处理方式。

```
%{IP:ip}
\[%{HTTPDATE:timestamp}\] %{WORD:method} %{DATA:url} %{NUMBER:serverport} %{NUMBER:statuscode} %{NUMBER:duration} %{URI:path}\;
```

使用该模式解析日志后的字段结构如下，可以在 Grok 调试器中测试解析效果。

```
{
  "statuscode": "200",
  "duration": "1692",
  "path": "http://10.19.8.2:8080/index",
  "method": "GET",
  "port": "8080",
  "ip": "192.168.6.22",
  "url": "\"/goLogin\"",
  "timestamp": "21/Apr/2015:04:25:53 +0800"
}
```

再创建一个 Logstash 的配置文件 filebeat.conf，它启动后会在 5044 端口监听 Filebeat 的输入，并接收采集到的日志文本，代码如下。

```
input {
  beats {
    port => 5044
  }
}
filter {
  Grok {
    match => { "message" => "%{IP:ip} \[%{HTTPDATE:timestamp}\] %{WORD:method} %{DATA:url} %{NUMBER:serverport} %{NUMBER:statuscode} %{NUMBER:duration} %{URI:path}\;" }
  }
}
output {
  stdout {
```

```
        codec => rubydebug
    }
    if [@metadata][_id] {
        elasticsearch {
            hosts => ["http://192.168.34.1:9200"]
            document_id => "%{[@metadata][_id]}"
            index => "myfilebeat-%{[agent][version]}-%{+yyyy.MM.dd}"
        }
    } else {
        elasticsearch {
            hosts => ["http://192.168.34.1:9200"]
            index => "myfilebeat-%{[agent][version]}-%{+yyyy.MM.dd}"
        }
    }
}
```

可以看到，在 filter 部分设置了 Grok 模式用于解析日志，在写入索引时，如果字段 @metadata._id 存在，则将其设置为索引的主键，这样做就完成了对 Filebeat 中产生的重复数据的去重，最后将索引的名称设置为 myfilebeat-{ 版本号 }-{ 日期 } 的格式。

下面先启动 Logstash 以准备接收采集的日志数据。

`.\bin\logstash -f .\filebeat.conf`

然后启动 Filebeat，开始采集日志。

`sudo ./filebeat -e`

启动后，可看到日志数据已被采集到索引 myfilebeat-7.9.1-{ 当前日期 } 中，发送一个 match_all 查询，得到的部分结果如下。

```
......
"hits" : [
    {
        "_index" : "myfilebeat-7.9.1-2021.02.01",
        "_type" : "_doc",
        "_id" : "i8a5W3cBFLmsnEwh8Zdv",
        "_score" : 1.0,
        "_source" : {
            "serverport" : "8080",
            "agent" : {
                "ephemeral_id" : "0cbaa847-086f-442b-beaa-30526b68fc4e",
                "type" : "filebeat",
                "hostname" : "localhost.localdomain",
                "id" : "f18d17fb-240c-4160-aaee-86462054e50e",
                "name" : "localhost.localdomain",
                "version" : "7.9.1"
```

```
            },
            "ecs" : {
              "version" : "1.5.0"
            },
            "timestamp" : "21/Apr/2015:04:31:53 +0800",
            "log" : {
              "file" : {
                "path" : "/home/wsz/Desktop/system.log"
              },
              "offset" : 608
            },
            "method" : "POST",
            "message" : """192.168.6.25 [21/Apr/2015:04:31:53 +0800] POST "/index" 8080 200 1392 http://10.19.8.2:8080/index;""",
            "duration" : "1392",
            "path" : "http://10.19.8.2:8080/index",
            "port" : "8080",
            "input" : {
              "type" : "log"
            },
            "@timestamp" : "2021-02-01T03:54:08.623Z",
            "statuscode" : "200",
            "ip" : "192.168.6.25",
            "@version" : "1",
            "host" : {
              "name" : "localhost.localdomain"
            },
            "tags" : [
              "beats_input_codec_plain_applied"
            ],
            "url" : "\"/index\""
          }
        },
        ......
```

## 12.6 本章小结

本章介绍了 Elastic Stack 中的 Beats 家族的工作原理和使用方法，以 Filebeat 为代表来讲解，主要包含以下内容。

- 使用 Beats 家族可以弥补 Logstash 在数据采集方面的性能短板，以适应大规模数据采集的需要，Beats 家族的各个组件都非常小巧，运行时的性能开销很少，适合在生产环境中大规模使用。

- 可以使用 Filebeat 现有的模块直接把相应的日志数据采集到 Elasticsearch 中并进行可视化展示，采集前需要先加载模块相关的数据到 Elasticsearch 中，例如索引模板、预处理管道、可视化组件、大屏仪表盘等。
- 将 Beats 家族采集到的数据传送到 Logstash 中有很多好处，Logstash 能够起到数据汇聚和缓冲的作用，可减少 Elasticsearch 的压力。而且 Logstash 相比 Beats 家族能支持更多的输入输出和过滤插件，当 Beats 家族无法实现某些功能时，可用 Logstash 进行"替补"。
- 运行 Filebeat 的配置文件是 filebeat.yml，里面包含输入输出、处理器等各个组件的配置信息，你需要根据采集的需要有选择性地配置它们。
- Filebeat 在运行时会在安装目录下生成一个 data 文件夹，里面包含每个日志文件的采集进度数据。如果 Filebeat 异常终止，则下次启动时会读取进度数据继续采集日志。如果删除了 data 文件夹，则可以从头开始采集日志数据。
- Filebeat 异常终止时，如果某些正在采集的数据未得到确认，则下次启动时这些日志会被再次采集，这会导致采集的日志数据重复，你可以通过写入索引时设置唯一主键的方式进行数据去重。